普通高等教育"十一五"国家级规划教材
普通高等教育农业部"十二五"规划教材
高等农林教育"十三五"规划教材

动物免疫学实验教程

第 2 版

郭　鑫　主编

中国农业大学出版社
·北京·

内 容 简 介

　　动物免疫学实验教程(第2版)作为一本供兽医学及相关专业本科生和研究生使用的实验课教材,注重对实验原理的解析,强调关键技术及注意事项,通过分析操作中可能引起失败的原因,引导学生在实验过程中深入思考。为了使免疫学理论与实验内容衔接一致,本书的编写顺序按照实验技术的性质进行分类和排列,全书共包括8章51个实验,既有传统的动物免疫学实验技术,又突出了新的免疫学检测方法。每类实验技术包括若干实验项目,便于各层次的学生选用。

图书在版编目(CIP)数据

动物免疫学实验教程/郭鑫主编. —2版. —北京:中国农业大学出版社,2017.2(2024.5重印)
ISBN 978-7-5655-1781-5

Ⅰ. ①动… Ⅱ. ① 郭… Ⅲ. 动物学–免疫学–实验–教材 Ⅳ. S852.4-33

中国版本图书馆 CIP 数据核字(2017)第 012536 号

书　　名 动物免疫学实验教程(第2版)	
作　者 郭　鑫　主编	
策划编辑 赵 艳 潘晓丽	**责任编辑** 潘晓丽
封面设计 郑 川 李尘工作室	**责任校对** 王晓凤
出版发行 中国农业大学出版社	
社　　址 北京市海淀区圆明园西路2号	**邮政编码** 100193
电　话 发行部 010-62818525,8625	**读者服务部** 010-62732336
编辑部 010-62732617,2618	**出 版 部** 010-62733440
网　址 http://www.cau.edu.cn/caup	**E-mail** cbsszs @ cau.edu.cn
经　销 新华书店	
印　刷 北京溢漾印刷有限公司	
版　次 2017年2月第2版　2024年5月第3次印刷	
规　格 787×1 092　16开本　15.5印张　380千字	
定　价 34.00元	

图书如有质量问题本社发行部负责调换

第 2 版编者名单

主　　编　郭　鑫(中国农业大学)

副　主　编　陈金顶(华南农业大学)

　　　　　　彭远义(西南大学)

编写人员　(以姓氏拼音为序)

　　　　　　陈金顶(华南农业大学)

　　　　　　盖新娜(中国农业大学)

　　　　　　郭　鑫(中国农业大学)

　　　　　　姜世金(山东农业大学)

　　　　　　李　影(吉林农业大学)

　　　　　　廖　明(华南农业大学)

　　　　　　刘大程(内蒙古农业大学)

　　　　　　穆　杨(西北农林科技大学)

　　　　　　潘树德(沈阳农业大学)

　　　　　　潘子豪(南京农业大学)

　　　　　　彭远义(西南大学)

　　　　　　单　虎(青岛农业大学)

　　　　　　石德时(华中农业大学)

　　　　　　闫　芳(山西农业大学)

主　　审　杨汉春(中国农业大学)

　　　　　　廖　明(华南农业大学)

第 1 版编者名单

主　　编　郭　鑫（中国农业大学）

副 主 编　廖　明（华南农业大学）

　　　　　　彭远义（西南大学）

编写人员　（以姓氏拼音为序）

　　　　　　陈金顶（华南农业大学）

　　　　　　陈艳红（中国农业大学）

　　　　　　盖新娜（中国农业大学）

　　　　　　郭　鑫（中国农业大学）

　　　　　　姜世金（山东农业大学）

　　　　　　刘大程（内蒙古农业大学）

　　　　　　李　影（吉林农业大学）

　　　　　　廖　明（华南农业大学）

　　　　　　潘树德（沈阳农业大学）

　　　　　　彭远义（西南大学）

　　　　　　单　虎（莱阳农学院）

　　　　　　石德时（华中农业大学）

　　　　　　闫　芳（山西农业大学）

主　　审　杨汉春（中国农业大学）

第 2 版前言

2005 年我们组织中国农业大学、华南农业大学、西南大学、华中农业大学、吉林农业大学、沈阳农业大学、山西农业大学等 10 所农业院校从事动物（兽医）免疫学教学工作的教师编写了《动物免疫学实验教程》，2007 年出版以来已第 4 次印刷，在多所农业院校做为本科生和研究生实验课教材使用。教育是国之大计、党之大计。随着免疫学的快速发展，动物免疫学实验新技术也层出不穷，涉及免疫学检测的内容也越来越多，越来越深入，使我们迫切感到本教程的内容需要更新、调整和充实。新版教程编写的主导思路是继续保持原版"重视对实验原理和注意事项的解析，强调关键技术及操作中可能引起失败的原因"的写作风格，新增了来自西北农林科技大学和南京农业大学的一线教师参与编写，在第 1 版的基础上完善了部分原有实验内容，使全书更具可操作性和示范性；顺应国内外免疫学技术发展趋势，增加了一些新的实验内容或检测方法，以便于更好地服务于教学和生产。修订后的教程包括 8 章 51 个实验，比第 1 版增加了 15 个实验。为了使理论与实验内容衔接一致，本书的编写顺序仍然按照实验技术的性质进行分类和排列，既包含传统的动物免疫学实验技术，又突出了新的免疫学检测方法。每类实验技术包括若干实验项目，便于各层次的学生选用。由于各项实验之间存在内在联系，建议教学组织者可将相关实验组合成一个综合性实验进行教学。

本书编写过程中，恰逢中国农业大学出版社组织开展高等农林教育"十三五"规划教材建设工作，并有幸入选。全书定稿后，承蒙中国农业大学杨汉春教授和华南农业大学廖明教授审阅，提出了宝贵意见，在此深表谢意。

科学发展日新月异，由于我们水平有限，书中不足之处，敬请师生和同行不吝指正。

编　者

2024 年 5 月

第 1 版前言

　　《动物免疫学实验教程》是面向兽医专业专科生、本科生和研究生的实验参考书,是在学生已初步掌握兽医免疫学基础理论知识后,进一步指导学生学习和应用免疫学实验技术的一门实验课程教学用书。本实验教程通过详细介绍各类免疫学实验操作,使学生加深对免疫学基本理论的理解,培养学生正确掌握免疫学常用实验技术,使学生学会正确记录、处理和分析实验数据,培养实事求是、严肃认真的科学作风和认真细致整洁的实验习惯,为今后从事兽医学和免疫学相关工作打下良好基础。

　　本书涉及的内容与《动物免疫学》教材相匹配,由全国 10 所农业高等院校多名从事兽医免疫学教学的教师参与编写。本书的编写大纲是在对全国主要农业高等院校动物医学专业研究生和本科生的兽医免疫学实践教学进行调研的基础上制定的,编写内容涵盖面广、重点突出、实用性强。为了使理论与实验内容衔接一致,本书编写时的实验顺序是按照实验技术的性质进行分类和排列的,全书共分为 7 章 36 个实验,既包含传统的动物免疫学实验技术,又突出了新的免疫学检测方法。每类实验技术包括若干实验项目,便于各层次的学生选用。由于各项实验之间存在内在联系,故教学组织者可将相关实验组合成一个综合性实验进行教学。编写过程中有意识地突出了实验原理和注意事项的分量,强调了关键技术及操作中可能引起失败的原因,便于学生独立完成实验和更好地对结果进行科学分析,也有利于学生自行设计实验,发挥能动性和创造性,满足教学改革的要求。

　　本书编写过程中,在中国农业大学出版社的组织下申报了教育部"十一五"规划教材,并喜获批准。全书定稿后,承蒙中国农业大学杨汉春教授审阅,杨教授提出了非常中肯的意见,在此深表谢意。

　　由于编写时间较为仓促,加之能力有限,书中定有不妥之处,真诚希望广大读者给予批评指正。

编　者

2006 年 12 月

动物免疫学实验目的和要求

　　动物免疫学实验课的目的是训练学生掌握免疫学最基本的操作技能,加强和巩固免疫学的基本知识,加深对课堂讲授的基本理论的理解和体会。通过实验培养学生观察、思考、分析问题和解决问题的能力,树立实事求是、严肃认真的科学态度以及勤俭节约、爱护公物的良好作风,为今后的实际工作和科学研究打下基础。为上好动物免疫学实验课,要求同学做到如下几点:

　　1. 在实验课前应对实验内容进行充分预习,明确实验目的、内容,了解实验原理,熟悉所要使用的仪器、药品的性质及操作程序,做到心中有数。

　　2. 在实验进程中认真听讲,仔细观察教师演示,严格按照实验规定步骤和要求进行操作,坚持实验的严肃性、严格性、严密性,积极思考实验中的每一个环节。

　　3. 必须真实地记录实验结果,在认真观察并分析实验结果的基础上得出结论,努力训练自己的科学思维能力。实验完成后,及时写出实验报告并交给老师批改。

　　4. 实验中既要独立操作,又要与同学互相配合,不得随意挪用他人的实验材料。

　　5. 严格遵守实验室规则,防止各种事故发生。

实验室规则

　　免疫学实验所用到的材料有可能含有病原微生物,在实验中操作不慎和防护不善便有发生人身感染或环境污染的可能,所以要求同学进入实验室后必须遵守以下规则:

　　1. 进入实验室先把个人书包放到指定地点,穿好白大衣,实验台上只放实验指导、记录本和文具。

　　2. 实验室内严禁吸烟,不允许吃食品、饮水,不能用手抚摩头和面,不能用嘴接触吸管及湿润标签,以防感染。

　　3. 实验室内必须安静、遵守纪律,不得大声喧哗、随便走动、拆卸仪器。

　　4. 实验须按教师要求操作,如发生割破皮肤、被动物咬伤或抓破及实验材料破损等意外事故时,应立即报告教师,进行紧急处理。皮肤破伤可用2%红汞或2%碘酒消毒,污染的桌面、地面和物品可用3%来苏儿消毒。

　　5. 爱护公共财物,节约试剂材料,不得将实验室内物品私自带走。如有仪器、用品损坏,应及时报告教师并按规定处理。

　　6. 易燃物品(酒精、二甲苯等)不准接近火源,如遇火险,先关掉电源,再用湿布和沙土覆盖灭火。

　　7. 实验结束后,整理实验用品并清理台面,实验废弃物(如实验动物尸体等)应放入或倒入指定的地点,需冲洗者按要求冲洗,需收回者按要求摆放整齐收回。实验操作者需洗手消毒后离去。

　　8. 服从卫生值日安排,认真负责地做好清洁卫生。离开前仔细检查水、电、门、窗等是否关好,防止发生安全事故。

实验记录与实验报告撰写要求

(一)实验记录

对于实验过程中原始数据和现象的记录是写好实验报告的前提和保证,在作实验记录时应做到以下几点:

1. 实验记录应及时、准确、真实、详细、清楚。回顾性的记录容易造成无意或有意的失真,故实验中应及时将观察到的现象、结果等记录在笔记本或实验指导的合适位置上。

2. 完整的实验记录应包括题目、日期、主要操作步骤、实验现象及结果。使用特殊仪器时还应该记录仪器的型号。

3. 实验结果的记录不可掺杂任何主观因素,不能受现成资料或他人实验结果的影响。若出现预期不符的现象或结果,更应如实详细记录。

4. 表格式的记录方式简练而清楚,值得提倡使用。

5. 记录时字迹必须清楚,最好用钢笔或签字笔记录,不建议用铅笔、圆珠笔等记录。

6. 实验结束后应及时整理实验记录,对实验结果进行分析和总结,撰写实验报告。

(二)实验报告格式

实验(编号)(实验名称)

1. 实验目的和要求
2. 实验原理
3. 实验操作方法或步骤
4. 实验结果
5. 分析与讨论

(三)实验报告撰写要求

1. 实验目的和要求:要按照本次实验的实际操作内容和授课教师的要求填写。

2. 实验原理:要根据自己的理解用简单的语言描述本次实验的基本原理。

3. 实验操作方法或步骤:要按照本次实验的实际操作过程,不能盲目抄书。

4. 实验结果:根据实验记录真实填写本次实验所得结果。

5. 分析与讨论:包括对实验方法,操作注意事项等问题的小结,对实验结果的分析与讨论,对思考题的回答,对实验中遇到的问题的描述及思考,以及对实验课改进的建议等。

6. 实验报告必须独立完成,严禁抄袭。

目　　录

第五章　补体参与的实验

第六章　中和实验

第七章　细胞免疫检测技术

第八章　细胞因子及其受体检测技术

第一章

免疫制备技术

概　　述

免疫制备技术是指制备与免疫检测有关制剂的各种技术,包括抗原制备、抗体制备、抗体纯化及抗体标记等技术。免疫制备技术是免疫检测技术的第一步,正是由于免疫制备技术的发展,才使免疫检测技术日新月异,层出不穷,因此免疫制备技术是免疫技术不可缺少的一部分。

在免疫制备技术中,最为主要的是单克隆抗体制备技术,它大大提高了免疫检测技术的特异性和敏感性,推动了免疫检测试剂的标准化,使免疫检测技术进入了一个新的时代。

实验一　抗原的制备

【实验目的和要求】

熟悉颗粒性抗原、可溶性抗原及半抗原的制备方法和基本思路。

【实验原理】

能刺激机体免疫系统使之产生特异性免疫应答,并能与相应免疫应答产物(即抗体和致敏淋巴细胞)在体内外发生特异性反应的物质称为抗原或免疫原。诱导抗体发生免疫应答的反应称为免疫原性,诱导致敏淋巴细胞的反应称为反应原性。凡是具有这两种性质的物质称为完全抗原,如大多数蛋白质、细菌和病毒等。只具备反应原性而无免疫原性的物质称为半抗原或不完全抗原,如大多数多糖、类脂和某些药物等。抗原按其来源可分为外源性抗原和内源性抗原。外源性抗原又可分为天然抗原、人工抗原、合成抗原与基因工程重组抗原。绝大多数天然抗原不是单一成分,在制备抗体时可按需要进行纯化。将半抗原或合成肽通过与载体蛋白连接制备成具有免疫原性的化合物,分别称之为人工抗原和合成抗原。

抗原的制备包括完全抗原的制备和人工抗原的制备,主要用于制造免疫用疫苗或进行抗体的检测。针对不同的抗原特性可以选择不同的制备方法。抗原的制备工作涉及物理学、化学和生理学等许多领域的知识。根据抗原的物理或化学特性建立起来的分离、纯化方法的主要原理不外乎以下 2 个方面:①利用混合物中几个组分分配率的差别,将它们分配到可用机械方法分离的 2 个或几个物相中,如盐析、有机溶剂抽提、层析和结晶等;②把混合物置于单一物相中,通过物理力场的作用使各组分分配于不同的区域而达到分离的目的,如电泳、超速离心和超滤等。

由于组织细胞内存着许多分子结构和理化性质不同的抗原物质,其分离方法也不一样,即使是同一类大分子物质,因选材不同,所使用的方法也存在很大差别,因此很难有一个通用的标准方法供提取任何生物活性物质使用,所以在提取前必须针对所欲提取的物质,充分查阅文献资料并选用合适的方法。如果要提取一个结构及性质未知的抗原物质,更需要经过各种方法的比较探索,才能找到一些工作规律,进而获得预期的效果。

下面仅以点带面地介绍一些常用抗原的制备过程。

【操作方法】

一、颗粒性抗原的制备

颗粒性抗原主要包括各种动物细胞抗原以及各种细菌抗原,有些细胞膜亦可制成颗粒性抗原。通常颗粒性抗原悬液呈浑浊状或乳浊状。

1. 绵羊红细胞抗原的制备

(1)取抗凝或脱纤维蛋白的绵羊血液,加等量生理盐水,2 000 r/min 离心 5 min,吸弃上清液。

(2)再加 2～3 倍生理盐水,用毛细滴管反复吹吸混匀,2 000 r/min 离心 5 min,吸弃上清液,如此一共连续洗涤 3 次。

(3)最后一次可离心 10 min,红细胞密集于管底,上清液呈无色透明。

(4)弃去上清液,管底即为洗涤过的红细胞,再根据需要配成不同浓度的红细胞悬液。

2. 伤寒杆菌菌体抗原的制备

(1)取伤寒杆菌标准菌株的光滑型菌落,接种于普通琼脂培养基(或 SS 琼脂平板培养基),均匀涂布,37℃温箱培养 24 h 后取出。

(2)用适量生理盐水洗下菌苔,移入含无菌玻璃珠的三角烧瓶中,充分振摇使菌体均匀分布,置 100℃水浴 2～2.5 h 杀菌及破坏鞭毛抗原。

(3)把菌悬液移入离心管,4 000 r/min 离心 10 min,弃去上清液。

(4)菌体再用无菌生理盐水洗涤,4 000 r/min 离心 10 min,弃去上清液,将该步骤重复 3 次。

(5)沉淀做无活菌检测,合格后再用无菌生理盐水稀释成每毫升 10 亿个细菌的菌悬液,加 5%石炭酸,即成菌体抗原,于冰箱中 4℃保存备用。

3. 伤寒杆菌鞭毛抗原的制备

(1)在鞭毛典型的伤寒杆菌标准菌株划线接种培养的平板上,挑选典型的光滑型菌落接种于普通培养基,均匀涂布,置 37℃温箱培养 24 h 后取出。

(2)用适量含 0.4%甲醛的生理盐水洗下菌苔,移入无菌三角烧瓶中,置 37℃水浴 24 h(或 4℃ 3～5 h 固定杀菌)。

(3)将处理过的菌液进行无活菌检验,证实无活菌存在。

(4)用生理盐水稀释成每毫升 10 亿个细菌的菌悬液,即成鞭毛抗原,于冰箱中 4℃保存备用。

4. 大肠杆菌菌毛抗原的制备

(1)将可产生肠毒素的大肠杆菌 K88 标准菌株先接种于胰蛋白胨大豆肉汤培养基(TSB)内,37℃培养 18 h。

(2)取上述培养物再接种于装有胰蛋白胨大豆琼脂(TSA)的容器中,37℃培养 18 h。

(3)用 0.1 mol/L pH 7.0～7.2 的 PBS 将菌苔洗下,制成较浓的菌液。

(4)62℃水浴中加热 20～30 min,不时振荡,使 K88 菌毛从菌细胞上脱落。

(5)8 000 r/min 离心 20～25 min,取上清置 4℃保存 2 天。

(6)再以 8 000 r/min 离心 20～25 min,去除沉淀,边搅拌边滴加 10%醋酸溶液于上清液中,将 pH 调至 4.5,此时可见液体呈混浊状态。

(7)4℃下静置过夜,使 K88 菌毛呈絮状沉淀。

(8)次日,将上述液体用 8 000 r/min 离心 30 min,取沉淀物用 pH 4.5 生理盐水离心洗涤 2～3 次,最后一次离心沉淀物用少量 0.01 mol/L pH 7.0 的 PBS 溶解。

(9)经 8 000 r/min 离心 20～25 min 后,取出上清液即为粗制的 K88 抗原液。

(10)将粗制抗原液经预先用 0.01 mol/L pH 7.0 的 PBS 平衡的 Sephadex G 200 柱进一步层析纯化,用平衡柱床的 PBS 作为洗脱液,流速为 1 mL/min,以紫外吸收仪及自动电位差记录仪检测并记录洗脱的蛋白质峰。将第一峰的各管蛋白洗脱液合并,即为纯化的 K88 抗原。

二、可溶性抗原的制备

糖蛋白、酶类、脂蛋白、脂多糖、细菌外毒素、补体等可溶性抗原大部分来自于组织和细胞，其成分比较复杂，通常需要将组织和细胞破碎，再经过一定的方法纯化，才能获得所需的可溶性抗原。

1. 组织和细胞粗抗原的制备

该类抗原主要来源于动物的组织或细胞，这些材料在提取可溶性抗原之前，必须先进行预处理，以适合于进一步纯化。

(1)组织细胞抗原的制备：在该类抗原的制备过程中，所用组织必须是新鲜的或低温保存的。取得器官或组织材料后应立即去除表面的包膜或结缔组织以及一些大血管。脏器需用生理盐水进行灌洗，以去除血管内残留的血液及有形成分，再用 0.5 g/L NaN$_3$ 生理盐水洗去血迹及污染物。将洗净的组织在冰浴中剪成小块，然后进行粉碎。粉碎的方法有如下 2 种：

①高速组织捣碎机法：将小块组织加一定量的生理盐水（约 1/2）装入捣碎机内，用 1 000 r/min 间断进行破碎，每次 30～60 s。破碎时间过长会导致产热。

②研磨法：可用玻璃匀浆器或乳钵研磨，主要经过旋转、挤压将组织粉碎。该方法可用于韧性较大的组织，如空腔器官、皮肤等。有时在研磨时加入淘洗过的海砂能更有效地研磨组织。

(2)组织匀浆液通过 2 000～3 000 r/min 离心 10 min 后可分为 2 个部分，沉淀物内含有大量的组织细胞和碎片，上清液内含有可溶性抗原。

(3)上清液在提取前还必须进行 10 000～20 000 r/min 离心 20～30 min，以去除微小的细胞碎片及微小组织，使上清液澄清透明。

2. 组织细胞或培养细胞可溶性抗原的制备

制备抗原的细胞包括正常细胞、传代细胞或病理细胞（如肿瘤细胞）。组织细胞的制备一般通过上述机械捣碎后获取，也可通过胃蛋白酶或胰蛋白酶消化细胞间质蛋白，从而获取游离的单个细胞。细胞抗原一般分为 3 种组分：膜蛋白抗原、细胞质抗原（主要为细胞器）、细胞核与核膜抗原。3 种抗原的制备均需要将细胞破碎，其基本方法有如下几种：

(1)酶处理法：可用溶菌酶、纤维素酶、蜗牛酶等，在一定条件下能消化细菌和组织细胞，如溶菌酶在碱性条件下对革兰氏阳性菌细胞壁有溶解作用。酶破坏细胞具有作用条件温和、细胞壁破坏的程度可以控制，内含物成分不易受到破坏等特点。该法适用于多种微生物。

(2)反复冻融法：将细胞或整块组织置冰箱内冻结，然后置室温融化，如此反复 2～3 次，大部分组织细胞及细胞内的颗粒可被冻融破碎，其原理是细胞突然冷冻，使细胞内水分结晶以及细胞内外溶剂浓度突然改变而导致细胞膜和颗粒破坏。该法适用于对组织细胞的处理。如要提取病毒蛋白质或核酸，可用类似的冷热交替法，先将待破碎物投入沸水中，约在 90℃维持数分钟后，立即移至冰浴中迅速冷却，同样可使大部分微生物细胞破坏。

(3)超声破碎法：是利用超声波的机械振动而使细胞破碎的一种方法。由于超声波发生的空化作用，使得液体形成局部减压引起液体的内部发生流动，漩涡生成与消失时，产生很大的压力使细胞破碎。超声波所使用的频率为 1～20 kHz 不等，应间歇进行，避免因长时间处理导致温度升高而破坏抗原。通常一次超声 1～2 min，总时间为 10～15 min。该法具有操作简单、重复性较好的特点,常用于处理微生物和组织细胞。

(4)表面活性剂处理法:在适当的温度、pH 及低离子强度的条件下,表面活性剂能与脂蛋白形成微泡,使膜溶解或渗透性改变。常用的表面活性剂有十二烷基磺酸钠(SDS 阴离子型)、二乙胺十六烷基溴(阳离子型)、聚山梨酯(非阳离子型)、苯扎溴铵等。此法常用于破碎细菌,且作用比较温和,在提取核酸时也常用此法破碎细胞。

(5)自溶法:利用组织和微生物自身的酶系统,在一定的 pH 和温度下,使其细胞裂解。自溶的温度,对动物组织常选 $0\sim4℃$,而对微生物常选室温($22\sim25℃$)。自溶时常需要加入少量防腐剂,如甲苯或氯仿等。因 NaN_3 抑制酶的活力,故该种防腐剂在本法中不宜使用。

3. 病毒衣壳蛋白抗原的制备

在没有囊膜的病毒中,衣壳就是病毒粒子的外壳,衣壳蛋白抗原即为纯化的病毒粒子,方法可参照病毒提纯。在有囊膜的病毒中,只有通过理化方法使囊膜蛋白和衣壳蛋白分开,才能得到衣壳蛋白抗原。下面以传染性牛鼻气管炎病毒为例,介绍衣壳蛋白抗原的制备。

(1)将病毒接种于敏感细胞单层(如 MDBK 细胞),在 37℃吸附 1 h,然后倾去含毒液,加入 2%犊牛血清的 MEM 培养液。

(2)37℃培养 $24\sim48$ h,待细胞单层 $80\%\sim90\%$ 出现细胞病变时,将培养瓶置于-70℃冻融 3 次,或经超声波裂解等使病毒从感染细胞中释放出来。

(3)再经 $6\ 000\sim8\ 000$ r/min 离心 30 min,除去细胞碎片。

(4)上清液经 30%蔗糖垫底以 25 000 r/min 离心 90 min,收集沉淀再经 $20\%\sim45\%$ 线性蔗糖梯度 25 000 r/min 离心 14 h。

(5)收集病毒带后,加少量 0.01 mol/L pH 7.2 的 PBS 稀释,再以 25 000 r/min 离心 90 min,病毒沉淀悬浮于 PBS 中,即为纯化的病毒粒子。

(6)病毒粒子经 NP-40(最终浓度为 1%)溶液于 45℃作用 20 min 后,即可得到除去囊膜的衣壳蛋白抗原。

4. 类脂多糖抗原的制备

类脂多糖如微生物脂多糖(LPS)是革兰氏阴性菌细胞壁的重要成分,有多种生物学效应,通常采用苯酚法提取 LPS。

(1)将干燥的菌体在水中混匀,加热后,加入同温的苯酚,激烈搅匀,再加热 5 min,立即用冰水急剧冷却至 10℃以下。

(2)经离心使其分为上层的水层和下层的酚层,菌体残渣于底部。

(3)吸取水层(含 LPS),经透析除酚、浓缩、超速离心后,LPS 即停留在沉淀的透明胶状部分中。把它分离出来并重悬于水中,再进行离心即可获得纯化的 LPS 样品。

三、半抗原性免疫原的制备

半抗原是低分子量的化学物质,例如多糖、多肽、脂肪胺、核苷、某些药物以及其他化学物品等。这些小分子物质无免疫原性,只有把这些半抗原与蛋白质载体或与高分子聚合物连接在一起后,才能刺激机体产生特异性抗体或致敏淋巴细胞。载体主要包括蛋白质类、多肽聚合物、大分子聚合物和某些颗粒等。半抗原-载体的连接方法有碳化二亚胺法、戊二醛法、氯甲酸异丁酯法、琥珀酸酐法等。下面以盐酸克伦特罗人工抗原的制备为例来介绍半抗原性免疫原的制备。

(1)称取已纯化的盐酸克伦特罗 100 mg,加 1.0 mol/L HCl 2.0 mL 溶解,再加双蒸水 5 mL。

(2)在 4℃下连续向盐酸克伦特罗溶液中加亚硝酸钠(60 mg NaNO$_2$ 溶于 0.5 mL 水中),每次加 100 μL,间隔约为 15 s。4℃恒温搅拌 1 h。

(3)滴加氨基磺酸铵溶液(100 mg 溶于 0.5 mL 水中),每次 100 μL,直至不产生氨气气泡,溶液 4℃下过夜。

(4)将偶氮化的克伦特罗溶液慢慢加入牛血清白蛋白中,期间 pH 保持在 7.5~8.0 (1.0 mol/L NaOH 调节),搅拌反应过夜。

(5)反应过夜的偶联物用 pH 7.4 的 PBS 透析 24 h 后再用双蒸水透析 48 h。

(6)透析好的偶联蛋白冷冻干燥,存放于 4℃备用。

四、免疫佐剂的制备

可溶性抗原的免疫原性往往受到多方面的影响,添加免疫佐剂可以增强免疫原性,或者改变免疫应答的类型,以便于节约抗原的成本。

佐剂的类型主要有 4 种,无机物佐剂:氢氧化铝、明矾等;有机物佐剂:卡介苗(结核杆菌、分枝杆菌、短小杆菌、百日咳杆菌)、内毒素、细菌提取物(胞壁酰二肽)等;合成佐剂:脂质体、双链多聚核苷酸(双链多聚腺苷酸、尿苷酸)、左旋咪唑、异丙肌苷等;油剂:弗氏佐剂、液体石蜡油、花生油乳化佐剂、矿物油、植物油等。下面简要介绍几种佐剂的制作方法。

(1)卡介苗(Bacillus Calmette-Guéri,BBG):将卡介菌种在综合培养液中培养后,收集菌膜,混悬于适宜的灭菌的保护液内,经冷冻干燥制成。

(2)弗氏佐剂(Freund's adjuvant,FA):由弗氏不完全佐剂 10 mL、卡介苗 10~200 mg 混合经 100℃ 10 min 灭菌处理后取制成。弗氏不完全佐剂:羊毛脂和石蜡按照 1:4 比例混合后灭菌保存,使用时加热至 50℃添加抗原乳化。

(3)脂质体(Liposome):人工合成的类脂质小球体,由类似于细胞膜脂质双层分子组成。由于合成物的结构类似于生物体质膜的基本结构,因此有很好的生物相容性。该双层分子膜系统能够包裹抗原物质形成囊泡,进而容易进入生物机体。

【注意事项】

(1)载体的选择:载体有蛋白质类、多肽聚合物、大分子聚合物和某些颗粒,在实际应用时,应在多种载体或方法中进行优选。蛋白质类载体中以牛血清白蛋白最为常用;多肽类聚合物是人工合成的多肽聚合物,常用的有多聚赖氨酸、二软脂酰赖氨酸、多聚谷氨酸及多聚混合氨基酸等;大分子聚合物和某些颗粒包括羧甲基纤维素、聚乙烯吡咯烷酮(PVP)等。

(2)半抗原-载体的连接方法:带有游离氨基或游离羧基的半抗原可直接与载体连接;其他不带羧基或氨基的半抗原,需要经过适当改造,使其变为有羧基或氨基的衍生物才能与载体连接。半抗原与载体连接可用物理和化学方法进行,物理吸附的载体有淀粉、聚乙烯吡咯烷酮、羧甲基纤维素、葡聚糖硫酸钠等,其原理是通过电荷和微孔吸附半抗原;化学法则是利用某些功能基团把半抗原连接到载体上,这些载体包括血清蛋白、甲状腺球蛋白、卵白蛋白和人工合成的多聚赖氨酸等。

(3)半抗原与载体结合的数目与免疫原性密切相关,一般认为至少有 20 个以上的半抗原连接到载体上才能有效地刺激免疫动物产生抗体。因此在免疫原制备后,应测定半抗原结合到载体上的数量,常用吸光色谱分析法测定。

(4)对制备出的抗原应进行含量鉴定、理化性质鉴定、纯度鉴定和免疫活性鉴定等。常用的纯度鉴定方法有聚丙烯酰胺凝胶电泳法、免疫电泳法、结晶法和免疫双扩散法等。实际应用时常常需用几种方法联合进行鉴定。其中结晶法不宜作纯度的鉴别标准,因结晶中通常含有其他成分;在免疫电泳鉴定时电泳谱中呈现单一区带并不能排除在这一条区带中含有其他成分,而有时虽出现几条区带,也可能是同一物质的降解物或聚合体。

(5)蛋白抗原的定量检测可选用生化分析中的常用方法,如根据测试抗原量的多少可用双缩脲法或酚试剂法,若待检抗原量很少时也可用紫外光吸收法测定。

【思考题】

1. 请列举各种细菌、病毒抗原常用的制备方法。

2. 哪些载体可以与半抗原连接作为免疫原使用? 各有何特点?

(郭鑫)

实验二　多克隆抗体的制备

【实验目的和要求】

以抗牛血清白蛋白(BSA)抗体和抗免疫球蛋白(Ig)抗体的制备为例,了解多克隆抗体制备的基本原理,掌握常用的抗血清、抗抗体的制备方法。

【实验原理】

抗体制备技术是最常用的一种免疫制备技术,常用于制备高免血清或抗毒素等,用于疾病的紧急治疗和预防。传统的抗体制备方法是将抗原注入动物体内,由 B 细胞分化成为浆细胞产生抗体。由于抗原分子具有多种抗原决定簇,每一种决定簇可激活具有相应抗原受体的 B 细胞产生针对该抗原决定簇的抗体,因此将抗原注入机体所产生的抗体是针对多种抗原决定簇的混合抗体,故称之为多克隆抗体(polyclonal antibodies)。

由于抗体的化学本质是免疫球蛋白,故对异种动物而言,抗体也具有良好的抗原性,可以刺激异种动物产生抗 Ig 血清,经适当提取后,产生抗 Ig 抗体,又叫二体或抗抗体。在许多间接标记反应中,均需制备抗 Ig 抗体。

【实验材料】

(1)牛血清白蛋白(BSA)或提取的动物 IgG。

(2)灭菌生理盐水或 0.01 mol/L pH 7.2 PBS。

(3)液体石蜡油、羊毛脂、死分枝杆菌(或卡介苗)。

(4)待免疫动物(兔、小鼠或鸡)。

(5)研钵、毛细滴管、注射器、碘酊棉、酒精棉、剪毛剪等。

【操作方法】

1. 弗氏不完全佐剂的制备

将羊毛脂与石蜡油以 1∶4 的比例混合,高压灭菌后制成油相,即弗氏不完全佐剂。

2. 弗氏完全佐剂的制备

在油相中加入死分枝杆菌(终浓度为 0.25 mg/mL),即为弗氏完全佐剂。

3. 佐剂抗原的制备

设每只动物需佐剂抗原　　　　V(mL)

每只动物需抗原量　　　　　　D(mg)

欲免疫动物数量　　　　　　　N(只)

所需佐剂抗原总量:　　　　E(mL)$=V \times N+1$(mL)(损失量)

其中油相为 $E/2$(mL),水相为 $E/2$(mL)。内含抗原量为 $N \cdot D+\dfrac{D}{V}$(损失量),$\dfrac{D}{V}$ 表示

1 mL 佐剂抗原中所含的抗原质量,即 1 mL 佐剂抗原中损失的抗原量。

将佐剂置于研钵中,边研磨边用毛细滴管滴入抗原液,每滴一滴,须经充分研磨后再加入第二滴,直至充分乳化制成油包水(W/O)乳剂,内含抗原量为 1 mg/mL。

质量检查:取一滴佐剂抗原滴入冷水中,如果仍为滴状,浮于水面或沉底,则为合格,如呈

分散成雾状的细小颗粒则不合格。

4. 动物选择

选择免疫动物时应考虑以下 3 个基本条件：

(1)选择亲缘关系较远的动物；

(2)根据所需的血清量多少来选择大、中、小动物；

(3)选择动物应为适龄(青壮年动物)、雄性、健康状况良好及无感染的动物。

实验室常用的动物有绵羊、家兔、鸡、豚鼠等。本次实验以家兔为实验动物,每只兔体重在 2～3 kg。

5. 免疫程序

如表 2-1 所示。

表 2-1　免疫程序

免疫时间	抗原类型	剂量	免疫途径与方法
首免	弗氏完全佐剂抗原	0.5 mg/kg	多点皮内注射 0.5 mL 肌肉注射 0.5 mL
间隔时间	间隔 2 周		
二免	弗氏不完全佐剂抗原	2 mg/kg	多点皮下注射 0.5 mL 肌肉注射 0.5 mL
间隔时间	间隔 1 周		
三免	抗原液	2 mg/kg	多点皮下注射 0.5 mL 肌肉注射 0.5 mL
间隔时间	间隔 1 周		
四免	抗原液	2 mg/kg	静脉注射 0.5 mL 腹腔内注射 0.5 mL

说明：

(1)如果每只兔体重为 2 kg,按首免剂量 0.5 mg/kg 体重计算,则每只兔应免疫 1 mg 抗原(油佐剂抗原中的抗原浓度为 1 mg/mL)。

(2)在第 4 次免疫进行静脉注射前首先应脱敏,即用少量抗原液(0.1～0.2 mL)注入耳静脉,观察半小时无异常反应时再将剩余抗原液注入动物体内。

(3)家兔接种方法:接种前选择家兔的适当部位,去毛、碘酊及酒精消毒,接种后针头刺进处应以酒精棉球轻轻按压片刻,以防注射物外溢。

①皮内接种法:选择颈背部去毛消毒后将皮肤绷紧,用 1 mL 注射器接上最小针头,针头尖端斜面向上,平刺于皮肤内,缓缓注入接种物,此时皮肤应出现小圆丘形隆起,否则表示不在皮内。注射量一般为 0.1～0.2 mL/注射点。

②皮下接种法:注射部位多选择腹股沟、腹壁中线或背部。去毛消毒后,以左手拇指和食指将局部皮肤提起,右手将注射器刺入提起的皮下,然后左手放松,将接种物缓缓注入。此时,在注射局部皮肤出现片状隆起。

③腹腔接种:在家兔耻骨上缘约二指宽沿腹中线处,去毛消毒,抓住前后肢,使其头部向下,肠向横膈处垂下。接种者右手持注射器,左手绷紧注射处皮肤,然后刺入腹腔。回抽针芯,无液体或气体抽出时,可将接种物注入。

④耳静脉接种:以两耳外缘静脉为宜。若作多次注射,应先从耳尖开始,以免因注射造成

血栓,下次不能再使用该条血管。注射时,先将家兔固定,轻弹兔耳,并以酒精棉球涂擦,此时耳静脉怒张。接种者以左手拇指和中指夹住家兔耳部,以食指垫于耳外缘静脉下,右手持注射器刺入血管,缓缓注入接种物,可见血管颜色变白,还可见到接种物沿血管向近心端流动。如发现局部有片状隆起,接种物不易推入时,提示针头未刺入血管,应重新注射。注射完毕,应先以酒精棉球按住刺入处,再拔出针头,继续压迫刺入处,并将兔耳竖起,以免溢血。

6. 试血及加强注射

最后一次免疫后 7 d 左右进行血清效价检测,测定效价的方法很多,可以用试管凝集反应、琼脂扩散实验、酶联免疫吸附实验等,具体操作见相关实验。如抗体效价过低,可再加强免疫。由于试血时用血量少,故可从家兔耳静脉采血。

7. 采血和分离血清

一般采用心脏采血或颈动脉放血的方法,采血时应尽量保证无菌。为防止乳糜血形成,应在采血前 1 d 禁食,但给予充足的饮水。采集到的血液待室温凝固后,可将血块与容器边缘剥离,先放在 37℃ 2 h,再放 4℃ 过夜,使血清充分析出,然后用无菌毛细滴管收集血清,若最后部分血清混有红细胞,应离心除去。收集到的血清也应检测效价。

8. 分装与保存

同种免疫血清可混匀,无菌操作分装到无菌青霉素小瓶中,贴好标签,注明免疫血清种类、效价、班级、日期等。如免疫血清近期内使用,则可加防腐剂后置 4℃ 存放,但用于制备酶标抗体的血清不能加防腐剂;也可将免疫血清直接置于 $-20 \sim -40℃$ 存放,但要避免反复冻融;还可以将免疫血清冻干保存。

【结果判定】

对经过 4 次免疫的家兔耳静脉采血,分离血清,得到的免疫血清应清亮透明。采用琼脂双向双扩散实验进行血清效价的测定。当抗原浓度为 0.1 mg/mL 时,若抗体效价在 1:(8～16)以上,即为合格血清,说明免疫成功。免疫成功的家兔可进行致死性采血(如颈动脉放血或心脏采血),分离血清并贮存。

【注意事项】

(一)免疫动物

1. 动物的选择

供免疫的动物有哺乳类和禽类,常选用家兔、山羊或绵羊、马、骡、豚鼠和小鼠等。动物种类的选择主要是根据抗原特性和所要获得抗体的量和用途来决定。要获得大量的抗体,多采用大动物,如马常用于制备大量抗毒素血清,但其沉淀素抗体的等价带较窄,用于免疫电泳及免疫浊度法不理想;如要获得直接标记诊断的抗体,则直接采用本动物;如要获得间接标记诊断用抗体,则必须使用异源动物制备抗体;对于难以获得的抗原,且抗体需要量很少时,可用纯系小鼠制备;对蛋白质抗原来说,大部分动物均适合,常用的是家兔和山羊;豚鼠适用于制备抗酶类抗体和供补体结合实验用的抗体,但抗血清产量较少;制备甾体激素类抗体多用家兔。由于动物个体的免疫应答能力差异较大,每批免疫宜同时使用数只动物。

2. 抗原种类的选择

不同的抗原,其免疫原性强弱不同,这种免疫原性的强弱取决于抗原物质本身的分子量、携带的化学活性基团的数量、立体结构、物理性状和弥散速度等,一般蛋白质类的抗原其免疫原性较好。制备多克隆抗体所用的抗原应具有较好的特异性和较高的纯度。根据所制备抗血清的用途选用不同类型的抗原,如制备用于筛选细菌表达 cDNA 文库或免疫印迹的抗血清,最好选用降解的蛋白质抗原;而用于筛选真核细胞转染系统表达的 cDNA 文库,最好选用自然的蛋白质抗原;若制备抗独特型抗体,所用抗原可以是可溶性 Ig 分子,也可以是完整的细胞(如抗原特异性的 T 淋巴细胞、B 淋巴细胞等),还可以用基因工程表达的独特型决定簇、人工合成的多肽等。

制备抗抗体时,如使用的 Ig 类抗原纯度高,一般不易引起过敏反应;但如果以血清作为免疫原,则在再次免疫时极易引起过敏反应,应采取一定脱敏措施加以预防。

3. 抗原剂量的选择

抗原的免疫剂量依照给予抗原的种类、免疫次数、注射途径以及受体动物的种类、免疫周期及所要求的抗体特性等而有所不同。免疫剂量过低不能形成足够强的免疫刺激,但剂量过高又可能造成免疫耐受。在一定范围内,抗体效价随注射抗原的剂量而增高。蛋白质抗原的免疫剂量比多糖类抗原宽。一般而言,小鼠首次免疫抗原剂量为 $50\sim400~\mu g$/次,大鼠为 $100\sim1~000~\mu g$/次,兔为 $200\sim1~000~\mu g$/次,加强免疫的剂量为首次剂量的 $1/5\sim2/5$。抗原的免疫剂量还与免疫途径有关,通常静脉注射需要的抗原剂量大于皮下注射,而皮下注射又比掌内和跖内皮下注射剂量大,也比淋巴结内注射剂量大。如需制备高度特异性的抗血清,可选用低剂量抗原短程免疫法;欲获得高效价的抗血清,宜采用大剂量抗原常程免疫法。免疫周期长者可少量多次免疫,免疫周期短者应少次多量免疫。多次免疫的间隔时间应长短适宜,太短起不到再次免疫的效果,太长则失去了前一次免疫激发的敏感作用,一般两次免疫间的间隔时间应为 $5\sim7$ d,加佐剂者可延长至 2 周左右。用可溶性蛋白质抗原免疫家兔或山羊,在加佐剂时一次注射量一般为 $500\sim1~000~\mu g$/kg,而不加佐剂时抗原剂量应加大 $10\sim20$ 倍。

4. 免疫方案的制定

通常根据抗原性质、免疫原性及动物的免疫反应性决定注射途径、免疫次数、间隔时间等,制定合理的免疫方案。抗原注射途径可根据不同抗原及实验要求,选用皮内、皮下、肌肉、静脉或淋巴结内等不同途径注入抗原进行免疫。可溶性抗原一般多采用背部、足掌、淋巴结周围、耳后等处皮内或皮下多点注射。初次免疫与第二次免疫的间隔时间多为 $2\sim4$ 周。常规免疫方案为抗原加弗氏完全佐剂皮下多点注射进行基础免疫;再以免疫原加弗氏不完全佐剂作 $2\sim5$ 次加强免疫,每次间隔 $2\sim3$ 周,皮下或腹腔注射加强免疫。完成免疫程序后,先取少量血清测试抗体效价,达到要求时即可从动物心脏采血(豚鼠及家兔)、颈静脉或颈动脉放血(家兔、羊及马),待血液凝固后,分离出血清,进行抗体的纯化及检测。

珍贵抗原可采用淋巴结或脾内注射法,抗原只需 $10\sim100~\mu g$。一般情况下采用多点注射,可选择足掌、淋巴结周围、颈背部、颌下、耳后等处皮内或皮下。其中皮内注射易引起细胞免疫反应,对提高效价极为有利。但天冷时皮内注射有一定难度,尤其是乳化佐剂抗原黏度较大不易注射,可用不加佐剂的抗原静脉注射,多次免疫后,也可产生较高效价的抗体,且维持时间较长。

(二)抗血清的鉴定

1. 效价及纯度

抗血清的效价可根据抗体的不同性质,分别采用环状沉淀实验、琼脂扩散实验、溶血实验、凝集反应、酶免疫测定及放射免疫分析等方法进行测定。检查抗血清的纯度可采用免疫电泳、琼脂双向扩散及交叉反应实验等方法检测。

2. 特异性

抗体的特异性是指对相应抗原或近似抗原物质的识别能力。特异性高,抗体的识别能力就强,通常以交叉反应率来表示。交叉反应率可用竞争抑制实验测定。以不同浓度抗原与近似抗原分别做竞争抑制曲线,计算各自的结合率,求出各自在 IC_{50} 时的浓度,并按下列公式计算交叉反应率。

交叉反应率＝(IC_{50} 时抗原浓度/IC_{50} 时近似抗原物质的浓度)×100%

3. 亲和力

抗体的亲和力是指抗体和抗原结合的牢固程度。亲和力的高低是由抗原分子的大小、抗体分子的结合位点与抗原决定簇之间立体结构的匹配程度决定的。维持抗原抗体复合物稳定的分子间作用力有氢键、疏水键、侧链相反电荷基因的库仑力、范德华力和空间斥力。亲和力常以亲和常数 K 表示,K 的单位是 $1/mol$,通常 K 的范围在 $10^8 \sim 10^{12}/mol$,也有高达 $10^{14}/mol$。抗体亲和力的测定对抗体的筛选、确定抗体的用途、验证抗体的均一性等均有重要意义。亲和力测定的常用方法有平衡透析法、酶联免疫法、放射免疫分析法等。

(三)抗血清的保存

抗血清收获后,经 56℃ 30 min 加热灭活,再加 1/10 000 硫柳汞或 1/1 000 的叠氮钠防腐,短期内使用可放在 4℃ 保存;也可加入等量的中性甘油,分装小瓶,置－20℃ 以下的低温保存,数月至数年内抗体效价无明显变化;也可以将抗血清冷冻干燥后保存。注意保存抗血清时应避免反复冻融。

【思考题】

1. 为什么用抗原免疫动物制备的免疫血清一定含有多克隆抗体?
2. 多克隆抗体有哪些特点和用途?
3. 如何合理制定免疫程序?
4. 影响制备特异性强、效价高的抗血清的因素有哪些?

(郭鑫)

实验三　卵黄抗体的制备

【实验目的和要求】

了解卵黄抗体的特点,学会在实验室制备针对某种抗原的卵黄抗体。

【实验原理】

通过免疫注射产蛋鸡,即可由其生产的蛋黄中提取相应的抗体,并可用于相应疾病的预防和治疗,这类制剂称为卵黄抗体。卵黄抗体在临床上应用较为广泛,其优点是鸡蛋比动物血清更容易获得,且卵黄中抗体含量较高。禽类的免疫器官法氏囊主要控制机体的体液免疫,机体的免疫应答发生后,体液中成熟的骨髓依赖性淋巴细胞受相关免疫信号通路的介导,分化为浆细胞,随即产生大量抗体释放入血液中。血液中的大量抗体逐渐转移入卵黄中,并适量地蓄积。收集到的卵黄抗体,即为通过同一抗原反复刺激后产生的多克隆抗体。卵黄中主要的免疫球蛋白为IgY,其功能与作用类似于哺乳动物血清中的IgG。鸡 IgY 的分子量约 180 kDa,由两条轻链和两条重链组成,分子量分别为 60~70 kDa 和 22~30 kDa,等电点约为 5.2。IgY具有较强的耐热、耐酸、抗离子强度和一定的抗酶解能力。

卵黄中的主要成分是蛋白质和脂肪,其比例为 1:2。大部分蛋白质都是脂蛋白,存在于卵黄颗粒中,不溶于水,只有卵黄球蛋白(α、β、γ)是水溶性的,而 IgY 是 γ 卵黄球蛋白。因此IgY 的分离纯化首先需要有效地去除卵黄中的脂类,从水溶性蛋白中分离 IgY。目前已建立了诸如 PEG、硫酸葡聚糖、天然胶,如海藻酸钠、角叉聚糖或乙醇沉淀等方法初步纯化蛋白质。Bade 和 Stegemann 用预冷的丙烷和丙酮(−20℃)沉淀蛋白质并去除脂质,经 DEAE 柱层析进一步纯化,其 IgY 稳定性好,经 3 次以上冻融,抗体活性未见改变。Akita 等用水稀释法(WD)提纯 IgY,每个卵黄可获得 100 mg 以上的 IgY。工业上大规模生产 IgY 的方法有超临界二氧化碳气体抽提法、卡拉胶法、硫酸铵盐析法。

【实验材料】

(1)健康产蛋鸡(最好是 SPF 鸡)、免疫抗原(如鸡新城疫灭活疫苗)、弗氏佐剂。

(2)灭菌生理盐水或 0.01 mol/L pH 7.2 PBS、海藻酸钠、饱和硫酸铵等。

(3)毛细滴管、注射器、碘酊棉、酒精棉、烧杯、玻璃棒、离心管、pH 试纸等。

(4)微量振荡器、离心机、分光光度计等。

【操作方法】

1. 实验动物的选择

选择健康、产蛋率高的蛋鸡,购进后饲养 1 周左右,观察其健康情况。

2. 抗原的准备

免疫抗原有多种选择,一般采用灭活的病原体,也可以选择激素类、蛋白类物质,使用前可以选用弗氏完全佐剂乳化抗原。

3. 动物免疫

免疫方式主要有口鼻接种、皮内接种、皮下接种、肌肉注射、腹腔注射以及静脉注射。禽类的免疫方式多用肌肉注射,接种中采用胸肌多点注射。使用弗氏完全佐剂充分乳化抗原。以商用鸡新城疫灭活苗免疫为例,首次免疫的剂量可以控制在 $1\sim2$ mL,抗原含量为 $0.3\sim0.5$ mg/kg(30 日龄的蛋鸡免疫剂量为 0.4 mg/次)。2 周后进行 2 次免疫,4 周后第 3 次免疫。之后每隔 1 个月可加强免疫 1 次。

4. 免疫鸡血清抗体效价检测

一般使用琼脂免疫扩散实验(详见第三章)检测免疫鸡血清中的抗体效价。将免疫蛋鸡所用的抗原滴加于抗原孔,免疫鸡血清滴加于抗体孔。抗原孔与抗体孔之间出现沉淀线者,为阳性。最高稀释倍数血清孔出现沉淀线,即为该血清的抗体效价。一般效价达到1：64 以上时,可开始收集免疫蛋鸡所产鸡蛋。

5. 收集卵黄抗体

先用清洁水洗去蛋壳表面的粪污,再使用碘酊和酒精消毒。无菌条件下打开胚壳,倾出蛋黄至灭菌大烧杯中,以 $1:9$ 的比例加入灭菌生理盐水或 0.01 mol/L pH 7.2 PBS 稀释并充分混匀,调节 pH 至 5.2。匀浆后的卵黄抗体可以进一步提纯,也可加入 0.01％硫柳汞或每毫升卵黄液加入青霉素、链霉素各 1 000 单位进行防腐抑菌,摇匀后分装于消毒好的瓶中,冷冻干燥保存或制成干粉利用。

6. IgY 的纯化

卵黄混合液反复冻融 3 次,6 000 r/min 离心 30 min,分离出卵黄蛋白,加入终浓度 0.07％的海藻酸钠和 0.02％的 NaCl,振荡,使海藻酸钠充分溶解,静置 30 min,6 000 r/min 离心 30 min,上清液调节 pH 到 7.2,再依次用 50％、33％、33％的饱和硫酸铵(pH 7.2)提取 IgY,用 SephadexG-25 脱盐,具体操作方法可参见本章实验五。

【结果判定】

对获得的卵黄抗体进行的效价及活性测定,可采用免疫电泳实验、琼脂免疫扩散实验、血凝抑制实验、酶联免疫吸附实验等多种抗体检测方法,具体操作方法可参见相应章节。

【注意事项】

(1)如若 3 次免疫后,免疫鸡血清抗体效价仍较低,可通过加强免疫后使血清琼扩效价达到1：64 再收获鸡蛋分离卵黄抗体。一般而言,免疫后 7～9 周卵黄抗体的效价能够达到最高值。

(2)稀释卵黄液的 pH 是影响抗体和脂类分离的关键因素,pH 5.0 的生理盐水有助于卵黄抗体的分离及提高产量。

(3)影响 IgY 产量的因素:抗原的质与量;被免疫产蛋鸡的品种、健康状况、产蛋率、蛋重及卵黄重、免疫系统发育状况;抗原免疫途径、免疫程序及佐剂的使用等。

【临床应用】

(1)卵黄抗体在动物疾病治疗方面的应用:目前卵黄抗体已被广泛应用于许多疾病的防治,应用卵黄抗体防治的禽病有传染性法氏囊病、鸡新城疫、鸭病毒性肝炎、小鹅瘟、番鸭细小病毒病、鸡减蛋下降综合征、球虫病等。此外,应用多种病原菌免疫制备的卵黄抗体还可以防治多种病原菌的感染,如通过饲料用 IgY 治疗鳗鱼爱德华氏菌症,利用 IgY 对仔猪和犊牛腹泻进行防治,治疗奶牛乳腺炎。用卵黄抗体治疗疾病,安全、高效且无公害,我国已有商品化的卵黄抗体供应。

(2)卵 IgY 在动物疾病诊断方面的应用:卵黄抗体和哺乳动物免疫球蛋白有许多不同之

处,如它不与金色葡萄球菌 A 蛋白结合,不与哺乳动物 Fc 受体结合,对哺乳动物补体无固定作用等,这使得卵黄抗体在检测诊断上具有更强的特异性和灵敏度,所以卵黄抗体可以应用于免疫荧光试验、ELISA 试验、免疫扩散、免疫电泳等。此外卵黄抗体有望取代传统的多克隆抗体的生产,获取大量更有效的抗体,同时也可减少对动物的副反应,提高动物的福利。

【思考题】

　　1. 举例说明影响卵黄抗体产量的因素有哪些。

　　2. 卵黄中的主要抗体是什么?进入体内可发挥何种免疫作用?

（郭鑫,潘子豪）

实验四　单克隆抗体的制备

【实验目的和要求】

了解单克隆抗体的特性和优缺点；学会在实验室制备针对某种抗原表位的单克隆抗体。

【实验原理】

单克隆抗体（monoclonal antibody，McAb）是指由一个 B 细胞分化增殖的子代细胞（浆细胞）产生的针对单一抗原决定簇的抗体。这种抗体的轻链、重链及其可变区独特型的特异性、亲和力、生物学性状及分子结构均完全相同。采用传统免疫方法是不可能获得这种抗体的，1975 年 Khler 和 Milstein 首次建立了体外淋巴细胞杂交瘤技术，用人工方法将产生特异性抗体的 B 细胞与骨髓瘤细胞融合，形成 B 细胞杂交瘤，这种杂交瘤既有骨髓瘤细胞无限繁殖的特性，又有 B 细胞分泌特异性抗体的能力，将这种克隆化的杂交瘤细胞进行培养或注入小鼠体内即可获得大量高效价、单一的特异性抗体，即 McAb。

利用淋巴细胞杂交瘤技术制备 McAb 的基本原理是根据以下 3 个原则：一是淋巴细胞产生抗体的克隆选择学说，即一种克隆只产生一种抗体；二是细胞融合技术产生的杂交瘤细胞可以保持双方亲代细胞的特性；三是利用代谢缺陷补救机理筛选出杂交瘤细胞，并进行克隆化，然后大量培养增殖，制备出所需要的 McAb。

制备 McAb 的具体方法是用缺乏次黄嘌呤磷酸核糖转化酶或胸腺嘧啶核苷激酶的瘤细胞变异株与脾脏的 B 细胞融合。采用 HAT 选择性培养基（培养基中加次黄嘌呤 HyPoxanthine H，氨基喋呤 Aminoopterin A，胸腺嘧啶核苷 Thymidine T），在这种选择性培养基中，由于变异的瘤细胞不具有次黄嘌呤磷酸核糖转化酶或胸腺嘧啶核苷激酶，所以不能利用培养基中的次黄嘌呤或胸腺嘧啶核苷而合成 DNA，而只能利用谷酰胺与尿核苷酸单磷酸合成 DNA，这一途径又被氨基喋呤所阻断，所以未融合的瘤细胞不可避免要死亡。B 淋巴细胞在一般培养基中不能长期生长，一般于 2 周内死亡。但融合的杂交瘤细胞由于脾淋巴细胞具有次黄嘌呤磷酸核糖转化酶，可以通过次黄嘌呤合成 DNA，克服氨基喋呤的阻断，因此杂交瘤细胞可以大量繁殖而被筛选出来。

细胞经融合建立了单克隆抗体杂交瘤细胞株后，获得单克隆抗体的培养上清与腹水的方法主要有体内诱生法和体外培养法。体内诱生法是指将克隆化的杂交瘤细胞进行细胞培养或注入小鼠体内，以便于获得大量高效价、单一的单克隆抗体的方法，实验室常采用该方法获得少量的单克隆抗体培养上清与腹水；体外培养法是指采用发酵罐培养或者中空纤维培养方式的方法。

淋巴细胞杂交瘤技术是一项周期长、高度连续性的实验技术，涉及大量细胞培养、细胞免疫学和免疫化学等方法。包括两种亲本细胞的选择和制备、细胞融合、杂交瘤细胞的选择性培养和克隆化、McAb 的制备、特异性鉴定、纯化等。

【实验材料】

（1）实验动物和细胞：骨髓瘤细胞 SP 2/0 及纯系 Balb/c 小鼠。

（2）含有一定表位的抗原。

（3）10% 新鲜小牛血清 DMEM 培养液。

（4）HAT 选择培养基。

（5）HT 选择培养基。

（6）融合剂：PEG 2000。

（7）兔抗鼠 IgG 酶标抗体。

（8）台盼蓝溶液。

（9）细胞培养板及常规细胞培养用试剂及器材。

【操作方法】

1. 抗原准备及小鼠免疫

（1）抗原准备：颗粒性抗原的免疫原性强，如肿瘤细胞、淋巴细胞、细菌等可作为抗原，不加佐剂直接进行免疫；可溶性抗原因其免疫原性较弱，一般要加佐剂，如果是半抗原，应先制备成人工免疫原后再加佐剂；经聚丙烯酰胺电泳纯化的抗原，可将抗原所在的电泳条带切下，研磨后加佐剂用以免疫动物。

（2）小鼠免疫：免疫过程和方法与多克隆抗血清制备基本相同，以获得高效价抗体为最终目的。免疫间隔一般为 2～3 周，一般免疫小鼠的血清抗体效价越高，融合后细胞产生高效价 McAb 的可能性越大，而且 McAb 的质量（如抗体的浓度和亲和力）也与免疫过程中小鼠血清抗体的效价和亲和力密切相关。末次免疫后 3～4 d，可分离脾细胞用于融合。

小鼠免疫程序见表 4-1。

表 4-1　小鼠免疫程序

免疫次数	免疫途径	抗原剂量/μg	佐剂
首免	颈背部多点皮下注射	100	等量弗氏完全佐剂
二免	颈背部多点皮下注射	100	等量弗氏不完全佐剂
三免	颈背部多点皮下注射	100	等量弗氏不完全佐剂
加强免疫	腹腔注射	100	不加佐剂

免疫方法的选择依据抗原不同性质而定，可溶性抗原在初次免疫时可用明矾沉淀抗原 100 μg 与 2×10^9 个灭活百日咳杆菌混合皮下注射，间隔 4～6 周，用生理盐水稀释抗原 100～200 μg 加强免疫，3 d 后取脾作融合；细胞抗原免疫，用 2×10^7 个细胞注入小鼠腹腔，间隔 2～3 周，再重复 1 次，3 周后用同样数量细胞注入小鼠腹腔，3 d 后取脾作融合。除上述常规免疫方法外，近年来还建立了脾内免疫法及体外细胞免疫法。脾内免疫是将抗原直接注入小鼠的脾脏，具有抗原用量小及免疫周期短的优点；体外细胞免疫，是将抗原加入到体外培养的淋巴细胞中，使之形成免疫细胞。

2. 细胞悬液的制备

（1）骨髓瘤细胞的制备：目前常用的小鼠骨髓瘤细胞系为 SP 2/0。刚复苏的瘤细胞需在含 10% 新鲜小牛血清的 DMEM 培养液中，在 5% CO_2 37℃温箱培养。每 2～3 d 换液一次，3～5 d 传代一次，待细胞生长稳定后方可供细胞融合用。生长良好的细胞在倒置显微镜下观察为圆形明亮，排列整齐，形态完整，密度适宜。经台盼蓝染色，活细胞数应大于 90%。融合前 24～48 h 将 SP 2/0 细胞分瓶扩大培养于 100 mL 细胞瓶内。融合当天，选择形态良好、呈对数生长的 SP 2/0 细胞，将其从瓶壁上轻轻吹下，收集于 50 mL 离心管内，1 000 r/min 离心 10 min，然后用 DMEM 培养液重新悬浮后计数备用。

　　(2)免疫小鼠脾细胞的制备:在强化免疫后第 3 天取免疫小鼠,摘除眼球放血并分离血清作为抗体阳性对照。拉颈或麻醉处死的小鼠,置 75% 酒精中浸泡 5 min,无菌取出小鼠脾脏,放入盛有 5～10 mL DMEM 培养液的平皿中,轻轻漂洗;将脾脏移入另一盛有约 20 mL DMEM 培养液的平皿中,用灭菌注射器吸取 DMEM 培养液插入脾脏的一端推注,将脾脏内的细胞冲洗出来,反复冲洗数次,直至脾脏颜色变白为止;将洗下的脾细胞移入 50 mL 离心管内,1 000 r/min 离心 10 min,弃上清液,沉淀重悬浮计数备用。

　　(3)饲养细胞的制备:在体外培养条件下,细胞的生长依赖适当的细胞密度,因而,在培养融合细胞或细胞克隆化培养时,还需加入其他饲养细胞。常用的饲养细胞为小鼠的腹腔细胞,制备方法为将未经免疫的 Balb/c 小鼠眼球放血处死,浸泡于 75% 酒精内 5 min,置无菌平皿内,小心剪开腹部皮肤,分离皮肤与腹膜,暴露腹壁;用无菌注射器吸取适量 DMEM 培养液注入小鼠腹腔,轻轻震动小鼠腹壁,令腹腔细胞充分进入培养液,轻轻吸回培养液加入无菌离心管内,1 000 r/min 离心 10 min,沉淀用含 1% HAT 的培养液调至 1×10^5 /mL,混匀后加入 96 孔细胞培养板,100 μL/孔,置于 5%CO_2 培养箱内 37℃培养备用。饲养细胞一般在融合前 1～2 d 制备,在制备饲养细胞时,切忌针头刺破动物的消化器官,否则所获细胞会有严重污染。

　　3. 细胞融合

　　细胞融合是杂交瘤技术的中心环节,诱导细胞融合的方法有生物学方法(仙台病毒)、物理学方法(电场诱导、激光诱导等)、化学方法以及受体指引型细胞融合法。目前最常用的方法是聚乙二醇(polyethylene glycol,PEG)法,即把骨髓瘤细胞与免疫脾细胞混合后加入聚乙二醇(PEG),使两种细胞彼此融合,再通过稀释 PEG 的方法消除 PEG 的毒性作用。

　　具体操作如下:

　　(1)分别吸取 10^8 个脾细胞和 2×10^7 个骨髓瘤细胞的悬液量,加入到一只 50 mL 离心管内,轻轻混匀;1 000 r/min 离心 7 min,将上清液尽量弃去;用手指轻轻弹击管底,使沉淀细胞松散均匀呈糊状。

　　(2)吸取 1 mL DMEM 液加入 1 g 灭菌的 PEG 2000 中,并用 7.5% $NaHCO_3$ 调 pH 至7.5 左右,混匀。

　　(3)一手均匀转动离心管,另一只手吸取 1 mL 上述调好的 PEG 2000 液,沿转动的离心管壁缓缓加入,控制在 60 s 加完,然后将细胞悬液吸入离心管(时间控制在 30 s 左右),静置30 s,再将其吸入离心管内(时间也控制在 30 s 左右)。

　　(4)加入 25 mL DMEM 液终止 PEG 2000 的作用,方法如下:第 1 分钟缓缓加入 1 mL DMEM 液,第 2 分钟加入 4 mL DMEM 液,然后在 3 min 内加入 20 mL DMEM 液。

　　(5)将融合细胞 800 r/min 离心 7 min,弃上清液,加入 20 mL 1% HAT 培养液轻轻吹吸,使沉淀细胞混合均匀。

　　(6)将悬浮细胞液加入有饲养细胞的 96 孔板中,每孔 100 μL,置 CO_2 培养箱中培养。

　　4. 融合后混合细胞的培养

　　两种亲本细胞融合后,可形成多种细胞成分的混合体,包括未融合的游离亲本细胞、骨髓瘤细胞间的融合、免疫 B 细胞间的融合以及骨髓瘤细胞与免疫 B 细胞间融合形成的异核细胞,只有这种异核细胞可形成杂交瘤,应予以筛选出来克隆培养。通常应用 HAT 培养液(其中含有次黄嘌呤 HyPoxanthine H,氨基喋呤 Aminoopterin A,胸腺嘧啶核苷 Thymidine T)进行选择培养,具体过程如下:

（1）换液：在培养过程中，通常按半量换液法（即吸去每个孔 1/2 体积的培养液，再加入 1/2 体积新鲜的 HAT 培养液）换液，每次从每孔中吸出 0.1 mL 培养液，加上 0.1 mL 新鲜的 HAT 培养液。第 5、8 及 11 天换以 20% 小牛血清 HAT 液，第 14、18、22、25 天换以 20% 小牛血清 HT 液。这要根据实际情况来决定，如果发现培养液变黄，应及时换液，特别是后期细胞克隆较大的，一般隔日换液一次，培养 3 周后即可改用普通完全培养液。换液时，应首先换对照孔，以免将杂交瘤细胞及抗体带入对照孔中。严格地说，吸出上清液时，每孔只许用一个吸头，这样才不至于把一个孔中的细胞及抗体带入另一孔中，也可避免污染扩散。

（2）观察：每天都应观察，一是看是否有污染，二是看细胞生长状态。一般经过 3~5 d 培养后，未融合的细胞及自身融合的细胞逐渐死亡，7 d 左右可出现克隆，单个的杂交瘤细胞开始长成几个或十几个细胞的集落，并不断增殖，当集落大于 3 mm 或布满孔底 1/2 时，即可取上清作抗体活性检测。在一次较好的融合实验中，70%~80% 孔有克隆生长。

5. 阳性杂交瘤细胞的克隆筛选

杂交瘤细胞在 HAT 培养液中生长形成克隆后，其中仅少数是分泌预定特异性 McAb 的细胞，而且多数培养孔中有多个克隆生长，分泌的抗体也可能不同，因此必须进行筛选和克隆化。此外，早期的杂交瘤细胞是很不稳定的，容易丢失染色体而变成非分泌抗体型，而且阳性株转变为阴性株，一般阴转率为 50%；强阳性株也可以变成弱阳性株（由于分泌抗体减少或者其抗体的亲和力转弱）。就是经长期培养的杂交瘤细胞株也可能出现上述情况，只有通过早期克隆化及不断克隆化来选择稳定细胞株，以保证杂交瘤细胞长期稳定分泌抗体的功能。克隆化可选择的方法有液相有限稀释法、软琼脂法、显微镜操作法及应用荧光激活细胞分离仪等，其中最常用的是液相有限稀释法及软琼脂平板法。

（1）液相有限稀释法：将需要再克隆的细胞株自培养孔内吸出并进行细胞计数，计算出 1 mL 的细胞数。用 HT 培养液稀释，使细胞浓度为 50~60 个/mL，于 96 孔培养板中每孔加 0.1 mL（5~6 个/孔），接种两排，剩余细胞悬液用 HT 培养液作倍比稀释，再接种两排，如此类推，直至使平均每孔含 0.5~1 个细胞。培养 7~10 d 后，选择单个克隆生长的阳性孔再一次进行克隆。一般需要如此重复 3~5 次，直至达到 100% 阳性孔时即可，以确保抗体由单个克隆细胞所产生。本法具有简便、效果好等优点，已经被广泛使用。

（2）软琼脂平板法：是在琼脂糖凝胶半固体培养基中使细胞增殖的方法。将杂交瘤细胞培养在软琼脂板上，待单个细胞形成群落后，再用吸管吸出，并轻轻吸上和吹下而打碎团块。将吸出的细胞移入小孔中继续培养。用这种方法可以吸出大量克隆进行增殖和分析。

6. 杂交瘤细胞的保存与复苏

将已克隆化和经鉴定合格的杂交瘤细胞株，或是一时来不及克隆化和鉴定的一部分杂交瘤细胞及时冻存是十分重要的。因为在细胞培养过程中随时可能发生细胞被污染或分泌抗体的功能丧失等。如果没有原始细胞的冻存，有时会造成不可弥补的损失。冻存的温度越低越好，冻存于液氮的细胞株活性仅有轻微的降低，而冻存在 −70℃ 冰箱则活性改变较快。细胞不同于菌种，冻存过程中需格外小心。目前冻存细胞大都采用 −196℃ 液氮保存，以保持其特性和活性。

（1）杂交瘤细胞的冻存：将传代过程中生长良好的杂交瘤细胞，用毛细管轻轻吹下，经 1 000 r/min 离心 10 min，弃去上清液，加入冻存培养基（1×DMEM 培养基 7 份、小牛血清 2 份、二甲基亚砜 1 份）1 mL，将细胞悬液移入 2 mL 细胞冻存管中，注明细胞名称及冻存日期,置-70℃中过夜,然后移入液氮罐中保存。也可将细胞冻存管悬于液氮罐口上,缓慢下垂,经1 h左右,将细胞冻存管浸入液氮内。每株细胞应冻存5～8支。2～3 d后立即复苏1支检查冻存效果,以后每年都要复苏1支,再进行克隆化,如发现有的杂交瘤抗体分泌转弱或转阴,应扩大培养强阳性株,再冻存,并将原冻存细胞废弃。二甲基亚砜有防止细胞内形成冰结晶的作用,且本身有毒性,是无菌的,故配制时不需灭菌,其在高压蒸气条件下会破坏,因此当怀疑冻存液有污染时只能过滤除菌。

(2)杂交瘤细胞的复苏培养:将装有杂交瘤细胞的冻存管自液氮中小心取出(切勿用手直接接触,以免手被冻伤),立即放入37℃水浴中,在1 min内使冻存的细胞解冻。然后将细胞转移至离心管中,加入适量DMEM培养液,离心10 min,弃上清液,加入5～10 mL含15%小牛血清的DMEM培养液,分装于两个小培养瓶中培养。也可不离心,将细胞吸出后,置于含饲养细胞层的细胞培养瓶内,加入DMEM培养液至细胞培养瓶容量2/3,置37℃ 5% CO_2培养箱中培养4 h后,小心倾去部分培养液,再补加新鲜的DMEM培养液继续培养。待复苏细胞生长良好时,2～3 d传代培养。若冷冻后死亡细胞较多,可采用在培养板和培养瓶中加饲养细胞的方法,即细胞复苏时在含饲养细胞层的细胞瓶内进行,经数次传代后,饲养细胞消失,但不阻碍原细胞株的生长。冻存细胞复苏后的活性多在50%～95%。如果低于50%,则说明冻存复苏过程有问题。

7. 单克隆抗体的大量制备

筛选出的阳性杂交瘤细胞株应及早进行单克隆抗体制备,因为融合细胞随培养时间延长,发生污染、染色体丢失和细胞死亡的概率会增加。单克隆抗体制备有2种方法:

(1)体外培养:将已建株的杂交瘤细胞株进行传代扩大培养,收集每代的细胞上清液,-20℃保存备用。在体外培养过程中杂交瘤细胞能产生和分泌McAb,但是一般产生的抗体量较少,10～100 μg/mL。近年来发展了各种新型培养技术和装置,包括用无血清培养液作悬浮培养法、中空纤维培养系统、全自动气升式或深层培养罐以及微囊或粒珠培养系统等。

(2)体内诱生:在小鼠体内接种阳性杂交瘤细胞,制备腹水或血清。

①腹水型McAb的制备:取8周龄同系健康小鼠(即与杂交瘤的骨髓瘤细胞属同一品系的),先在其腹腔内注射0.3～0.5 mL液体石蜡油或降植烷,7 d后于每只小鼠腹腔注射出于对数生长期的阳性杂交瘤细胞$(0.5～5)×10^8$个(也可以注射0.5 mL弗氏不完全佐剂,1 d后即可于每只小鼠腹腔注射阳性杂交瘤细胞)。4 d后注意观察小鼠腹部情况。待小鼠腹部明显膨大到一定程度时,用注射器抽取腹水,每只小鼠可收集5 mL腹水。腹水经离心后,取上清分装,置-20℃保存备用。该法制备的腹水抗体含量高,每毫升可达数毫克甚至数十毫克水平。此外,腹水中的杂蛋白也较少,便于抗体的纯化。腹水出现的快慢与注射细胞的数量、类型及小鼠的质量有关。注射细胞少,腹水出现慢,但抗体效价高;注射细胞过多,腹水出现快,但会出现血性腹水。

②血清型McAb的制备:可将对数生长期的杂交瘤细胞于小鼠背部皮下多点注射,待肿瘤达到一定大小后(10～20 d)即可采血,血清中McAb的含量可达1～10 mg/mL。

8. 单克隆抗体的纯化

单克隆抗体的纯化方法同多克隆抗体的纯化,腹水特异性抗体的浓度较抗血清中的多克隆抗体高,纯化效果好。按所要求的纯度不同采用相应纯化方法。一般采用盐析、凝胶过滤和离子交换层析等步骤达到纯化目的,也有采用较简单的酸沉淀方法。目前最有效的单克隆抗体纯化方法为亲和纯化法,多用葡萄球菌 A 蛋白或抗小鼠球蛋白抗体与载体(最常用 Sepharose)交联,制备亲和层析柱将抗体结合后洗脱,回收率可达 90% 以上。蛋白可与 IgG1、IgG2a、IgG2b 和 IgG3 结合,同时还结合少量的 IgM。洗脱液中的抗体浓度可用紫外光吸收法粗测,小鼠 IgG 单克隆抗体溶液在 OD$_{280\,nm}$ 时,1.44(吸光单位)相当于 1 mg/mL。经低 pH 洗脱后在收集管内预置中和液或速加中和液对保持纯化抗体的活性至关重要。

【结果判定】

对采用杂交瘤细胞技术制备的单克隆抗体应进行染色体的检查、单克隆抗体的类型、亚型的测定、特异性鉴定、效价测定,必要时还可以测定单抗的亲和力和识别抗原表位的能力测定。

(1)杂交瘤细胞染色体的检查:常用秋水仙素裂解法。取传代培养 24 h 的细胞,加 0.1 mL 1% 秋水仙素,置 37℃ 水浴 4 h,收集细胞 2 000 r/min×10 min 离心,弃上清液,沉淀中加入 0.075 mol/L KCl 10 mL,用滴管吹吸均匀,放 37℃ 水浴 15～20 min,使细胞肿胀。离心弃上清液后,沉淀细胞用甲醇 3 份、冰醋酸 1 份的混合液 10 mL 固定 20 min,2 000 r/min×10 min 离心,弃上清液后取沉淀细胞涂片,自然干燥后用 Giemsa 染色,油镜检查。小鼠脾脏 B 细胞染色体约 40 条,SP 2/0 细胞染色体 68 条,杂交瘤细胞染色体 100 条左右。

(2)McAb 类型、亚型的测定:购买兔抗小鼠 Ig 类型和亚型的标准抗血清,采用琼脂扩散法或 ELISA 夹心法测定单抗的 Ig 类型和亚型。

(3)McAb 特异性鉴定:可以采用各种方法,如免疫荧光法、ELISA 法、间接血凝和免疫印迹技术等,同时还需做免疫阻断实验等。

(4)McAb 的效价测定:McAb 的效价以培养上清或腹水的稀释度表示。可采用凝集反应、ELISA 或放射免疫测定,不同的测定方法效价不同,培养上清液的效价远不如腹水的效价。采用凝集反应,腹水效价可达 5×10^4;而采用 ELISA 检查,腹水效价可达 1.0×10^6,如低于 10^5,该抗体用于诊断的敏感性将不高。

(5)McAb 亲和力的测定:对可溶性抗原的亲和力测定可采用免疫沉淀法、ELISA 方法、RIA 方法、免疫荧光法等;对细胞性抗原的亲和力测定还可采用 FACS 测定。

(6)McAb 识别抗原表位的测定:一个抗原分子表面常有多个抗原决定簇,用该抗原制备的 McAb,有的是抗同一决定簇的,有的则是抗不同决定簇。可用竞争抑制实验、相加指数法、微机集群分析、免疫印迹及基因工程技术等测定 McAb 所识别的抗原位点。

【注意事项】

1. 免疫动物的选择

用于免疫的动物,应选择与亲本骨髓瘤细胞同一品系的动物,因为免疫动物品系和骨髓瘤细胞种系越远,融合的杂交瘤细胞越易发生免疫排斥反应,越不稳定。目前使用的瘤细胞系,仍限于小鼠和大鼠的骨髓瘤细胞系,其中多来源于纯系 Balb/c 小鼠,所以一般选择该系小鼠用作免疫动物。为了减少盲目性,融合前应测定免疫小鼠的抗体反应性,如果呈阳性,可供融合用,那些对特定抗原不产生血清抗体的小鼠,得不到特异的杂交瘤细胞。一般选择 8～12 周龄、重约 20 g、健康无病的纯系小鼠,雌雄均可应用。

2. 免疫方案的合理制定

抗原免疫用的抗原尽量设法提高其纯度,并保存其活性。同样浓度的抗原,若含有较多的杂质,会明显影响抗体的产生,并为杂交瘤细胞分泌抗体的筛选带来麻烦,获得所需的分泌特异抗体的杂交瘤细胞的概率也低;免疫小鼠时应同时免疫几只,以免小鼠中途死亡。

每次注入抗原后次日小鼠会出现全身反应,如体温升高、盗汗、耸毛等,此时对室温和饲养均需注意,以防小鼠死亡。在融合前末次静注或腹腔注射时,谨防速发型过敏反应发生,而导致小鼠死亡。

3. 骨髓瘤细胞株的选择

选择瘤细胞株的最重要的一点是与待融合的 B 细胞同源。如待融合的是脾细胞,各种骨髓瘤细胞株均可应用,但应用最多的是 SP 2/0 细胞株。该细胞株生长及融合效率均佳,此外,该细胞株本身不分泌任何免疫球蛋白重链或轻链。细胞的最高生长速度为 $9 \times 10^5/mL$,倍增时间通常为 $10 \sim 15$ h。融合细胞应选择处于对数生长期、细胞形态和活性佳的细胞(活性应大于 95%)。骨髓瘤细胞株在融合前应先用含 8-氮鸟嘌呤的培养基作适应培养,在细胞融合的前一天用新鲜培养基调细胞浓度为 $2 \times 10^5/mL$,次日一般即为对数生长期细胞。

4. 融合剂聚乙二醇的使用

聚乙二醇(PEG)对细胞有毒性,一般采用分析纯规格。PEG 浓度越高,对细胞的毒性越大,以 40%~50% 的浓度为宜,pH 为 8.0~8.2 时促融率最高。PEG 对细胞的毒性还随分子量增大而加大,分子量 1 000~4 000 效果较好,不同牌号的 PEG 甚至同一厂家不同批次的产品其毒性及促融率也不一样,应预先进行实验。

5. 避免操作中的污染

污染是杂交瘤技术中最常遇到的问题,它往往可使一个即将建株的细胞毁于一旦,所以对所用试剂、器材、环境要按要求进行彻底的消毒灭菌,同时要严格无菌操作。发现污染及时处理,避免污染扩大,如果一旦发现某一培养板或培养瓶污染时,要及早废弃。一般的处理方法不能有效地控制污染的扩散,如有价值的阳性株被污染时,要设法挽救,可将孔壁上细胞吹打下来,配置于 0.5 mL 生理盐水中,注射于 7~8 d 前已腹腔注射石蜡油或降植烷的同系小鼠腹腔内,经过小鼠腹腔内培养,微生物可被腹腔内的巨噬细胞吞噬掉,取出的阳性细胞,继续用培养瓶传代培养。

6. 融合后的克隆株不生长原因分析

有时遇到融合的细胞不生长或开始的头几天生长,以后细胞逐渐萎缩,甚至在 HAT 培养基中死去。这种现象的原因很多,如培养液偏碱,影响细胞发育;HAT 培养基中的 A 过多,对细胞毒性大;HT 含量不足,不能为融合细胞提供足够的营养;培养箱内 CO_2 不足,湿度不够;另外瘤细胞株的好坏也是影响融合成败的关键因素,所以一定要选用生长良好的瘤细胞供融合用。如发现克隆不生长或生长缓慢时,除检查上述因素并予以纠正外,还应向此孔内添加小鼠饲养细胞,一般该状况能得以改善。

7. 用液氮冻存的脾细胞进行细胞融合问题

用这种方法保存免疫的脾细胞可随用随取,而且简单易行,融合率可达 94%~100%,抗体阳性率达 14%~36%。但因脾细胞不能在体外培养,应用一般方法保存易存死亡,所以掌握脾细胞的冻存技术,对于 McAb 的制备至关重要。

8. 采用体内诱生法制备单克隆抗体

杂交瘤细胞的接种量应当控制在 5×10^5 左右为宜,接种过少则诱生细胞的时间会过长,接种量过多往往导致小鼠过早死亡而未能收集到腹水。采集的腹水最好分装低温保存,避免反复冻存,以免抗体的效价降低。

【临床应用】

1. 在血清学技术方面

单克隆抗体用于血清学技术,进一步提高了方法的特异性、重复性、稳定性和敏感性,同时使一些血清学技术得到标准化和商品化,即制成诊断试剂盒。自单克隆抗体技术问世以来,已研制出很多病原微生物的单克隆抗体,可取代原有的多克隆抗体,用于传染病的诊断及病原的分型,避免了多克隆抗体引起的交叉反应。一些生物活性物质的单克隆抗体的出现,使其检测水平上升到一个新的高度。

2. 在免疫学基础研究方面

单克隆抗体作为一种均质性很好的分子,用于对抗体结构和氨基酸顺序的分析,促进了对抗体结构的进一步探讨;应用单克隆抗体对淋巴细胞表面标志以及组织细胞组织相容性抗原的分析,极大地推动了免疫学的发展,如用单克隆抗体对淋巴细胞 CD 抗原进行分析,可以对淋巴细胞进行分群。

3. 在肿瘤免疫治疗方面

通过采用杂交瘤技术,制备出肿瘤细胞特异性抗原的单克隆抗体,然后与药物或毒素连接制成免疫毒素(immunotoxin),又称生物导弹,用于肿瘤的临床治疗,这在医学上已获初步成效。

4. 在抗原纯化方面

利用单克隆抗体的特异性,可将单克隆抗体与琼脂糖等偶联制成亲和层析柱,可从混合组分中提取某种抗原成分。此技术可与基因工程疫苗的研究相结合,即先用单克隆抗体作为探针,筛选出保护性抗原成分或决定簇,然后再采用 DNA 重组技术表达目的抗原。

5. 在疫苗研制方面

单克隆抗体可用于制备抗独特型抗体疫苗。

【思考题】

1. 单克隆抗体与多克隆抗体相比有哪些优缺点和用途?
2. 简述单克隆抗体制备的基本过程。

(郭鑫,盖新娜,潘子豪)

实验五 抗体的纯化

【实验目的和要求】

(1)了解常用抗体的纯化方法。

(2)熟练掌握硫酸铵盐析法粗提抗体和离子交换方法进一步提纯抗体的方法。

一、硫酸铵盐析法粗提抗体 IgG

【实验原理】

硫酸铵沉淀法可用于从大量粗制剂中浓缩和部分纯化蛋白质。用此方法可以将主要的免疫球蛋白从样品中分离,是免疫球蛋白分离的常用方法。

蛋白质为两性化合物,当蛋白质溶液的 pH 比其等电点大时,羧基电离,蛋白质粒子带负电。反之,当溶液的 pH 比其等电点小时,则氨基电离,蛋白质粒子带正电。球蛋白分子中亲水的氨基酸残基大多位于颗粒的表面,故在水溶液中能与水起水合作用,使蛋白质粒子高度水化,在其外围构成一层水膜,这对蛋白质粒子起保护作用,因此,碰撞时就不易聚合而产生沉淀,加之在一定的 pH 溶液中,蛋白质分子表面一般都具有同性电荷,由于同性电荷相互排斥,蛋白质粒子就不易聚沉。由于水膜及表面电荷这两种因素的存在,故蛋白质溶液就具有一定程度的稳定性。当调节溶液的 pH 至等电点和加入脱水剂,使这两种稳定因素破坏时,蛋白质容易凝集析出,产生沉淀,盐析就是基于此原理。高浓度的盐离子在蛋白质溶液中可与蛋白质竞争水分子,从而破坏蛋白质表面的水化膜,降低其溶解度,使之从溶液中沉淀出来。各种蛋白质的溶解度不同,因而可利用不同浓度的盐溶液来沉淀不同的蛋白质。盐浓度通常用饱和度来表示。硫酸铵因溶解度大、温度系数小和不易使蛋白质变性而应用最广。

【实验材料】

(1)血清样品、组织培养上清液或腹水等。

(2)饱和硫酸铵溶液。

(3)生理盐水或 0.01 mol/L pH 7.2 PBS。

(4)萘氏试剂或 1% $BaCl_2$。

(5)透析袋。

【操作方法】

(1)饱和硫酸铵溶液的配制:将 767 g$(NH_4)_2SO_4$ 边搅拌边慢慢加到 1 L 蒸馏水中。用氨水或硫酸调到 pH 7.0。此即饱和度为 100% 的硫酸铵溶液(4.1 mol/L,25℃)。

(2)50% 饱和度盐析:取 5 mL 兔血清置于烧杯中,加入等体积(5 mL)生理盐水或 0.01 mol/L pH 7.2 PBS,混匀,然后逐滴加入 10 mL 饱和硫酸铵溶液,边加边搅拌;室温静置 20 min,3 000 r/min 离心 10 min,去上清留沉淀。

(3)33% 饱和度盐析:在沉淀中加入 10 mL 生理盐水,溶解沉淀,再加入饱和硫酸铵溶液达到 33％饱和度,边加边搅拌,室温放置 20 min,3 000 r/min 离心 10 min,去上清留沉淀,如此重复 2～3 次。

(4)脱盐:取少量生理盐水溶解最后的沉淀,装于透析袋中,悬于盛有生理盐水的烧杯中透析脱盐,4℃冰箱放置,每天换液 3～4 次,直至外液与萘氏试剂或 1％ $BaCl_2$ 反应呈阴性为止。透析完毕,以 3 000 r/min 离心 5 min,取上清液即粗提的 IgG 溶液。冰箱保存,以备进一步纯化用。

(5)IgG 的浓缩与保存:粗提得到的 IgG 有时需要浓缩,可以选择透析袋浓缩、冷冻干燥浓缩、吹干浓缩、超滤膜浓缩、凝胶浓缩或浓缩胶浓缩等方法。一般需浓缩至 1％以上的浓度,再分装成小瓶冻干保存,或加 0.01％硫柳汞在普通冰箱或低温冰箱保存,注意避免反复冻融。

附:

1. 硫酸铵饱和度的计算

$a=X/(V+X)$,其中 a 表示要求的硫酸铵饱和度,x 表示所需硫酸铵的体积,V 表示血清体积,单位均为 mL。为避免体积过大,也可用固体硫酸铵进行盐析。

2. 各种动物血清盐析所需的硫酸铵饱和度

(1)猪、鸡血清:用 35％饱和度的硫酸铵盐析 3 次;

(2)小白鼠、豚鼠血清:用 35％饱和硫酸铵盐析 1 次,再用 40％饱和硫酸铵沉淀 2 次;

(3)牛血清:用 30％饱和硫酸铵沉淀 1 次,再用 35％饱和硫酸铵沉淀 2 次;

(4)马血清:用 30％饱和硫酸铵沉淀 2 次或 3 次。

3. 禽类 IgA 的提取

可采用硫酸铵沉淀法从禽胆汁中提取。

【结果判定】

1. 粗提蛋白的定量

可以用双缩脲测定法、紫外光谱吸收法、Foline 酚法等进行蛋白质的定量。下面介绍一种 IgG 蛋白浓度的简易测定方法,即在紫外分光光度仪上测定 IgG 溶液的 $OD_{280\,nm}$ 和 $OD_{260\,nm}$ 值,然后按下列公式计算蛋白质浓度(mg/mL):

$$蛋白质浓度=(1.45×OD_{280\,nm}-0.74×OD_{260\,nm})×稀释倍数$$

2. IgG 的纯度鉴定

可采用区带电泳、琼脂双向双扩散、免疫电泳、圆盘电泳等方法进行鉴定。

【注意事项】

(1)盐的饱和度:盐的饱和度是影响蛋白质盐析的重要因素,不同蛋白质的盐析要求盐的饱和度不同。分离几个混合组分的蛋白质时,盐的饱和度常由稀到浓渐次增加,每出现一种蛋白质沉淀进行离心或过滤分离后,再继续增加盐的饱和度,使第 2 种蛋白质沉淀。通常杂蛋白与欲纯化蛋白在硫酸铵溶液中溶解度差别很大时,用预沉淀除杂蛋白是非常有效的。

(2)pH:在等电点时,蛋白质溶解度最小,容易沉淀析出,因此,盐析时除个别情况外,pH 常选择在被分离的蛋白质等电点附近。

(3)蛋白质浓度:在相同盐析条件下,蛋白质浓度越大越易沉淀,使用盐的饱和度的极限愈低,如血清球蛋白的溶解度从 0.5％增到 3.0％时,需用中性盐的饱和度的最低极限从 29％递减至 24％。某一蛋白质欲进行 2 次盐析时,第 1 次由于浓度较稀,盐析分段范围较宽,第 2 次则逐渐收窄,例如用硫酸铵盐析胆碱酯酶时,第 1 次硫酸铵饱和度为 35％～60％,第 2 次为 40％～60％。蛋白质浓度高些虽然对沉淀有利,但浓度过高也容易引起其他杂蛋白的共沉作用,因此,必须选择适当浓度,尽可能避免共沉作用的干扰。

(4)温度:由于浓盐液对蛋白质有一定保护作用,盐析操作一般可在室温下进行,至于某些对热特别敏感的酶,则宜维持低温条件。虽然蛋白质在盐析时对温度要求不太严格,但在中性盐下结晶纯化时,温度影响则比较明显。

(5)脱盐:蛋白质、酶用盐析法沉淀分离后,常需脱盐才能获得纯品。最常用的脱盐方法是透析法,通过不断更换蒸馏水或缓冲液,直至袋内盐分透析完毕。透析需要较长时间,常在低温下进行,并加入防腐剂避免蛋白质和酶的变性或微生物的污染。

【思考题】

1. 试述盐析和盐溶的原理。
2. 能够使蛋白质分子稳定存在于水溶液中的作用力有哪些?

二、DEAE 离子交换层析法提纯抗体 IgG

【实验原理】

在纤维素和葡聚糖分子上结合有一定的离子基团,当结合阳离子基团时,可换出阴离子,则称为阴离子交换剂,如二乙氨基乙基(Dicthylaminoethyl,DEAE)纤维素,在纤维素上结合了 DEAE,含有带正电荷的阳离子纤维素—O—$C_6H_{14}N^+H$,它的反离子为阴离子(如 Cl^- 等),可与带负电荷的蛋白质阴离子进行交换。当结合阴离子基团时,可置换阳离子,称为阳离子交换剂,如羧甲基(Carboxymethy,CM)纤维素,纤维素分子上带有负电荷的阴离子(纤维素—O—CH_2—COO^-),其反离子为阳离子(如 Na^+ 等),可与带正电荷的蛋白质阳离子进行交换。

溶液的 pH 与蛋白质等电点相同时,静电荷为 0,当溶液 pH 大于蛋白质等电点时,则羧基游离,蛋白质带负电荷;反之,溶液的 pH 小于蛋白质等电点时,则氨基电离,蛋白质带正电荷。溶液的 pH 距蛋白质等电点越远,蛋白质的电荷越多,反之则越少。血清蛋白质均带负电荷,但各种蛋白质带负电荷的程度有所差异,以白蛋白为最多,依次为白蛋白、α 球蛋白、β 球蛋白和 γ 球蛋白。

在适当的盐浓度下,溶液的 pH 高于等电点时,蛋白质被阳离子交换剂所吸附;当溶液的 pH 低于等电点时,蛋白质被阴离子交换剂所吸附。由于各种蛋白质所带的电荷不同。它们与交换剂的结合程度不同,只要溶液 pH 发生改变,就会直接影响到蛋白质与交换剂的吸附,从而可能把不同的蛋白质逐个分离开来。

交换剂对胶体离子(如蛋白质)和无机盐离子(如 NaCl)都有交换吸附的能力,当两者同时存在于一个层析过程中,则产生竞争性的交换吸附。当 Cl^- 的浓度大时,蛋白质不容易被吸附,吸附后也容易被洗脱,当 Cl^- 的浓度小时,蛋白质易被吸附,吸附后也不容易被洗脱。因此,在离子交换层析中,一般采用两种方法达到分离蛋白质的目的:一种是增加洗脱液的离子强度,一种是改变洗脱液的 pH。pH 增高时,抑制蛋白质阳离子化,随之对阳离子交换剂的吸附力减弱;pH 降低时,抑制蛋白质阴离子化,随之降低了蛋白质对阴离子交换剂的吸附。当使用阴离子交换剂时,增加盐离子浓度,则降低溶液 pH;当使用阳离子交换剂时,增加盐离子浓度,则升高溶液 pH。本文以腹水中单克隆抗体的纯化为例来介绍此方法。

【实验材料】

(1)粗提抗体样品(小鼠腹水或经硫酸铵沉淀的抗体)。

(2)DEAE-纤维素(DE-52)。

(3)玻璃层析柱(30 cm×2.0 cm)。

(4)0.5 mol/L NaOH,0.5 mol/L HCl,2 mol/L NaCl,10%NaN$_3$。

(5)0.01 mol/L pH 7.2 PBS。

(6)透析袋。

(7)仪器设备:磁力搅拌器、蠕动泵和部分收集器、紫外检测仪、pH 计、离心机、量筒、烧杯、试管、吸管、滴管等。

【操作方法】

整个层析过程最好在4℃进行,可在冷室操作。

(1)DEAE-纤维素处理:称取 DEAE-纤维素粉末,置于盛有蒸馏水的烧杯中,搅拌均匀后静置 1 h,倾去上层细粒。按每克 DEAE-纤维素加 0.5 mol/L NaOH 15 mL 的比例,将 DEAE-纤维素浸泡处理 0.5～1 h,装入布氏漏斗(垫有两层滤纸)抽滤,并反复用蒸馏水抽洗至 pH 呈中性;再以 0.5 mol/L HCl 同上操作处理,最后以 0.5 mol/L NaOH 再处理一次。

(2)平衡:将酸碱处理过的 DEAE-纤维素浸泡于 0.01 mol/L pH 7.2 PBS 中,静置后倾去上层液体,再加入 PBS 浸泡,反复数次直至上清液 pH 为7.2。

(3)装柱:将层析柱垂直固定于滴定铁架上,柱底垫一圆尼龙纱,出水口接一乳胶或塑料管并关闭开关。将 0.01 mol/L pH 7.2 PBS 沿玻璃棒倒入柱中至 1/4 高度,再倾入经预处理并平衡好的 DEAE-纤维素。待 DEAE-纤维素沉降 2～3 cm 厚度时,开启出水口螺旋夹,控制流速 1 mL/min,同时连续倒入 DEAE-纤维素至所需高度,关闭出水口。待 DEAE-纤维素完全沉降后,柱面放一圆形滤纸片,旋紧层析柱上口并与洗液瓶相连。打开出水口,控制流速 12～14 滴/min,以洗脱液充分流洗,直到流出液的 pH 与洗脱液相同为止。

(4)加样:IgG 粗提液用 0.01 mol/L pH 7.2 PBS 稀释,然后沿层析柱壁缓慢加入。打开层析柱出口,让样品流入柱床内,再用少量 PBS 冲洗柱壁。

(5)洗脱与收集:连接洗脱液,用人工或分步收集仪收集洗脱液于试管中,控制流速 12～14 滴/min,每管收集 3～5 mL,共收集 10～15 管。收集期间可用20%磺基水杨酸检测蛋白洗脱情况。

(6)蛋白检测:用紫外分光光度计分别测定每管 $OD_{280\,nm}$ 与 $OD_{260\,nm}$,按公式计算各管蛋白含量,并以 $OD_{280\,nm}$ 为纵坐标,以试管编号为横坐标,绘制洗脱曲线。

(7)合并与浓缩:椐紫外检测结果,将抗体峰部分合并,装入透析袋对 PBS(含 0.2 g/L 叠氮钠)4℃透析或冷冻(视抗体的稳定性而定)。

(8)DEAE-纤维素的再生:先以 2 mol/L NaCl 洗柱上的杂蛋白至流出液的 $OD_{280\,nm}$ <0.02,再以蒸馏水洗去柱中的盐。然后按预处理过程将 DEAE-纤维素再处理一遍即可达到再生。如近期使用可泡在洗脱缓冲液中 4℃保存;近期不用时,以无水乙醇洗 2 次,再置 50℃温箱烘干,装瓶内保存。

【结果判定】

(1)IgG 蛋白浓度的简易测定方法:在紫外分光光度仪上测定 IgG 溶液的 $OD_{280\,nm}$ 和

$OD_{260\,nm}$ 值,然后按下列公式计算蛋白质浓度:

$$蛋白质浓度(mg/mL)=(1.45\times OD_{280\,nm}-0.74\times OD_{260\,nm})\times 稀释倍数$$

(2)当选用连续增加 NaCl 的浓度来洗脱已吸附在 DEAE-纤维素柱上的蛋白时,如用线性梯度缓冲液(35~500 mmol/L NaCl)或分段缓冲液(35、70、140、280、500 mmol/L NaCl)洗脱,大部分小鼠的单克隆抗体 IgG 可在 50~200 mmol/L NaCl 浓度之间洗脱。

(3)可用 SDS-PAGE 或定量免疫学方法(RIA、ELISA)检测各部分洗脱液的抗体存在及效价。

【注意事项】

(1)柱的选择:从理论上说,只要柱足够长,就能获得理想的分辨率,但由于层析柱流速同压力梯度有关,故柱长增加使流速减慢,峰变宽,分辨率反而下降。柱的直径增加,使液体流动的不均匀性增加,分辨率会明显下降。

(2)所装的柱床必须表面平整,无沟槽或气泡,否则应重装。待洗脱样品必须用洗脱缓冲液彻底平衡后才能进行柱层析。洗脱过程要严格控制流速,切勿过快。加样及洗脱过程中,严防柱面变干。

(3)要得到满意的分离结果,每毫升 DEAE 离子交换剂所加样品中蛋白质总量最好不超过 10 mg。

(4)用经硫酸铵沉淀初步纯化的抗体代替小鼠腹水作为样品,可得到更好的纯化结果。

【思考题】

1. 阴离子交换剂和阳离子交换剂各有何用途?

2. 洗脱液的离子浓度是如何确定的?

三、抗体 IgG 的亲和层析纯化法

【实验原理】

蛋白 A 是金黄色葡萄球菌的细胞壁成分,蛋白 G 是 G 群链球菌的细胞壁成分。这两种蛋白质分子可通过免疫球蛋白的 Fc 片段与大多数哺乳动物的 IgG 结合。利用基因工程技术,将蛋白 A 和蛋白 G 分子中与 Fc 片段结合的结构域部分的基因融合,所产生的融合蛋白,则具有更广泛的 IgG 结合特异性。蛋白 A、蛋白 G 或融合蛋白 A/G 与免疫球蛋白 Fc 段的结合性能使它成为可用于 IgG 分离的、天然的亲和配基。将这些配基蛋白结合到固体支持物上,提供了应用亲和层析纯化抗体的一步法的基础。

【实验材料】

(1)含 IgG 的样品(可为血清、腹水、含 IgG 的单克隆抗体或多克隆抗体的细胞上清液)。

(2)装有 2 mL 固相化的蛋白 A、蛋白 G 或蛋白 A/G 的小型层析柱。

(3)透析袋(MWCO 10 000)。

(4)结合缓冲液:0.1 mol/L Tris-HCl pH 7.5 + 0.15 mol/L NaCl。

(5)洗脱缓冲液:0.1 mol/L Gly-HCl pH 2.8 + 0.15 mol/L NaCl。

(6)中和缓冲液:1 mol/L Tris-HCl pH 8.0。

(7)分步收集器、蠕动泵、UV 监测器、pH 计等(可按需要选用)。

【操作方法】

(1)将样品置于 4℃ 的结合缓冲液中透析过夜,或将其与至少 1∶1 稀释的结合缓冲液混合;

(2)如果条件允许,将层析柱与蠕动泵、分步收集器和 UV 监测器相连;

(3)至少用 10 mL 结合缓冲液,以 1 mL/min 速度,2 mL 洗涤柱中的亲和层析介质;

(4)上样,一旦样品进入凝胶,用结合缓冲液洗柱(至少 10 个柱体积),直至 $OD_{280\,nm}$ 小于 0.03;

(5)用洗脱缓冲液洗脱所结合的 IgG,分步收集 2 mL/管;

(6)收集过程中,每管立即加入 0.1 mL 中和缓冲液,以中和洗脱所得的 IgG 液。

(7)含 IgG 的各管对 PBS 透析,其后根据抗体的稳定性确定是否需要加入防腐剂(0.020 g/L 叠氮钠),置 4℃ 保存或冷冻保存。

【结果判定】

通常可通过 SDS-PAGE 分析或通过适当的免疫方法(如 western blot,ELISA 等),对洗脱组分进行纯度鉴定和免疫活性测定。

【注意事项】

(1)上样量由层析柱的对特定免疫球蛋白的容量确定,2 mL 柱对于小鼠 IgG 的容量约 10 mg,对于人 IgG 的容量约为 18 mg。

(2)柱上结合的抗体被洗脱的速度很快,通常在第一洗脱流分中。

(3)下列缓冲液也可用为结合缓冲液:含 0.15 mol/L NaCl 的 50 mmol/L 硼酸钠 pH 8.0,或含 0.15 mol/L NaCl 的 0.1 mol/L 磷酸盐液 pH 7.5。高盐结合缓冲液(>1 mol/L NaCl)可能增加总的柱结合容量约 50%。

(4)应用 pH 8.0~9.5 的缓冲液作为结合缓冲液,通常能增加蛋白 A 对小鼠 IgG 的结合力。

(5)对于蛋白 G 的层析柱,可用低 pH 的结合缓冲液,如 pH 5.0 含 0.15 mol/L NaCl 的 50 mmol/L 醋酸缓冲液。

(6)对 pH 敏感的抗体需用比较温和的洗脱液,如:含 0.2 mol/L NaCl 的 0.1 mol/L Tris-醋酸 pH 7.7 或 3 mol/L KCl 或 5.0 mol/L KI 或 3.5 mol/L $MgCl_2$。

(7)蛋白 G 也能与 IgG 的 CH1 区结合,所以不能用于 F(ab′)₂ 与 Fc 的分离。

(8)如果无蠕动泵和部分收集器可用,也可利用重力进行上样及洗脱,手动收集 2 mL/管,用分光光度计测定 280 nm 的吸光度。

【思考题】

1. 用抗体亲和层析纯化法得到的抗体可以达到什么纯度?有哪些用途?

2. 抗体的亲和层析纯化法具体操作中有哪些注意事项?

(郭鑫,刘大程)

实验六　荧光抗体的制备

【实验目的和要求】

(1)掌握荧光的发光原理,了解荧光色素的种类及作用机理。

(2)掌握荧光抗体的制备方法。

【实验原理】

荧光抗体的制备是免疫荧光细胞化学的重要技术之一,制备高特异性和高效价的荧光抗体必须选用高质量的荧光素和高特异性、高效价、高纯度的免疫抗体。

荧光是指一个分子或原子吸收了给予的能量后,即刻引起发光;停止能量供给,发光也瞬时停止(一般持续 $10^{-7}\sim10^{-8}$ s)。能够产生明显荧光,并能作为染料使用的有机化学物称为荧光色素。只有具备共轭键系统,即单键、双键交替的分子,才有可能使激发态保持相对稳定而发射荧光,具有此类结构的主要是以苯环为基础的芳香族化合物和一些杂环化合物。此类物质很多,但作为蛋白质标记用的荧光素尚须具备以下条件:①应具有能与蛋白质形成稳定共价键结合的化学基团,如等异硫氰基—N＝C＝S 或易于转变成此类基团而不破坏其荧光结构;②荧光效率高,与蛋白质结合的需要量很少;③与抗体或抗原结合后,应不影响其免疫学特异性;④结合物产生的荧光颜色必须与背景组织的自发荧光对比鲜明,易于观察判定;⑤荧光素与蛋白质结合的方法简便、快速,游离的荧光素及其降解产物容易去除;⑥荧光素性能稳定,结合物在一般贮存条件下性能稳定,可保存使用较长时间。符合上述要求的荧光素主要有以下 3 种:异硫氰酸荧光素(fluorescein isothiocyanate,FITC)、四乙基罗丹明(tetraethylrodamine B200,RB200)及四甲基异硫氰酸罗丹明(tetramethylrhodamine isothiocyanate,TM-RITC)。实际上应用最广的只有 FITC 一种,罗丹明常作为衬比染色或双标记。

表 6-1 为 3 种荧光素特性的比较。

表 6-1　3 种荧光素特性的比较

荧光素	最大吸收光谱/nm	最大发射光谱/nm	荧光颜色
FITC	490～495	520～530	黄绿色
RB200	570～575	595～600	橙红色
TMRITC	550	620	橙红色

【操作方法】

一、异硫氰酸荧光素标记抗体的方法

异硫氰酸荧光素(fluorescein isothiocyanate,FITC)又称异硫氰酸荧光黄,纯品为橙黄色或褐黄色,分为结晶型与粉末型 2 种。结晶型 FITC 的荧光强度大、稳定,优于粉末型,其分子式为 $C_{21}H_{11}O_2N_5$、分子量 398.4,溶于水和酒精等溶剂,易溶于 pH 8.0～9.5 碳酸盐缓冲液中。最大吸收波长为 490～495 nm,激发产生的荧光波长为 520～530 nm,呈黄绿色。在碱性条件下,FITC 借助异硫氰基(—N ═C ═S)与抗体蛋白的自由氨基(主要是赖氨酸的 ε-氨基)的氨基经碳酰胺化而形成稳定的硫碳氨基键,成为荧光素标记抗体,即荧光抗体。一个 IgG分子有 86 个氨基酸残基,但最多能标记 15～20 个荧光素分子。FITC 性质稳定,低温下可保存 2 年以上。FITC 标记法可分为直接标记法(Marshall 法,Chadwick 法)和半透膜渗透标记法(Clark 法)。

1. Marshall 氏法

(1)抗体的准备:取适量提纯的 IgG,置三角烧瓶中,用生理盐水和 0.5 mol/L pH 9.0 碳酸盐缓冲液(9:1)稀释为 20 mg/mL,混匀,将三角烧瓶置冰槽中,电磁搅拌 5～10 min(速度适当,以不起泡沫为宜)。

(2)荧光素的准备:根据欲标记的蛋白质总量,按 1 mg 蛋白加 0.01～0.02 mg 荧光素的用量(即二者比例为 1:(50～100),用分析天平准确称所取所需的 FITC 粉末。

(3)结合(或称标记):边搅拌边将称取的荧光色素慢慢加入球蛋白溶液中,避免将荧光素粘于三角烧瓶壁或搅拌玻棒上(5～10 min 内加完),加毕后,继续搅拌 12～18 h,结合期间应保持蛋白溶液于 4℃左右,亦可将结合装置安放在 4℃冰箱或冰库中。如条件不允许,也可改为在 20～25℃室温下搅拌结合 2～4 h。

(4)去除游离荧光素:先将结合物经 3 000 r/min 离心 20 min,除去少量沉淀物,取上清液置透析袋内,用 pH 7.2 的 0.01 mol/L PBS 于 0～4℃透析过夜。取透析过夜的标记物,过葡聚糖凝胶 G-25 或 G-50 柱,收集第一洗脱峰,合并,即为荧光抗体。

2. Chadwick 氏法

(1)抗体准备:用预冷至 0～4℃的 0.01 mol/L pH 8.0 PBS 将抗体球蛋白稀释至浓度为30～40 mg/mL,置于三角烧瓶内,放于冰浴中。

(2)荧光色素准备:按每毫克蛋白加入荧光素 0.01 mg 计算,称取所需之荧光素量,用 3%重碳酸钠水溶液溶解(容积与蛋白液相同)。

(3)结合:将抗体球蛋白溶液与荧光色素溶液等量混合,充分搅匀,4℃缓慢搅拌结合 18～24 h。

(4)去除游离荧光素:用透析法和柱层析法,详见 Marshall 法。

3. 改良法

(1)根据 Marshall 氏法取高效价的免疫血清,分离球蛋白,用盐水和 0.5 mol/L pH 9.0碳酸盐缓冲液(9:1)稀释抗体球蛋白,使每毫升含球蛋白 10 mg。降温至 4℃,加入适量FITC[球蛋白:荧光素═(50～80):1],在 0～4℃下电磁搅拌 12～14 h。

(2)用半饱和硫酸铵将标记球蛋白沉淀分离,除去未结合的荧光素,再用 0.01 mol/L pH7.2 PBS 透析,除去硫酸铵(用 Nessler 氏试剂测验至隔夜透析之盐水无氨离子及荧光色素为止)。

(3)将制备好的荧光抗体加 0.01%叠氮钠,分装在 1 mL 安瓿瓶中,保存于冰箱中,4℃可以用半年以上,-20℃保存可达 2 年以上。

4. 半透膜渗透标记法(Clark 法)

(1)用 0.025 mol/L pH 9.6 碳酸盐缓冲液将欲标记的免疫球蛋白稀释成 10 mg/mL,装入透析袋中,将袋口扎紧,仅留少许空隙。

（2）用相同缓冲液将 FITC 配成 0.1 mg/mL 的溶液,需要量为蛋白液体积的 10 倍,置于烧杯内。

（3）将透析袋浸没于烧杯中的 FITC 液中,烧杯底部放搅拌棒,在 4℃下电磁搅拌透析标记18～24 h。

（4）取出透析袋,吸出其中的结合物,即刻用 Sephadex G-50 凝胶过滤,去除游离荧光素。亦可将透析袋移入装有 0.01 mol/L pH 7.4 PBS 的烧杯中透析,每天换液 3～4 次,直至透析外液在紫外线照射下无荧光为止。

此法适用于小量抗体的荧光素标记。标记效果比直接法均匀,非特异性染色较少;结合物中游离荧光素含量较低,易于彻底除去。主要缺点是荧光素的用量较大。

二、四乙基罗丹明标记抗体方法

四乙基罗丹明(Tetraethylrodamine B200,RB200)又称为丽丝胺罗丹明,纯品为褐红色粉末,不溶于水,易溶于酒精和丙酮。性质稳定,可长期保存。分子式 $C_{23}H_{29}O_7NaS_2$,分子量为580,最大吸收光谱为 570～575 nm,激发产生的荧光波长为 595～600 nm,呈明亮橙红色荧光。四乙基罗丹明荧光效能较低,一般不单独使用,多用于与 FITC 标记抗体的反衬染色或双标记配合使用。RB200 为磺酸钠盐,不能直接与蛋白质结合,但很容易在五氯化磷(PCl_5)作用下使自身的—SO_3Na 基变为—SO_3Cl 基后,在碱性条件下与赖氨酸的 ε-氨基结合,形成稳定的硫氨键,并基本保持 RB200 的结构不变,对抗体蛋白也无明显的变性作用。

（1）称取 RB200 1 g 及 PCl_5 2 g 置乳钵内,在通风橱中迅速研磨约 5 min。

（2）加入 10 mL 无水丙酮,搅拌混合约 5 min,使固体粉末溶解成为紫褐色溶液。

（3）迅速用滤纸过滤(或离心沉淀)去除不溶性杂质,澄清的滤液即为磺酰氯化 RB200,可立即用于蛋白质标记,也可放置冰箱内贮存数日。

（4）取 1 份待标记蛋白(10～20 mg/mL)加 2 份 0.5 mol/L pH 9.5 的碳酸盐缓冲液混合,按每 50～60 mg 蛋白需加磺酰氯化 RB200 0.1 mL 的比例,在电磁搅拌下将荧光素逐滴加入蛋白液内。滴加完毕,再继续搅拌结合 30 min,同时测试 pH,加入数滴碳酸盐缓冲液使结合物的 pH 不低于 8.5。

（5）取相当于抗体蛋白 1/2 量的优质活性炭粉末加入结合物内,持续搅拌 60 min,4 000 r/min 离心 30 min 去除活性炭。

（6）取上清液装入透析袋,用 0.01 mol/L pH 7.4 PBS 4℃透析 4 h,再经葡聚糖凝胶 G-50柱层析,除去游离荧光素。或用 40%饱和度硫酸铵盐析一次,将沉淀物溶解于少量 PBS,再经过透析或凝胶过滤脱盐。

三、四甲基异硫氰酸罗丹明标记抗体方法

四甲基异硫氰酸罗丹明(Tetramethylrhodamine isothiocyanate,TMRITC)是罗丹明的衍生物,紫红色粉末,性质较稳定。分子量为 443,其最大吸收光波长为 550 nm,激发产生的荧光波长为 620 nm,呈现橙红色荧光,与 FITC 的黄绿色荧光对比清晰。TMRITC 的荧光效率亦较低,但其激发峰与荧光峰距离较大,易于选择滤板系统;TMRITC 可通过分子中的异硫氰

基易与蛋白质的氨基结合,结合方式同 FITC,比 RB200 使用方便,近年来较常用于双标记示踪研究。

(1)量取待标记的 IgG 10 mL(6 mg/mL)在 0.01 mol/L pH 9.5 碳酸盐缓冲液中透析过夜。

(2)按照每毫克 IgG 加入 5～20 μg TMRITC 的量称取 TMRITC 溶于二甲亚砜(1 mg/mL),取此溶液 300 μL,在电磁搅拌下逐滴加入蛋白质溶液中,加毕后在室温中避光搅拌 2 h。

(3)把结合物移入直径 3 cm、高 30 cm 的 Bio-Gel P-6 层析柱(用 0.01 mol/L pH 8.0 PBS 平衡过),流速为 1.5 mL/min。

(4)收集先流出的红色结合物,即为标记抗体,分装,以 0～4℃或－20℃低温保存,防止抗体活性降低和蛋白变性。最好加入浓度为 1:(5 000～10 000)的硫柳汞或 1:(1 000～5 000)的叠氮钠防腐,小量分装如 0.1～1 mL,真空干燥后更易长期保存。

【结果判定】

对制备的荧光抗体必须进行质量鉴定,主要进行特异性和敏感性 2 个方面的鉴定。

1. 染色特异性和敏感性的测定

(1)特异性染色效价的测定:直接染色以倍比稀释荧光抗体溶液如 1:2,1:4,1:8,…,与相应抗原标本作一系列染色,荧光强度在"＋＋＋"的最大稀释度,即为该荧光抗体的染色滴度(效价)或单位。实际染色应用时,可取低一个或两个稀释度(即 2～4 个单位),如染色效价为 1:64,实际应用时可取 1:32 或 1:16。间接染色效价可按抗核抗体荧光染色法步骤,先用不同稀释度的荧光抗体染色,结果以抗核抗体荧光强度"＋＋"为标准,染色用效价和直接法相同。

(2)非特异性染色测定:根据荧光抗体的用途不同,可用相类似的抗原切片或涂片,倍比稀释荧光抗体,按常规染色,结果在标本上出现的非特异染色应显著低于特异染色滴度,否则应采取消除非特异性染色的方法处理荧光抗体。

(3)吸收实验:在荧光抗体中加入过量相应抗原,于室温中搅拌 2 h 后,移入 4℃中过夜,3 000 r/min,离心 30 min,收集上清液,再用以染相应抗原阳性标本,结果应不出现明显阳性荧光。

(4)抑制实验:用未标记的抗体对相应抗原进行染色,冲洗后,再用荧光抗体对相应抗原进行染色,结果观察,应无荧光。阻抑实验应注意抗体与抗原的相应比例,未标记抗体的比例过小,结果抗原结合有剩余,标记抗体仍能被结合而显示出阻抑不全。当抗体比例过大,则抗体的一个结合点结合而表现出不牢固,极易被标记抗体所置换出来而又显示出阻抑不全。

2. F/P 比值的测定

F(荧光素)和 P(抗体蛋白)的摩尔比值反映荧光抗体的特异性染色质量,一般要求 F/P 的摩尔比值为 1～2。过高时,非特异性染色增强;过低时,荧光很弱,降低敏感性。

(1)蛋白质定量:测定荧光抗体的蛋白质 mg/mL 量。

(2)结合荧光素定量:先制作荧光素定量标准曲线,即准确称取 FITC 1 mg,溶于 10 mL 0.5 mol/L pH 9.0 碳酸盐缓冲液中,再用 0.01 mol/L pH 7.2 PBS 稀释到 100 mL,此时荧光素含量为 10 μg/mL,以此为原液,再倍比稀释 9 个不同浓度的溶液,用分光光度计在 490 nm 波长测定光密度值(OD),以光密度为纵坐标,荧光素含量为横坐标,作标准函数图。

荧光素与蛋白质结合后,其吸收光谱峰值向长波方向位移约 5 nm,FITC 和蛋白质结合后由 490 nm 变为 493～495 nm,RB200 和蛋白质结合后变为 595 nm。

F/P 比值可按以下公式计算:

$$\frac{F}{P}摩尔比值 = \frac{FITC(\mu g/mL)}{蛋白质(mg/mL)} \times \frac{160\ 000 \times 10^3}{390 \times 10^6} = 0.41 \times \frac{FITC(\mu g/mL)}{蛋白质(mg/mL)}$$

式中 160 000 为抗体蛋白质的分子量,390 为 FITC 的分子量。蛋白质从克换算为毫克需再乘以 10^3,而荧光素从克换算为微克需要再乘以 10^6。

测定 RB200 和 TMRITC 荧光抗体的摩尔比值公式如下:

$$RB200 荧光抗体摩尔比值 = \frac{[RB200(\mu g/mL) \times 10^{-3}] \div 580}{蛋白质(mg/mL) \div 160\ 000(IgC)}$$

$$TMRITC 荧光抗体摩尔质量比值 = \frac{A_{515\ nm}OD}{A_{280\ nm}OD} 或 = 重量比(g/g) \times \frac{160\ 000}{580}$$

(3)免疫电泳测定:通过免疫电泳可以测定荧光抗体的免疫纯度,要求在球蛋白的部位上只出现一条沉淀线。

【注意事项】

(1)荧光素与蛋白质的比值:一般而言,每毫克蛋白质中需要粉末状荧光素 0.025 ～ 0.05 mg,而结晶型荧光素则只需 0.006 ～0.008 mg 即可。蛋白含量以 20～25 mg/mL 为宜,浓度过低标记过慢,浓度过高标记效果不好。在实践中以蛋白浓度稍高一些为好。

(2)pH:标记过程中的缓冲液以 pH 9.0～9.5 为最好。pH 过低标记速度慢,pH 过高则蛋白质容易变性。

(3)温度和时间:标记反应的温度为 4 ～25℃均可。温度与时间是成正比的,温度低则反应慢,温度高则反应快。4℃反应需要 6～12 h,7～9℃反应需要 3～4 h,20 ～25℃反应只需要 1～2 h。实践中可自选。透析法还是以 4℃较长时间反应为好。

(4)未标记及过度标记蛋白的去除:为了消除结合物中未标记抗体蛋白的特异性抑制作用以及过度标记蛋白所致的非特异性染色,通常采用 DEAE-纤维素或 DEAE-Sephadex A-50 离子交换层析法,以梯度洗脱或连续洗脱,分步收集洗脱液。经过 F/P 比值测定或染色检查,根据需要将合适部分合并,浓缩后保存备用。但经过上述处理的标记抗体,一般约损失 50%,因此对一些抗体效价较高的制剂,可采用适当稀释的方法达到该目的。

(5)非期望抗体或交叉反应抗体的去除:可以采用组织制剂(常用正常大白鼠或小白鼠的肝粉)吸收法和固相抗原吸附法。

【临床应用】

免疫荧光标记技术的临床应用较为广泛,包括:

(1)病原微生物的快速鉴定诊断;

(2)寄生虫抗原定位及特异抗体的检测;

(3)自身免疫疾病中自身抗体的检测;

(4)在免疫病理方面,用于免疫球蛋白、补体及其他抗原成分的组织定位,以了解免疫复合物病患部位和病变基础;

(5)在肿瘤免疫诊断中,用于肿瘤抗原的定位和检测;

(6)分析淋巴细胞表面标记、鉴别和计数不同淋巴细胞亚群,不仅有助于淋巴细胞增殖性疾病的免疫分型、病因及发病机制的探讨,而且对临床治疗效果、预后评估均有一定的参考意义。

【思考题】

1. 不同荧光色素标记方法的标记效率的差异及各自的用途如何?

2. 如何对标记的荧光抗体进行纯化?

3. 对于标记好的荧光抗体应进行哪些质量鉴定?

（郭鑫,单虎）

实验七　酶标抗体的制备

【实验目的和要求】

(1)掌握酶免疫技术的原理,并了解其应用。

(2)掌握抗体的制备方法。

【实验原理】

免疫酶技术是近代发展起来的一项免疫技术,是把抗原抗体反应的特异性与酶的高效催化作用相结合建立的一种免疫检测技术。此类技术中用到的酶标记物包括酶标记抗原、酶标记抗体和酶标记 SPA 等,其中最常用的是酶标记抗体。酶标记物质量的好坏直接关系到免疫酶技术的成功与否,因此被称为关键的试剂。在酶免疫技术中制备标记物的抗原应纯度高、抗原性完整;制备标记物的抗体应特异性好、效价高、亲和力强、比活性高、能批量生产和易于分离纯化。

在酶免疫技术中用于标记的酶应满足如下要求:①催化活性高、专一性强;②与抗原或抗体偶联后不影响抗原抗体的免疫反应性和酶活性;③催化的底物易于配制、保存且催化底物产生的信号产物易于观察和检测;④对人无害且来源方便,价廉易得,易于纯化;⑤酶的性质稳定,可溶性好等特点。符合上述特点的常用于标记的酶有辣根过氧化物酶(HRP)、碱性磷酸酶、β-半乳糖苷酶、葡萄糖氧化酶等,具体特点如下:

(1)辣根过氧化物酶(horseradish peroxidase,HRP)广泛分布于植物界,因辣根中含量最高而得名,由无色的酶蛋白和深棕色的铁卟啉(辅基)组成。其中酶蛋白为含糖 18% 的糖蛋白(最大吸收光谱为 275 nm),铁卟啉是酶的活性基团(最大吸收光谱为 403 nm)。HRP 的纯度即以二者的光密度比值($OD_{403 nm}/OD_{275 nm}$)来衡量,用 RZ(reinheit zhal,即纯度值)表示。高质量的 HRP 的 RZ 值应大于 3.0,比活性应大于 250 U/mg。HRP 特性为:①分子量较小(40 kD),标记物容易穿透细胞内部。②酶的作用底物为 H_2O_2,以二氨基联苯氨(DAB)为供氢体的反应产物为不溶性的棕色吩嗪衍生物,可用普通光镜观察。此种多聚物还能还原和螯合四氧化锇,形成具有电子密度的产物,十分适合电镜观察;以邻苯二胺(OPD)、四甲基联苯胺(TMB)为供氢体的反应产物为可溶性显色溶液,可进行比色测定。③HRP 在 pH 3.5~12 范围内稳定,对热及有机溶剂的作用亦较稳定,能耐受 63℃加热 15 min;用甲苯与石蜡包埋切片处理或用纯乙醇及 10% 甲醛水溶液固定作冰冻切片,均不影响其活性。④溶解性好,100 mL 缓冲盐溶液可溶解 5 g HRP。⑤氰化物、硫化物、氟化物及叠氮化物等对 HRP 的活性有抑制作用,因此应避免使用 NaN_3 作为酶标试剂的防腐剂,以防止 HRP 失活。

(2)碱性磷酸酶(alkaline phosphatase,AP):是一种磷酸酯的水解酶。从大肠杆菌中提取的 AP 分子量为 80 kD,酶作用的最适 pH 为 8.0;从小牛肠黏膜提取的 AP 分子量为 100 kD,酶作用的最适 pH 为 9.6。常用的酶底物为对硝基苯磷酸盐(PNP)、β-甘油磷酸钠、磷酸萘酯等。由于 AP 较难获得高纯度制品,价格比 HRP 约高 20 倍。其标记物常为高度聚合的大分子,穿透细胞膜的能力较差,较少用于免疫酶组织化学定位研究。AP 主要用作双标记染色,研究递质共存及酶免疫测定。甘氨酸、枸橼酸钠、EDTA、巯基化合物等可使 AP 失活。

(3)葡萄糖氧化酶(glucose oxidase,GOD):是以葡萄糖为底物的酶,供氢体为对硝基蓝四氮唑(NBT),酶促反应的终产物为不溶性蓝色沉淀,比较稳定。从理论上讲,GOD 比 HRP、AP 好,因为动物体内不存在内源性 GOD,非特异性干扰少。但因其分子量较大(160~190 kD),并且有较多的氨基,在标记时易形成广泛的聚合,影响酶的活性,故以 GOD 作为示踪酶的敏感度比 HRP 和 AP 低,且供氢体少,应用较为局限,主要用于两种酶偶联反应放大技术,能提高方法的敏感性和特异性。

制备酶标记物的方法应选择产率高、不影响结合物活性和不混杂干扰性物质且操作简便易行的方法。因 HRP 最为常用,故下面介绍 HRP 标记物的制备。

一、交联法

【实验原理】

交联法是用一种可同时与酶和抗体(抗原)结合的交联剂作为"桥",分别连接酶与抗体(抗原)的方法,目前此类方法中最常用的是戊二醛交联法。戊二醛是一种同型双功能交联剂,它的两个醛基可分别与 HRP 酶分子上的游离氨基反应及抗体分子上的氨基结合,形成 Schiff 碱(—N =C—)共价桥,将抗体与酶结合在一起。

戊二醛连接反应是最温和的交联反应之一。可在 4~40℃温度范围,pH 6.0~8.0 的缓冲液中进行,分为一步法和二步法。

(1)一步法:将抗体、酶和戊二醛同时混合,操作简便。但其交联反应是随机的,酶和酶、抗体和抗体之间也有可能发生自身交联。由于结合时酶和抗体比例不均一,形成结合物大小不一样,多数结合物分子量较大,因此穿透力小。另外,结合物立体构型对抗体活性和酶活性影响较大。

(2)二步法:第一步将过量的戊二醛与酶反应,使酶分子上的游离氨基仅与戊二醛分子上的活性醛基结合,不发生酶与酶的结合;第二步是除去多余的戊二醛分子,加入免疫球蛋白,使免疫球蛋白上的氨基与已结合酶的戊二醛分子上的另一个活性醛基结合,形成的一分子酶和一分子免疫球蛋白结合物。其优点是结合物均一、无自身聚合、分子量小、穿透力较大、活性比一步法高 10 倍左右。

【实验材料】

(1)辣根过氧化物酶(HRP)5 mg,RZ=2.5~3。

(2)纯化的抗体(IgG)蛋白溶液。

(3)戊二醛。

(4)饱和硫酸铵。

(5)0.05 mol/L pH 9.5 碳酸盐缓冲液。

(6)透析袋。

【操作方法】

1. 戊二醛一步法

(1)在 1.0 mL 含 5 mg 免疫球蛋白的 0.1 mol/L pH 6.8 磷酸缓冲液中,加入 12 mg HRP。

(2)缓慢搅拌并逐滴加入 1%戊二醛溶液 4 mL,室温下继续搅拌 2 h 或旋转 3 h。

(3)搅拌并滴加等量饱和硫酸铵,于 4℃ 静置 60 min,3 000 r/min 离心 30 min。

(4)将沉淀物用 50% 饱和度硫酸铵洗涤 2 次,再将沉淀物溶于少量 0.02 mol/L pH 7.4 PBS 中,于 4℃ 透析 24 h,中间换液 3 次,直至游离戊二醛全部除去。

(5)分装成小份保存于低温冰箱中。

2. 戊二醛二步法

(1)将 10 mg HRP 溶解在 0.2 mL 含 1.25% 戊二醛的 PB(0.1 mol/L,pH 6.8)中,室温静置 18 h。

(2)通过 Sephadex G 25 柱过滤,柱预先用 0.15 mol/L NaCl 平衡。

(3)收集含棕色的洗脱液,并用超滤膜浓缩到 1 mL。

(4)加入等量的抗体(5 mL,0.15 mol/L 生理盐水中),再加入 0.1 mL 碳酸盐缓冲液(1.0 mol/L,pH 9.5),4℃ 放置过夜。

(5)加入 0.1 mL 甘氨酸溶液(0.2 mol/L),2 h 后置 PB 中 4℃ 透析过夜。

(6)透析物用 Sephadex G 200 柱分离结合物。柱用乙基汞化硫代水杨酸钠缓冲液平衡,透析,20 mL/h,分步收集,分别测每份在 280 nm(蛋白质)和 403 nm(酶)的 OD 值。

(7)收集 OD 高峰重叠管,加入纯甘油至终浓度为 33%,−20℃ 长期保存。

3. 改良戊二醛二步法

(1)取 HRP 10 mg 溶于 0.4 mL,0.25 mol/L pH 6.8 的 PBS 中或 0.05 mol/L pH 9.5 的碳酸盐缓冲液。

(2)滴入 25% 戊二醛 0.1 mL,混匀,37℃ 水浴 2 h。

(3)加入冰冷的分析纯的无水乙醇 2 mL,2 500 r/min 离心 10~15 min,倾去上清液。

(4)沉淀以 80% 乙醇 4~5 mL 混悬,同上离心,倾去乙醇,将管倒置,使乙醇充分流出。

(5)沉淀用 1 mL 0.05 mol/L pH 9.5 的碳酸盐缓冲液溶解,加入 0.5~1 mL 抗体溶液(含 IgG 15 mg 左右),混合后 4℃ 过夜。

(6)加入适量 KH_2PO_4 使近中性即可使用,−20℃ 保存。

二、氧化法

【实验原理】

氧化法(直接法)是用活化剂首先将酶活化,被活化的酶分子上的基团直接可与抗体(抗原)结合形成标记物,如过碘酸钠法。过碘酸钠是强氧化剂,可将酶分子中的含糖部分氧化成醛基,再与抗体分子中的氨基结合。

HRP 分子上的活性氨基较少,因此用戊二醛交联免疫球蛋白的得率很低,一般只有 2%~4% 的酶与免疫球蛋白结合。HRP 含 18% 碳水化合物,而且酶的糖链部分与酶活性无关,用过碘酸钠将酶表面糖分子上的羟基氧化成醛基,此醛基很活泼,与抗体分子的氨基结合,形成酶标记物。在反应的第一阶段用 2,4-二硝基氟苯(DNFB)封闭酶蛋白上残存的 α 和 ε 氨基,以避免酶的自身交联,然后用过碘酸钠将 HRP 中的低聚糖基氧化为醛基。反应的第二阶段是使已活化的 HRP 与抗体蛋白的自由氨基结合,形成 Schiff 碱。最后用硼氢化钠还原,形成稳定的结合物。

过碘酸钠氧化法的优点是标记率高,未标记的抗体量少,免疫活性高,非特异性显色低。

但结合物分子量较大,穿透细胞的能力不如用戊二醛法标记的抗体,故不适用于免疫酶组化染色法和免疫电镜。

【实验材料】

(1)辣根过氧化物酶。

(2)纯化的抗体(IgG)蛋白溶液。

(3)0.06 mol/L 过碘酸钠 $NaIO_4$。

(4)0.5 mL 0.16 mol/L 乙二醇。

(5)0.2 mL 5 mg/mL 硼氢化钠。

(6)饱和硫酸铵。

(7)0.3mol/L pH 8.1 重碳酸钠。

(8)0.05 mol/L pH 9.5 碳酸盐缓冲液。

(9)透析袋。

【操作方法】

1. 过碘酸钠氧化法

(1)将 5 mg HRP 溶于新配制的 1 mL 0.3 mol/L pH 8.1 重碳酸钠中。

(2)加 0.1 mL 1% 二硝基氟苯(DNFB)无水乙醇溶液,在室温混合后再加入 1 mL 0.04~0.08 mol/L 过碘酸钠($NaIO_4$),置室温中轻搅 30 min。

(3)在溶液呈黄绿色时,加入 0.16 mol/L 乙二醇水溶液 1 mL,室温放置 60 min,使氧化反应终止。

(4)然后在 4℃中对 0.1 mol/L pH 9.5 重碳酸钠缓冲液透析,换液 3 次。

(5)在 3 mL HRP-醛基溶液中,加入 5 mg 纯化抗体(溶于 1 mL 碳酸盐缓冲液中),室温置 2~3 h。

(6)加入 5 mg 硼氢化钠($NaBH_4$),置 4℃冰箱放置 3 h 或过夜。

(7)用 PBS 充分透析,离心除去沉淀物,上清液即为酶结合物,纯化后使用。

2. 改良过碘酸钠法

(1)将 5 mg HRP 溶于 0.5 mL 蒸馏水中,加入新配制的 0.06 mol/L $NaIO_4$ 水溶液 0.5 mL,混匀置冰箱 30 min。

(2)待溶液呈绿色时取出加入 0.16 mol/L 乙二醇水溶液 0.5 mL,室温放置 30 min,使氧化反应终止。

(3)再加入含 5 mg 纯化抗体的水(或 PBS)溶液 1 mL,混匀并装透析袋,以 0.05 mol/L pH 9.5 碳酸盐缓冲液缓慢搅拌透析 6 h(或过夜),并在磁力搅拌器上缓慢搅拌,使蛋白质与酶充分结合。

(4)吸出透析袋内液体,加 5 mg/mL 的硼氢化钠($NaBH_4$)溶液 0.2 mL,置冰箱 2 h,将酶标抗体还原为稳定的结合物。

(5)向上述结合物混合液加入等体积饱和硫酸铵,冰箱放置 30 min,离心,将所得沉淀物溶于少许 0.02 mol/L pH 7.4 PBS 中,装入透析袋,充分透析,以除去硫酸铵。

(6)离心除去沉淀,加 PBS 至 5 mL,-20℃或冻干保存备用。

【结果判定】

1. 酶标抗体的活性鉴定

一般以琼脂扩散和免疫电泳进行鉴定。使酶标抗体和相应的抗原(浓度为 1 mg/mL)产生沉淀线,洗涤后于底物溶液中显色,显色后用生理盐水漂洗,沉淀线不褪色,说明酶和抗体都具有活性。良好的酶标结合物琼脂扩散效价应在 1∶16 以上。

2. 酶结合物的定量测定

包括酶量、抗体 IgG 含量、酶与 IgG 的摩尔比值以及结合率的测定。

(1)酶量$(\mu g/mL)=OD_{403\ nm}\times0.42$

(2)酶总量$(mg/mL)=$酶量×结合物溶液总体积

(3)酶结合率$=$结合物酶总量/加入酶量$\times100\%$

(4)酶标记率$=OD_{403\ nm}/OD_{280\ nm}$

(5)戊二醛法 $IgG(mg/mL)=(OD_{280\ nm}-OD_{403\ nm}\times0.42)\times0.94\times0.62$

过碘酸钠法 $IgG(mg/mL)=(OD_{280\ nm}-OD_{403\ nm}\times0.3)\times0.62$

(6)酶 IgG 摩尔比$=$酶$(\mu g/mL)\times4/IgG(mg/mL)$

【注意事项】

(1)用过碘酸钠法偶联两种大分子时,主要存在碳水化合物对氧化作用的敏感性问题,由于不同批次的 HRP 酶分子中碳水化合物含量不同,如果氧化不完全,则不能产生足够的醛基。相对,氧化过度又对酶的活性有影响。这是因为:强氧化作用可产生大量的羧基(醛基比乙二醇基更容易被氧化),从而减少实际活化的酶量;$NaIO_4$ 浓度过高,易使 HRP 酶分子中的氨基酸残基被氧化,如蛋氨酸被氧化生成蛋氨酸亚砜,从而改变酶分子的三维结构,影响酶的催化活性;过度氧化还易引起酶分子发生自身聚合,不仅降低偶联物的酶活性,而且不利于偶联物的纯化。最适宜的过碘酸钠浓度为 4 mmol/L。

(2)用过碘酸钠法进行标记时,酶的 RZ 值≥3 时较佳;RZ 值<3 时,糖含量较少,游离氨基较多,氧化时酶易发生本身聚合,影响酶标抗体的产量。

(3)影响两种物质偶联和偶联效果的因素主要有:被偶联物的浓度及其相对比率;偶联剂的用量及其与两种物质的线规反应率;反应液的离子强度和酸碱度等。

(4)缓冲液的选择:缓冲液的 pH 不能接近等电点,以减少同种分子的聚会;其 pH 应在被偶联的两种蛋白质分子的等电点之间,以促进一种分子间的偶联;适宜的离子强度,有利于带不同电荷的两种分子的相互吸引。缓冲液的纯度:如果掺有杂质(如微生物,氨基酸等),可干扰两种物质的偶联,降低偶联效率。在实验过程中保持缓冲液 pH 在 9.0 以上十分重要,因为 pH≤8.5 时,抗体的 NH_2 基被氧化成 NH_4^+,后者不能与—CHO 反应。

(5)检测酶结合物的质量时应对结合物中酶的催化活性、免疫学活性、未连接的游离酶的量、未连接的原始免疫反应物的量、每个酶分子所联接的免疫反应物的分子数目、生化性质、酶标记免疫实验效果进行全面检测,并以表 7-1 数据为参照判断:

表 7-1　检测酶结合物质量时参照数据

评价	最好	好	一般
酶结合量	≥1.0	≥0.5	0.4
酶结合率	>30	9～10	7
酶 IgG 摩尔比	>1.5	1.0	0.7

（6）交联法与氧化法的比较见表 7-2。

表 7-2　交联法与氧化法的比较

比较项目	交联法（戊二醛法）		氧化法（过碘酸钠法）
	一步法	二步法	
标记方法	简单	较复杂	较复杂
酶利用率	2%～4%	2%～4%	70%酶偶联到99%抗体上
产率	<5%	<5%	>50%
标记抗体分子量	750万	<25万	>40万
穿入组织能力	差	好	一般
抗体活性丢失	多	少	较多
酶活性丢失	多	少	较多
染色效应	差	较好	较好

（7）酶标记物的纯化：酶与待标记物的连接反应完成后，反应体系中还存在游离酶、游离抗体、酶聚合体和免疫球蛋白聚合体，因游离酶可增加非特异显色，游离抗体能与标记抗体起竞争作用，降低特异性染色强度，应尽量除去。较常用的提纯方法为 50%饱和硫酸铵沉淀和 Sephadex G 200（或 G 150）凝胶过滤。

【临床应用】

免疫酶技术目前在临床上应用广泛，已成为常用技术之一。包括有以下几个方面：

（1）测定抗原：如微生物及其产物。根据标准曲线可定量检测 IgE、AFP、激素等；

（2）测定抗体：用于传染病疾患、寄生虫病、病毒病、立克次体病等抗体测定；

（3）用于病毒筛选及自身免疫病的测定；

（4）测定细胞因子及其可溶性受体等。

【思考题】

1. 免疫酶技术的特点是什么？

2. 用不同酶标记的抗体可用于建立哪些免疫检测技术，试举例说明。

（郭鑫，单虎）

实验八　T、B 淋巴细胞的制备

【实验目的和要求】

了解血液中的各种细胞成分及特性,重点掌握实验动物外周血中 T、B 淋巴细胞的分离方法。

【实验原理】

在体外进行细胞免疫检测时,首先要进行淋巴细胞的分离。分离淋巴细胞的方法很多,包括根据细胞表面标志、理化性状及功能等方面的差异设计的不同方法。但不管采用哪种方法,均要求分离的淋巴细胞纯度高、产量多,而且不丧失活性,同时也要求分离技术简单、方便。

外周血液中主要含有红细胞、单核细胞、多核白细胞、血小板及各类淋巴细胞,由于不同细胞的比例差异、大小和密度也不同,故沉降速度有所不同,可利用密度梯度离心方法将外周血中的特定细胞分离出来。红细胞的自然沉降率较快,加入高分子量的聚合物,如明胶、右旋糖酐等还可以加速其凝聚。利用自然沉降法、密度梯度离心法或二者结合可以将淋巴细胞从血液中离心出来。在体外进行细胞免疫检测时,大都需要进行淋巴细胞的分离,通常采用淋巴细胞分离液分离出的淋巴细胞还包括单核细胞,可以利用其吸附功能,选用铁颗粒、玻璃面或尼龙网等将单核细胞除去。

【实验材料】

1. 抗凝剂

(1)肝素:是含硫磺酸的黏多糖,常用其钠盐及钾盐,它能阻止凝血酶原转化为凝血酶,进而抑制纤维蛋白原形成纤维蛋白,从而阻止血液凝固。

(2)乙二胺四乙酸(EDTA):是一种螯合剂,用生理盐水配制成 4% 的溶液备用。

(3)阿氏液(Alsever 液):称取枸橼酸钠 0.80 g,枸橼酸 0.032 5 g,葡萄糖 2.05 g,氯化钠 0.42 g,加水至 100 mL。混匀溶解后,121℃ 高压蒸汽灭菌 10 min 备用。阿氏液中既含有枸橼酸钠抗凝剂,又含有细胞生存的营养,所以它既可以做抗凝剂,又可以做血细胞的保存液。

2. 细胞分离用溶液

(1)淋巴细胞分层液:20℃ 时密度应为 (1.077 ± 0.001) g/mL。

(2)Hank's 平衡盐溶液或 pH 7.2~7.4 的 PBS。

(3)完全 RPMI-1640 培养液。

3. 染色液

2% 台盼蓝染色液。

4. 器材

无菌采血容器、灭菌 15 mL 或 50 mL 锥底离心管、刻度吸管、滴管、血球计数器、倒置生物显微镜、温度可调式水平离心机。

【操作方法】

1. 采血

各种动物的采血方法不一,马、牛、羊等大动物一般从颈静脉采血,猪从颈静脉、前腔静脉或耳静脉采血,家禽从翼下静脉或心脏采血,兔从心脏或耳静脉采血,犬从颈静脉或四肢静脉采血,豚鼠从心脏采血,小白鼠则可断尾、剪断腋下血管或摘除眼球采血。

2. 抗凝

采集血液最关键的问题是抗凝,最常用的方法如下。

(1)肝素抗凝:采血时,每毫升血液含 15～20 U 肝素即可。计算采集的血液量,按1 000 U/mL 的量加入肝素,直接放入采血容器中,采血时,边采血边轻轻摇动,使抗凝剂与血液混匀。对于采少量的血液或小动物采血,可直接用注射器抽取一定量的肝素液,在采血过程中直接抗凝。

(2)EDTA 抗凝:采血前,用灭菌生理盐水将 EDTA 配制成 4% 溶液,然后按预采血液的量,以每毫升血液加入 1～2 mg 的 EDTA 于采血容器内。采血时不断摇动采血容器,使之混匀。

(3)玻璃珠法:预先将适量的玻璃珠(根据采血量多少来定)清洗后,装入采血容器中,灭菌后备用。采血过程中,边采血边摇采血瓶,以使小玻璃珠在血液中滚动,以机械地除去纤维蛋白使血液不能凝固。本法虽比较麻烦,但对淋巴细胞的活性影响很小,且可减少血小板的混杂。

(4)阿氏液采血:以阿氏液和采血量以 1:1 比例采集血液,边采边轻轻摇动采血瓶,使之混匀。用阿氏液采血,该溶液除了抗凝外,还可用于红细胞的保存。一般在 4℃ 条件下,阿氏液中保存的红细胞 2 周内其活性和特性不变。

3. 外周血单个核细胞(peripheral blood mononuclear cell,PBMC)的分离

(1)取一定量抗凝血,无菌操作加入等体积的预热至室温或 37℃ 的 Hank's 平衡盐溶液或pH 7.2～7.4 的 PBS,使血液稀释,降低红细胞的凝聚,提高分离效果。此步骤也可省略。

(2)吸取淋巴细胞分层液(每 10 mL 稀释血加 3～5 mL 分层液)置于已灭菌的 15 mL 或50 mL 锥底离心管中,然后将离心管倾斜 45°角,将稀释血液在距分层液界面上 1 cm 处沿试管壁缓慢加至分层液上面(亦可将吸管嘴插入离心管底部,将分层液缓慢加在稀释血液的下面),应注意保持两者界面清晰,勿使血液混入分层液内。

(3)将离心管置水平式离心机内,在 18～20℃ 下以 2 000 r/min 离心 20 min。离心后,管内可分为以下 4 层:上层为血浆、血液稀释液及绝大部分血小板;下层为红细胞及粒细胞;中层为细胞分层液;在分层液与血浆交界部位混浊的灰白色层即为含有大量淋巴细胞在内的单个核细胞层。

(4)用毛细吸管轻轻插入灰白色层,沿管壁轻轻吸出灰白色的 PBMC,移入另一支离心管中;或先吸去上层的血浆、稀释液及血小板后,再用另一支毛细吸管仔细吸取 PBMC。既要尽量吸取所有 PBMC,又要避免吸取过多的分层液或血浆,以免混入其他细胞成分。

(5)将所得到的 PBMC 悬液用 5 倍体积的 Hank's 液或 RPMI-1640 洗涤 2 次,依次以2 000 r/min、1 500 r/min 在室温下离心 10 min,可去掉大部分混杂的血小板。

(6)用完全 RPMI-1640 定容细胞,计数后再调整细胞至所需浓度。

4. 淋巴细胞的纯化

(1)红细胞的去除:可采用下列两种方法。

①低渗裂解法:加 1 mL 蒸馏水于沉淀的 PBMC 中,轻轻振摇,不超过 1 min,红细胞即可低渗快速裂解,立即加入等量的 1.8% 氯化钠溶液恢复为等渗状态,经洗涤即可除去红细胞。

②氯化铵处理法:在沉淀的 PBMC 中加入 1 mL 0.83％氯化铵溶液,轻轻振摇 2 min,即可裂解红细胞,经洗涤即可除去红细胞。

(2)血小板的去除:通常情况下,将 PBMC 悬液洗涤 2～3 次后,常可去除绝大部分混杂的血小板。在某些疾病状态下,外周血中血小板数量增多,常需通过胎牛血清梯度离心法才能去除过多的血小板。

(3)单核细胞的去除:单核细胞和多核白细胞能黏附在塑料或玻璃表面,而淋巴细胞则不能,由此可将单核细胞从 PBMC 悬液中分离出来,获得纯淋巴细胞;也可利用单核细胞具有吞噬羰基铁粉或黏附于羰基铁粉表面的能力,通过磁铁吸引法,将羰基铁粉连同单核细胞一起吸附于瓶底而得以除去;还可以用针对单核细胞表面特殊标志的特异性抗体,通过免疫吸附法或免疫磁性微珠法除去 PBMC 中的单核细胞,且可对单核细胞进行回收利用。

【结果判定】

(1)分离得到 PBMC 后,在普通光学显微镜下可以看到完整的细胞形态,数量也较多。

(2)用台盼蓝染色液检查所分离细胞的活性:取 2 滴细胞悬液加 1 滴 2％台盼蓝染色液,3～5 min 后取样做高倍镜检。活细胞不着色,死细胞染成蓝色。计数 200 个细胞,计算活细胞百分率,分离效果较好的 PBMC 中活细胞数应在 95％以上。

(3)采用黏附法去除 PBMC 中的单核细胞后,大约 95％的剩余细胞为淋巴细胞,活性大于95％。

【注意事项】

(1)严格无菌操作,防止细胞被污染。

(2)与血液样品接触时应注意生物安全防护,避免血源性人畜共患病的传播。

(3)保持淋巴细胞的活性是非常重要的,所以一般情况下是采血后马上进行分离。

(4)操作应轻柔,血浆或血液加入分层液中时要小心,缓慢加入,不要打乱层液,不要摇动;也可以将分层液加入到血浆的上层。

(5)离心时的温度对分离效果有影响。温度过低,离心时间需要适当延长,淋巴细胞丢失增多;温度过高,增加红细胞凝聚,且影响淋巴细胞活性。离心时最适温度为 18～20℃。

(6)分离组织中的单个核细胞也可采用该方法。

【临床应用】

用于分离血液中的淋巴细胞,测定不同淋巴细胞的数量、活性、功能等免疫学指标,是一项经常用到的免疫制备技术。

【思考题】

1. 不同动物的淋巴细胞分离方法是否完全一致?

2. 还有其他哪些方法可以用于淋巴细胞的分离?

(郭鑫,单虎)

实验九　NK 细胞的分离

【实验目的和要求】

了解免疫磁珠分离 NK 细胞的基本操作方法。

【实验原理】

近年来，人们对于 NK(natural killer,NK)细胞的关注度越来越高,该细胞在天然免疫应答中有重要的作用。NK 细胞主要来源于骨髓淋巴样干细胞,大多分布在动物机体的外周血以及脾脏中。分离 NK 细胞的方法很多,包括 Percoll 分层液密度梯度离心法、补体裂解法、免疫磁珠及流式细胞术等。免疫磁珠或流式细胞术方法能够分离到更多量和高纯度的 NK 细胞,是很多从事 NK 细胞研究者的首选。本实验以分离小鼠的 NK 细胞为例,介绍免疫磁珠法分离 NK 细胞的具体过程。

免疫磁珠是 20 世纪 70 年代发展起来的一项免疫学新技术,应用于免疫检测、免疫吸附、细胞的培养等领域。免疫磁珠由载体微球和免疫配基两部分构成,微球可以匹配任意的物理性质,大小、电荷、荧光标记、同位素标记、染色标记等,配基具有高度特异性的识别特点,常用于结合特异性的免疫球蛋白。使用免疫磁珠分离细胞时,常将磁珠包被有能够分选细胞的单克隆抗体,在外加的磁场中,通过抗体与细胞结合的磁珠被滞留在磁场中,液相中其他细胞等物质由于没有磁性不能停留,后期将磁珠上的细胞洗脱下来,可获得纯度较高的目的细胞。

目前使用免疫磁珠分离细胞的包被方法主要有直接包被和间接包被的方法,包括葡萄球菌 A 蛋白包被以及生物素-亲和素包被。免疫磁珠分离细胞主要有正选法和负选法。正选法即用磁珠结合的细胞为目的细胞,负选法即使用磁珠结合非目的细胞,目的细胞则遗留在上清液中,最后收集上清液即可。使用磁珠法可获得高达 90% 的目的细胞,且活细胞率大于 95%。本节介绍免疫磁珠间接分离 NK 细胞的操作过程。

【实验材料】

(1)磁珠包被二抗抗体(羊抗鼠 IgG)。

(2)单克隆抗体(CD16+、CD56+)。

(3)含有 0.2%、1.2% 牛血清白蛋白(BSA)的磷酸盐缓冲液(PBS)、30% 的胎牛血清(FCS)的磷酸盐缓冲液(PBS)。

(4)磁架。

(5)试管以及培养皿等。

【操作方法】

(1)参考实验八分离得到 PBMC 1～3 mL,加入 CD56+ 单克隆抗体液(0.08 μg/10^8 PBMC),37℃ 孵育 1 h。

(2)按照等比例取磁珠(羊抗鼠 IgG)0.5 mg、磁珠/1.0×10^8 细胞或 1 mL 全血,使用 0.2% BSA 的 PBS 重悬后置于磁架上,吸去重悬液。加入 2 mL 1.2% BSA 的 PBS。

(3)将 PBMC 缓慢加入盛有磁珠的试管中,放置于 37℃ 15 min,吸去上清液,以除去未与二抗结合的一抗。

(4)用 30% FCS 的 PBS 调整含有目的细胞的磁珠液,使终浓度为 $1.0\times10^7/mL$,在 37℃ 培养箱中培养 10 min,轻微摇匀,置于磁架上 10 min,吸去上清液。

(5)使用 10% FCS 的细胞培养液培养结合细胞的磁珠。

(6)也可使用木瓜蛋白酶使细胞和磁珠分离,一般按照 0.5 mg 磁珠对比 2 mg 木瓜蛋白酶。静置 15 min,置于磁架上,5 min 后吸取上清液,即为含有 NK 细胞的分离液。

(7)细胞活力检测采用台盼蓝染色镜检,进行细胞计数,根据需要采用细胞营养液稀释细胞后,保存备用。

【注意事项】

(1)严格无菌操作,防止细胞被污染。

(2)操作环境保持稳定的温度在 18~20℃。

(3)分界后操作过程中动作一定要轻柔,避免操作剧烈后破坏界面。

(4)细胞分离后最好立即使用,以便获得最好的使用效果。

【临床应用】

NK 细胞是一种重要的免疫细胞,由于它能产生非特异性细胞因子和趋化因子等活性物质,无须预先致敏即可裂解细胞,近年来多用于肿瘤细胞的研究中。

【思考题】

1. 阐述免疫磁珠分离细胞的原理。

2. 分离 NK 细胞的阳性标记主要有哪些?

(潘子豪)

第二章

凝集实验

概　述

　　抗原与相应抗体结合形成复合物,在有电解质存在下,复合物相互凝集形成肉眼可见的凝集小块或沉淀物,根据是否产生凝聚现象来判定相应的抗体或抗原,称为凝聚性实验。根据参与反应的抗原性质不同,分为由颗粒性抗原(或载体)参与的凝集实验和由可溶性抗原参与的沉淀实验两大类。它们又根据反应条件分为若干类型。细菌、红细胞等颗粒性抗原,或吸附在乳胶、白陶土、离子交换树脂和红细胞的可溶性抗原,与相应抗体结合,在有适量电解质存在下,经一定时间,形成肉眼可见的凝集团块,称为凝集实验(agglutination test)。凝集反应又分为直接凝集反应和间接凝集反应两大类。

　　直接凝集反应中的抗体称为凝集素(agglutinin),抗原称为凝集原(agglutinogen)。参与凝集实验的抗体主要为 IgG、IgM。凝集实验可用于检测抗原或抗体。

　　间接凝集反应是指可溶性抗原(或抗体)吸附于免疫学反应无关的颗粒(称为载体)表面上,当这些致敏的颗粒与相应的抗体(或抗原)相遇时,就会产生特异性的结合,在电解质参与下,这些颗粒就会发生凝集现象,这种借助于载体的抗原抗体凝集现象就叫作间接凝集反应。载体的存在使反应的敏感性得以大大提高。间接凝集反应的优点表现为:①敏感性强;②快速,一般 1~2 h 即可判定结果,若在玻板上进行,则只需几分钟;③特异性强;④使用方便、简单。具有吸附抗原或抗体的载体很多,如聚苯乙烯乳胶、白陶土、活性炭、人和多种动物的红细胞、某些细菌等。良好载体应具有在生理盐水或缓冲液中无自凝倾向、大小均匀、比重与介质相似,短时间内不能沉淀、无化学或血清学活性、吸附抗原或抗体后,不影响其活性等基本要求。

　　间接凝集反应的分类:

　　(1)根据载体的不同,可分为间接炭凝、间接乳胶凝集和间接血凝等。

　　(2)根据吸附物不同,可分为间接凝集反应(吸附抗原)和反向间接凝集反应(吸附抗体)。

　　(3)根据反应目的的不同,又可分为间接凝集抑制反应和反向间接凝集抑制反应。

　　(4)根据用量和器材的不同又可分为试管法(全量法)、凹窝板法(半微量法)和反应板法(微量法)。

　　(5)协同凝集反应和抗人球蛋白实验等。

实验十　直接凝集实验

【实验目的和要求】

掌握直接凝集反应的原理,熟悉玻片(玻板)凝集实验和试管凝集实验的操作方法,掌握凝集反应中阴性、阳性结果的判定方法。

【实验原理】

细菌或其他凝集原都带有相同的电荷(负电荷),在悬液中相互排斥而呈均匀的分散状态。抗原与抗体相遇后,由于抗原和抗体分子表面存在着相互对应的化学基团,因而发生特异性结合,形成抗原抗体复合物,降低了抗原分子间静电排斥力,抗原表面的亲水基团减少,由亲水状态变为疏水状态,此时已有凝集的趋向,在电解质(如生理盐水)参与下,由于离子的作用,中和了抗原抗体复合物外面的大部分电荷,使之失去了彼此间的静电排斥力,分子间相互吸引,凝集成大的絮片或颗粒,出现了肉眼可见的凝集反应。参与凝集反应的抗原称为凝集原,抗体称为凝集素。直接凝集实验又分为玻片(玻板)凝集实验和试管凝集实验两大类。

一、玻片凝集实验

颗粒性抗原与相应的抗体血清在玻片上混合后,在电解质参与下,抗原抗体凝聚成肉眼可见的凝集小块,这种现象称为玻片凝集反应。

【实验材料】

(1)载玻片。

(2)0.85%灭菌生理盐水。

(3)已知诊断用阳性血清。

(4)待检细菌(必须为纯培养物)。

【操作方法】

(1)取洁净载玻片一张,用接种环钓取已知诊断用阳性血清,滴置于载玻片一端,另一端置灭菌生理盐水1滴做对照。

(2)用接种环钓取待检细菌少许,置灭菌生理盐水滴中研磨混匀,再将接种环灭菌后冷却,钓取少许置于血清滴中混匀。

【结果判定】

在1~3 min内,血清滴出现明显可见的凝集块,液体变为透明,盐水对照滴仍均匀混浊,即为凝集反应阳性,说明被检菌与已知诊断血清是相对应的。

【注意事项】

(1)本实验应在室温20℃左右的条件下进行。如环境温度过低,则可将玻片背面与手背轻轻擦或在酒精灯火焰上空拖几次,以提高反应温度,促进结果出现。

(2)在阴性对照结果为阴性反应的基础上,实验结果才具有准确性;否则,不能判定。

(3)用已知诊断用菌体抗原检测被检血清时,凝集的染色颗粒应在混合的液面上,在液面下的无色颗粒不是反应颗粒。

(4)分离菌多为病原菌,要严格无菌操作。实验结束后,玻片应放入消毒缸中,不可随意丢弃。

(5)刮取细菌时,量不可过多。

(6)细菌在生理盐水中应充分研磨均匀,否则影响凝集现象的观察。

【临床应用】

(1)未知细菌的定性:如新分离的大肠杆菌和沙门氏菌的鉴定和分型。

(2)疾病诊断:用已知的细菌抗原去鉴定未知抗体血清,用于某些细菌性传染病的诊断;如鸡白痢、鸡伤寒、霉形体病、鸡传染性鼻炎的诊断。

附(一) 沙门氏菌血清型鉴定

1. 分群鉴定

取一张清洁的玻片,滴一小滴(或接种环二满环)沙门氏菌多价 O 血清(A～E 组)至玻片上,再用接种环挑取疑为沙门氏菌的纯培养物少许,与玻片上的多价 O 血清混匀成浓菌液,混匀后摇动玻片,如在 2 min 内(室温 20～25℃,如冬天需适当加温)出现凝集现象,即可初步诊断该菌为沙门氏菌。同样应以灭菌生理盐水代替多价血清作一对照,以免有自家凝集的细菌而造成判断错误。进一步用代表 A 群(O_2)、B 群(O_4)、C1 群(O_7)、C2 群(O_8)、D 群(O_9)与 E 群(O_3)的 O 因子血清作同样的玻片凝集反应,视其被哪一群 O 因子血清所凝集,则确定被检沙门氏菌为该群。例如:O_2 因子血清＋培养菌→凝集＝A 群沙门氏菌。

2. 定型鉴定

菌群决定后,用该群所含的各种 O 因子血清和被检菌作玻片凝集反应。以此确定其含哪些 O 抗原。同样,用该群 H 因子血清与被检菌作玻片凝集反应,以确定其 H 抗原。根据检出的 O 抗原和 H 抗原列出被检菌的抗原式,查对有关沙门氏菌的抗原表即知被检菌为哪知沙门氏菌。

注:大肠杆菌的血清型鉴定与上述过程类似。

附(二) 鸡白痢全血玻片凝集实验

【实验材料】

(1)鸡白痢多价染色平板抗原、强阳性血清(500 U/mL)、弱阳性血清(10 U/mL)、阴性血清:由制标单位提供,按说明书使用。

(2)洁净玻璃板:其上划分 4 cm 的方格。

(3)移液器:50 μL。

(4)滴头:20～200 μL,若干。

(5)金属丝环(内径 7.5～8.0 mm)。

(6)酒精灯、针头、消毒盘和酒精棉等。

【操作方法】

操作过程在 20～25℃环境条件下进行,在玻璃板上滴加抗原 50 μL,然后用针头刺破鸡的翅静脉或冠尖,取血 50 μL(相当于内径 7.5～8.0 mm 金属丝环的两满环血液)与抗原充分混合均匀,并使其散开至直径为 2 cm,不断摇动玻璃板,及时判定结果,同时设强阳性血清、弱阳性血清、阴性血清对照。

【结果判定】

(1)凝集反应判定标准如下：

100％凝集(＋＋＋＋)：紫色凝集块大而明显,混合液稍浑浊。

75％凝集(＋＋＋)：紫色凝集块较明显,但混合液轻度浑浊。

50％凝集(＋＋)：出现明显的紫色凝集颗粒,但混合液较为浑浊。

25％凝集(＋)：仅出现少量的细小颗粒,而混合液浑浊。

0％凝集(一)：无凝集颗粒出现,混合液浑浊。

(2)在 2 min 内,抗原与强阳性血清呈 100％凝集(＋＋＋＋),弱阳性血清应呈 50％凝集(＋＋),阴性血清不凝集(一),判定实验有效。

(3)在 2 min 内,被检全血与抗原出现 50％(＋＋)凝集者为阳性,不发生凝集者则为阴性,介于两者之间为可疑反应,将可疑鸡隔离饲养 1 个月后,再作检疫,若仍为可疑反应,按阳性反应判定。

【注意事项】

(1)实验前,玻璃板应事先做好标记。

(2)实验完毕玻璃板用酒精火焰消毒后再用无离子水冲刷干净,温箱烘烤,备用。

(3)观察反应须在 2 min 内完成,如用无色抗原,观察时玻片下面可衬以黑色背景,如用染色抗原,则用白色背景。如表 10-1 所示。

表 10-1　鸡白痢全血玻片凝集反应判定标准

项目	凝集程度				
	100％	75％	50％	25％	不凝集
底质情况	清亮	稍混浊	混浊	极混浊	
代表符号	♯	＋＋＋	＋＋	＋	－

【思考题】

1. 影响细菌的玻片凝集实验的因素有哪些？凝集实验中为什么要设生理盐水的阴性对照？

2. 为什么玻片凝集实验可用于细菌性传染病的诊断,而不用于病毒性传染病的诊断？

二、布氏杆菌玻板凝集实验

【实验材料】

(1)玻璃板、刻度吸管等。

(2)布氏杆菌平板凝集抗原、布氏杆菌标准阳性血清、阴性血清。

(3)被检血清(应新鲜、无明显蛋白凝块、无溶血现象和无腐败气味)。

(4)洁净玻璃板其上划分 4 cm 的方格。

(5)移液器 20～50 μL。

(6)滴头 20～200 μL,若干。

(7)牙签或火柴杆供搅拌用。

【操作方法】

(1)取洁净玻板一块,用玻璃铅笔划成方格,并注明待检血清号码。

(2)取 0.2 mL 吸管按下列量加待检血清于方格内,第一格 0.08 mL,第二格 0.04 mL,第三格 0.02 mL,第四格 0.01 mL。血清用前需放室温,使其温度达 20℃左右。大规模检疫时,允许用两个血清量做实验,牛、马、骆驼用 0.04 mL 和 0.02 mL;猪、山羊、绵羊、犬用 0.08 mL 和 0.04 mL。

(3)每格内加布氏杆菌平板凝集抗原 0.03 mL,滴在血清附近,而不要与血清接触。用牙签或火柴杆自血清量最小的 1 格起,将血清与抗原混匀,每份血清用 1 根牙签。轻轻摇动玻板使呈旋状运动。

(4)混合完毕,静置 3~4 min,再拿起玻板轻轻转动后将玻板置凝集反应箱上均匀加温或采用别的方法适当加温,使温度达到 30℃左右,3~5 min 内记录结果。

【结果判定】

阳性判定标准同试管凝集反应。

＋＋＋＋　出现大的凝集块,液体完全清亮透明,即 100％凝集。

＋＋＋　有明显的凝集片,液体几乎完全透明,即 75％凝集。

＋＋　有可凝集片,液体不甚透明,即 50％凝集。

＋　液体浑浊,有小的颗粒状物,即 25％凝集。

－　液体均匀浑浊。

以出现 50％凝集的血清最高稀释倍数作为该份血清的凝集价。大动物(牛、马、骆驼等)以 0.02 mL 出现凝集判为布氏杆菌病血清阳性,0.04 mL 出现凝集判为可疑。中小动物(猪、山羊、绵羊等)以 0.04 mL 出现凝集判为该份血清为布氏杆菌病阳性反应,0.08 mL 出现凝集判为可疑。

【注意事项】

(1)在阴性血清、阳性血清对照成立的条件下,方可对被检血清进行判定。

(2)被检血清 4 min 内出现肉眼可见凝集现象者判为阳性(＋),无凝集现象,呈均匀粉红色者判为阴性(－)。

(3)加样顺序应严格按照说明书进行,先加血清,然后将凝集抗原滴于每一血清的下方对应位置,不能随意颠倒,也不能直接将抗原滴加到血清里。

(4)加样完成后,应另取牙签将抗原与对应血清混合,轻微摇动玻璃板使其充分混合,严禁直接使用滴头混匀样品。

(5)加抗原前必须摇匀。

(6)反应温度最好保证在 30℃左右,3~5 min 内判定。如反应温度偏低,可适当延长判定时间。

(7)如用 2 个血清量做实验,任何 1 个血清量出现凝集反应时则需要用 4 个血清量重检。

(8)玻板凝集反应最好是用于初筛,如出现阳性或可疑反应,再用试管凝集反应进行复检以定性。

(9)实验完毕玻璃板应用酒精火焰消毒后再用无离子水冲刷干净,温箱烘烤,备用。

(10)玻板凝集反应与试管凝集反应的关系见表 10-2。

表 10-2　玻板凝集反应与试管凝集反应的关系

玻板凝集反应	0.08	0.04	0.02	0.01
试管凝集反应	1∶25	1∶50	1∶100	1∶200

【思考题】

在玻板凝集实验中有可能会出现哪一种类的带现象?

三、试管凝集实验

菌体抗原和其相应的抗体,在电解质参与下,抗原颗粒在试管内相互凝集成形成肉眼可见的凝集小块。据此,可以用已知抗原检测血清中是否存在相应的抗体。同时,根据菌体抗原凝集的数量,也可以测定血清中相应的抗体的含量。

【实验材料】

(1)试管(1 cm×8 cm)、试管架、恒温箱、吸管等。

(2)布氏杆菌试管凝集抗原及布氏杆菌阳性血清、阴性血清。

(3)被检血清:按常规方法采血分离血清,血清应新鲜,无明显蛋白凝块,无溶血现象和无腐败气味。运送和保存血清样品时防止冻结和受热,以免影响凝集价。若 3 d 内不能送到实验室,按每 9 mL 血清加 1 mL 0.5％石炭酸生理盐水(徐徐加入)防腐,也可用冷藏方法运送血清。

(4)无菌 0.5％石炭酸生理盐水。

【操作方法】

(1)被检血清的稀释度:在一般情况下,牛、马和骆驼用 1∶50、1∶100、1∶200 和 1∶400四个稀释度;猪、山羊、绵羊和狗用 1∶25、1∶50、1∶100 和 1∶200 四个稀释度。大规模检疫时,也可只用前两个稀释度,即牛等为 1∶50 和 1∶100;猪等为 1∶25 和 1∶50。

(2)血清的稀释(以羊、猪为例)和加入抗原的方法:为每份血清准备小试管 5 支。第一管加入 2.3 mL 石炭酸生理盐水(检查绵羊时需用含 0.5％石炭酸的 10％盐水),第二管不加,第三、四、五管各加入 0.5 mL。用 1 mL 吸管取受检血清 0.2 mL,加入第一管中,并混合均匀。混合的方法,是将该试管中的混合液吸入吸管内,再沿管壁吸入原试管中,如此反复吸收三四次。混匀后,用吸管吸取混合液,向第二、三管中各加 0.5 mL,再用同一吸管将第三管的混合液混匀(方法同前),并从中吸取 0.5 mL 加入第四管混匀,再从第四管吸取 0.5 mL 加入第五管,第五管混匀后弃去 0.5 mL。这样稀释之后,从第二管到第五管,血清稀释度分别为 1∶12.5,1∶25,1∶50 和 1∶100。

(3)血清稀释后,即可加入抗原。方法是先用含 0.5％石炭酸的生理盐水,将抗原原液作20 倍稀释(羊用含 0.5％石炭酸的 10％盐水溶液稀释),然后从第二管起每管加入抗原稀释液 0.5 mL(第一管不加,作血清蛋白凝集对照)振摇均匀。加入抗原后,第二到第五管混合液的容积均为 1 mL,血清稀释度依次变为 1∶25,1∶50,1∶100 和 1∶200。

(4)牛、马、骆驼的血清稀释和加抗原的方法与上述方法基本一致。不同的是第一管加2.4 mL 0.5％石炭酸生理盐水和 0.1 mL 被检血清,加抗原后第二管到第五管的血清稀释度,依次为 1∶50、1∶100、1∶200 和 1∶400。

（5）对照管的制作：每次实验均须作阴性血清、阳性血清、抗原对照。

（6）全部试管于充分振荡后置于 37～38℃温箱中 22～24 h，然后检查并记录结果。

表 10-3　试管凝集反应术式单位　　　　　　　　　　　　mL

管号	1	1	1	1	1	1	1	1
血清稀释倍数	1∶12.5	1∶25	1∶50	1∶100	1∶200	抗原对照	阳性血清对照（1∶25）	阴性血清对照（1∶25）
0.5%石炭酸生理盐水	2.3	—	0.5	0.5	0.5	0.5	—	—
被检血清	0.2	0.5	0.5	0.5	0.5	—	0.5*	0.5**
					弃去0.5			
抗原（1∶20）	—	0.5	0.5	0.5	0.5	0.5	0.5	0.5

注：* 为阳性血清；** 为阴性血清。

【结果判定】

（1）根据各管中上层液体的透明度、抗原被凝集的程度及凝集块的形状，来判定凝集反应的强度（凝集价）。

＋＋＋＋　　液体完全透明，菌体完全凝集呈伞状沉于管底，振荡时，沉淀物呈片、块或颗粒状（100％菌体被凝集）。

＋＋＋　　液体基本透明（轻微混浊），75％菌体被凝集，沉于管底，振荡时情况如上。

＋＋　　液体不甚透明，管底有明显的凝集沉淀，振荡时有块状或小片絮状物（50％菌体被凝集）。

＋　　液体透明度不显或不透明，有不显著的沉淀或仅有沉淀的痕迹（25％菌体被凝集）。

—　　液体不透明，管底无凝集。有时管底中央有小圆点状沉淀，但立即散开呈均匀混浊。

（2）确定每份血清的效价时，应以出现＋＋以上的凝集现象的最高血清稀释度为血清的凝集价。

（3）判定标准：牛、马和骆驼于 1∶100 稀释度，猪、山羊、绵羊和犬于 1∶50 稀释度出现"＋＋"以上的凝集现象时，被检血清应判为阳性反应。牛、马和骆驼于 1∶50，猪、羊和犬于 1∶25 稀释度出现"＋＋"以上凝集现象时，应判为可疑反应。

【注意事项】

（1）被检血清应以无菌术采集血液并分离血清。被检血清必须新鲜、无明显的蛋白凝固、无溶血现象和腐败气味。

（2）可疑反应的牲畜，经 3～4 周，须重新采血检验，在牛和羊，如果重检时仍为可疑，该畜判定为阳性。在猪和马重检时，如果凝集价仍然保持可疑反应水平，而农场的牲畜没有临床症状和大批阳性反应的患畜出现，该畜血清判定为阴性。

（3）对阴性畜群，初检为可疑，复检仍为可疑（即效价不升高者），为慎重起见，可进行补反或细菌分离,如补反和细菌分离均为阴性者,可判为阴性。

(4)鉴于猪血清常有个别出现非特异性凝集反应,在实验时需结合流行病学判定结果。如果受检血清中有个别出现弱阳性反应[例如凝集价为1:(100~200)],但猪群中所有的猪只均无布鲁氏菌病临床症状(流产、关节炎、睾丸炎等),可考虑此种反应为非特异性,经3~4周可采血重检。

(5)化验结果通知畜主时,必须注明凝集价。

(6)凝集反应用的血清必须新鲜,过度溶血的血清也不好。用0.5%石炭酸防腐的血清,也最好在15 d内检测完。

(7)在试管凝集反应中,抗原抗体的比例是非常重要的,必须进行摸索,特别是在新建立一项试管凝集反应时,如抗体比例过大,即稀释倍数较小,可出现假阴性现象,即在"++++"的前几管可出现"-"或低于"++++"的反应强度,这种现象就叫前带现象。如进行马流产沙门氏菌血清的试管凝集反应时,就可能出现这种前带现象。

(8)有些细菌与其他细菌含有共同抗原,发生交叉凝集,出现假阳性反应,应注意区别。

(9)如对照管不符合要求时,试管需废弃重做。

(10)比浊管的制作:每次实验须配制比浊管作为判定清亮程度(凝集反应程度)的依据,配制方法如下:取本次实验用的抗原稀释液(即抗原原液20倍稀释液)5~10 mL加入等量的0.5%石炭酸生理盐水(如果血清用0.5%石炭酸、10%盐水溶液稀释则加入0.5%石炭酸、1.0%盐水溶液)作对倍稀释,然后按表10-4配制比浊管。

表10-4　比浊管配制方法

管号	抗原稀释液/mL	石炭酸生理盐水/mL	清亮程度	标记
1	0	1.0	100	++++
2	0.25	0.75	75	+++
3	0.5	0.5	50	++
4	0.75	0.25	25	+
5	1.0	0	0	-

【思考题】

1. 试管凝集反应的原理是什么?

2. 在试管凝集实验中,出现的前带现象、自家凝集、酸凝集、交叉凝集的原因是什么?

3. 加抗原时,为什么从第七管加至第一管?

4. 描述试管凝集实验各对照管设置的意义及各血清稀释度管的凝集现象及结果。

(潘树德)

实验十一　间接凝集实验

【实验目的和要求】

掌握间接凝集反应的原理、操作方法和基本用途;通过示教了解红细胞醛化和致敏的基本方法;掌握微量反应板上实验操作技术及凝集现象的判定。

【实验原理】

将可溶性抗原(或抗体)先吸附于一种与免疫无关的、一定大小的不溶性颗粒(统称为载体颗粒)的表面,然后与相应抗体(或抗原)作用,在有电解质存在的适宜条件下,所出现的特异性凝集反应称为间接凝集反应,以此建立的检测方法称为间接凝集实验(indirect agglutination test)。由于载体颗粒增大了可溶性抗原的反应面积,因此当颗粒上的抗原与微量抗体结合后,就足以出现肉眼可见的凝集反应。常用的载体有红细胞(O型人红细胞,绵羊红细胞)、聚苯乙烯乳胶颗粒,其次为活性炭、白陶土、离子交换树脂、火棉胶等。将可溶性抗原吸附到载体颗粒表面的过程称为致敏。

将抗原吸附于载体颗粒,然后与相应的抗体反应产生的凝集现象,称为正向间接凝集反应,又称正向被动间接凝集反应。将特异性抗体吸附于载体颗粒表面,再与相应的可溶性抗原结合产生凝集现象,称为反向间接凝集反应。先用可溶性抗原(未吸附于载体的可溶性抗原)与相应的抗体作用,使该抗体与可溶性抗原结合,再加入抗原致敏颗粒,则抗体不凝集致敏颗粒,此反应为间接凝集抑制实验。

一、间接炭凝实验

间接炭凝集反应简称间接炭凝。它是以炭粉微粒作为载体,将已知的免疫球蛋白吸附于这种载体上,形成炭粉抗体复合物,当炭血清与相应的抗原相遇时,二者发生特异性结合,形成肉眼可见的炭微粒凝集块。

【实验材料】

(1)炭粉。

(2)已知标准抗原。

(3)待测抗原。

(4)灭活兔血清、阳性血清和阴性血清。

(5)0.05 mol/L pH 7.2 PBS液。

(6)1%硼酸的PBS液。

【操作方法】

(1)炭粉的预处理:炭粉粒子最好大小在 0.12～0.15 mm,将购买的炭粉过 300 目/寸的标准筛,以 300 r/min 离心去沉淀,再以 3 000 r/min 离心去上清液,收集沉淀物。

(2)炭血清制备:取湿炭粉 0.25 g 加入带有玻璃珠的三角瓶中,然后加入抗体球蛋白

3 mL,充分摇匀,置于37℃水浴中作用60 min,使其吸附致敏,其间每15~20 min摇动一次,取出后,洗3次,前两次用pH 6.4的PBS以3 000 r/min离心30 min,最后一次用1%硼酸灭活(56℃、30 min)。兔血清PBS(pH 6.4)以3 000 r/min离心30 min,去上清液,在沉淀物中加入1%硼酸、1%兔血清、PBS 3~4 mL及万分之一的硫柳汞防腐剂、储存备用。同时,以提纯的正常兔血清代替抗体球蛋白处理湿炭粉,以供对照用。制备的上述血清封入小瓶中,放在普通冰箱中保存备用,至少1年有效。

(3)炭血清质量的鉴定:取相应菌悬液2滴,分别滴于洁净载玻片两处,再取1%正常兔血清磷酸盐缓冲盐水1滴,滴于玻片的另一处,然后于第一及第三滴内各加入与该菌相应的免疫兔血清一接种环,充分摇动玻片2~3 min,初步观察,静置5~7 min(置于盛有湿棉球的培养皿内),取出后在白色背景或日光灯下观察结果。如第一滴出现明显凝集,第二、三滴不出现凝集,则制备的炭血清合格。如第一滴内出现不明显的凝集,为不合格,可取吸附过的同份免疫血清用活性炭重复吸附2~3次后再试。

(4)炭抗原制备:炭凝集实验也可用已知抗原(炭抗原)测定未知抗体。炭抗原制造:经过抗原的处理,抗原击碎,最后制成炭抗原。

①抗原处理:将细菌培养物用灭菌生理盐水制成悬浮液,并加入0.2%福尔马林杀菌。以3 000~5 000 r/min速度离心30 min集菌。沉淀菌以生理盐水洗涤两次,并用生理盐水制成50倍浓缩菌悬液。

②抗原击碎:将浓缩菌悬液置三角瓶中,80℃水浴灭活1 h后,在冰浴中进行间歇超声破碎,频率为20 kHz。为避免长时间超声破碎产热而导致抗原破坏,通常一次超声1~2 min,总时间为15 min。取出后,采样放于显微镜下检查有无完整菌体,如有未击碎菌体,可继续击碎5 min,全部击碎后,以1 000 r/min离心5 min,除去沉淀,上层液即为抗原。

③炭抗原的制备:击碎的抗原4 mL,加研细的活性炭0.2 g,于20℃以上室温条件下,在超声波清水槽内隔水作用15 min。取出后,以3 000 r/min离心5 min(上层液可作抗原回收用),沉淀炭粒中加入5滴(0.25 mL)正常兔血清,充分振荡,使自凝炭粒分散,再加1%正常兔血清磷酸盐缓冲盐水10 mL,充分混匀后,以500 r/min离心2 min,将含有较细炭粒的上层液吸至另一沉淀管中,再以3 000 r/min离心10 min(上层液可作抗原回收用),沉淀细炭粒用1%正常兔血清磷酸盐缓冲盐水洗涤两次,再以含1%硼酸、1%兔血清磷酸盐缓冲盐水洗涤一次,最后将炭粒沉淀悬浮于2 mL含1%硼酸、1%兔血清磷酸盐缓冲盐水中,即为炭抗原。

(5)炭抗原质量的鉴定:取相应免疫血清,用1%正常兔血清磷酸盐缓冲盐水在塑料盘孔内作倍比稀释,取各稀释度血清1滴于洁净的载玻片上,最后1滴为1%正常兔血清磷酸盐缓冲盐水,作对照用。每滴中各加炭抗原一接种环(加入炭抗原后,以呈深灰色为好),轻轻混匀,并充分摇动玻片至见不到炭粒沉淀为止。在存有湿棉球的培养皿内,静置5~7 min,取出,摇动玻片,在强光白色背景或日光灯上方观察结果。如在免疫血清稀释至1:(200~400)滴度,出现"++"凝集者为合格。

(6)检测步骤:以已知炭血清检验未知抗原为例,取洁净的4×5孔塑料板一块,用1 mL吸管吸取被检菌液0.1 mL,加入塑料板内孔内,再用另一只吸管加入炭血清0.1 mL,充分混匀后,加盖,在室温中静置5~10 min后,在白色背景下观察结果。实验时也可在洁净的玻片上进行,取洁净玻板1块,以玻璃铅笔划成小格,加被检标本0.10 mL,再加免疫炭血清0.05 mL,充分混匀,静止1~5 min,判定结果。同时设3个对照:

①免疫炭血清＋生理盐水；

②正常炭血清＋生理盐水；

③正常炭血清＋待检菌液抗原。

【结果判定】

"＋＋＋＋":炭粉迅速全部凝集,液体完全清亮透明；

"＋＋＋":大部分炭粉呈微粒状凝集,液滴透明；

"＋＋":半数炭粉凝集,其余的炭粒团聚呈较大的球状,摇而不散,液体半透明；

"＋":炭粉微见凝集,液滴微透明,摇动玻板时,胶粒的炭粉牢固团聚一起；

"－":炭粉均匀分散,不凝集,液滴不透明或摇动后不凝集的细小炭粒聚集于液滴中央。炭凝集以"＋＋"作为反应滴度的终点。

【注意事项】

(1)只有 3 种对照全部阴性时,实验组的结果才有鉴定意义。

(2)用前溶液要充分摇匀再加入。

(3)若室温低于 20℃,可适当增加反应时间。

【临床应用】

目前炭凝集反应主要用于炭疽、鼠疫和马副伤寒流产等病的诊断。

二、间接血凝实验

间接血凝实验(indirect haemagglutination test, IHAT)亦称被动血凝实验(passive haemagglutination assay, PHA),是将可溶性抗原致敏于红细胞表面,用以检测相应抗体,在与相应抗体反应时出现肉眼可见凝集,为正向间接血凝实验。如将抗体致敏于红细胞表面,用以检测样本中相应抗原,致敏红细胞在与相应抗原反应时发生凝集,称为反向间接血凝实验(reverse passive haemagglutination assay, RPHA)。

【实验材料】

(1)红细胞:常用绵羊红细胞及人 O 型红细胞。

(2)96 孔聚苯乙烯塑料反应板。

(3)已知抗原、待检血清、标准阳性血清与阴性血清。

(4)醛化剂(戊二醛)。

(5)0.2% pH 5.2 醋酸缓冲液。

(6)0.11 mol/L pH 7.2 PBS 液。

【操作方法】

1. 醛化 SRBC 的制备

无菌采集绵羊血,玻璃珠脱纤抗凝,沉集绵羊红细胞用 10～20 倍体积的 0.11 mol/L pH 7.2 PBS 洗涤 4～6 次,最终配成 10%细胞悬液,预冷到 4℃后放于冰箱,缓慢加入等量的 1%戊二醛(用 0.11 mol/L pH 7.2 PBS 配制)并继续摇动 30～60 min,然后用 PBS 洗 5 次,最后用 PBS 配成 10%的悬液,加入 0.01% NaN₃ 防腐,4℃冰箱保存备用。

2. 醛化 SRBC 的致敏

(1)用 0.11 mol/L pH 7.2 PBS 将 10%的醛化红细胞洗涤 2 次,每次以 3 000 r/min 离心

10 min,最后用 0.2% pH 5.2 醋酸缓冲液配制成 5% 的悬液,置于 37℃ 水浴中预热。

(2)以 0.2% pH 5.2 醋酸缓冲液稀释抗原(最适浓度经预实验确定),置于 37℃ 水浴中预热。

(3)在 5% 红细胞悬液中加入等体积的抗原溶液混匀,置 37℃ 水浴中作用 30 min,每隔 5 min 振荡混匀 1 次。

(4)以 3 000 r/min 离心 10 min,用稀释液将致敏红细胞洗涤 3 次,最后配成 1% 致敏红细胞悬液,备用。

3. 间接血凝实验(微量法)的具体操作步骤

(1)用微量加样器在"V"形血凝板上每孔加入 25 μL 稀释液。

(2)取 25 μL 待检血清加入到第 1 孔,混合 4~5 次,取出 25 μL 置入第 2 孔进行混匀,一次到第 11 孔,取出 25 μL 弃掉。第 12 孔留做红细胞对照,同时设立阳性血清与阴性血清对照。

(3)将血凝板置于微量振荡器上振荡 1 min。

(4)每孔加入 25 μL 抗原致敏红细胞,在振荡器上振荡混匀,置于室温或 37℃ 反应 45~60 min,观察结果。

【结果判定】

红细胞呈薄层凝集,布满整个孔底或边缘卷曲呈荷叶边状为 100% 凝集,记录为"＋＋＋＋"或"♯";红细胞呈薄层凝集,但面积较小,中心较致密,边缘松散,即为 50% 凝集,记录为"＋＋";介于上述两者之间为 75% 凝集,记录为"＋＋＋";红细胞大部分集中于中央,周围有少量凝集为 25% 凝集,记录为"＋"。红细胞沉底呈圆点状,周围光滑,无分散凝集为 0% 凝集,记录为"－"。以出现 50% 凝集的血清的最高稀释度作为该血清的间接血凝效价。

【注意事项】

1. 红细胞的选择和处理

常用绵羊红细胞(sheep red blood cell,SRBC)及人 O 型红细胞。SRBC 较易大量获取,血凝图谱清晰,制剂稳定,但绵羊可能有个体差异,以固定一头羊采血为宜。更换羊时应预先进行比较和选择。此外,待测血清中如有异嗜性抗体时易出现非特异性凝集,需事先以 SRBC 进行吸收。人 O 型红细胞很少出现非特异性凝集。采血后可立即使用,也可 4 份血加 1 份 Alsever's 液(含 8.0 g/L 枸橼酸三钠,19.0 g/L 葡萄糖,4.2 g/L NaCl)混匀后置 4℃,1 周内使用。

2. 新鲜红细胞与醛化红细胞的特点

新鲜红细胞用阿氏液保存于 4℃,可供 3 周内使用,但用新鲜红细胞致敏后,保存时间短,而且不同动物个体和不同批次来源的红细胞均有差异,影响实验结果和分析。为了克服这一缺点,目前多采用醛化红细胞或鞣化红细胞。

3. 红细胞醛化及其优点

常见的醛化剂有甲醛、戊二醛和丙酮醛。醛化红细胞的优点主要体现在:①性质稳定,不影响红细胞表面的吸附能力;②重复性好,易标准化。③可较长期保存,醛化后 4℃ 保存,有效期可至 1 年,如冻干保存,有效期则更长。

4. 影响醛化的因素

①红细胞的洁净程度:由于红细胞表面残留血浆蛋白和其他胶质,易引起自家凝集,所以

一定要充分洗净;②红细胞的浓度:醛化时应尽量使红细胞稀释度低一些,以减少红细胞的凝集和变形;③醛化时的温度与醛化红细胞的质量有很大关系,一般认为最好是 37℃,但有人认为应于 4℃进行醛化;④醛化剂的浓度和醛化次数:醛化剂的浓度过大,易引起红细胞皱褶;浓度过低,又会增加溶血机会,所以一般以 3‰醛化浓度为宜。家禽红细胞一般醛化 1～2 次即可,而哺乳动物红细胞醛化 2 次比醛化 1 次要好,敏感性高,保存时间也长。

5. 影响红细胞致敏的因素

(1)要有高纯度或高效价的抗原或抗体。

(2)被致敏抗原或抗体的适当剂量和浓度,如抗体一般以 $\mu g/mL$ IgG 为宜。抗猪瘟 IgG 一般用 80～160 $\mu g/mL$,抗口蹄疫 IgG 20～40 $\mu g/mL$,抗猪水泡病 IgG 130～160 $\mu g/mL$,抗猪肺疫 IgG 30～40 $\mu g/mL$,抗猪弓形体 20～40 $\mu g/mL$,抗原一般用 0.2～1 mg/mL。

(3)pH:除鸡卵蛋白采用 4.6～5.1 外,其他通常采用 5.6～6.4,高于 7.2 或低于 4.6 均可使红细胞发生自凝。

(4)致敏温度一般为 37℃,范围是 20～40℃。

(5)致敏时间一般采用 30 min 为最适时间,具有良好的特异性和重复性。也有采用 60 min。时间过长,会造成红细胞的形态不整,反应结果紊乱等。

(6)血细胞浓度一般为 1‰,范围为 0.5‰～1.5‰。

6. 聚苯乙烯塑料反应板的选择和处理

血凝反应均在 96 孔微量血凝反应板上进行。反应板有两种,一种是"U"形孔,一种是"V"形孔。一般认为"V"形孔凝集图谱清晰,阳性与阴性易于区别。"V"形孔的角度应<90°。反应板用前应冲洗干净,使用一段时间后应以 7 mol/L 尿素溶液浸泡,以消除非特异性凝集(也可用 50～100 g/L 次氯酸钠、含 40 g/L 胃蛋白酶的 4‰ HCl 或 10～20 g/L 加酶洗衣粉溶液)、微量移液器、吸头、微量振荡器。

7. 对参与反应的抗原与抗体的要求

间接血凝实验时,致敏用的抗原(如细菌或病毒)应纯化,以保证所测抗体的特异性。细菌应进行裂解或浸提物,某些抗原物质性质不明或提纯不易时,也可用粗制的器官或组织浸出液;做反向间接血凝实验时,致敏用的抗体本身应具备高效价、高特异性、高亲和力,一般情况下可用 50‰、33‰饱和硫酸铵盐析法提取抗血清的 γ 球蛋白组分用于致敏。为提高敏感性,可进一步经离子交换层析技术提取 IgG,甚至再经抗原免疫亲和层析纯化,提取有抗体活性的 IgG 组分。将 IgG 用胃蛋白酶消化,制成 $F(ab')_2$ 片段用于致敏,可消除一些非特异性因素。

【临床应用】

(1)测定非传染病的抗体或抗原:如类风湿抗体、自身抗体、变态反应性抗体、激素抗体、肝癌抗原的测定。

(2)测定传染病的抗体或抗原:已经用于一些细菌、螺旋体、支原体、病毒等传染病的抗体检测和抗原的检测,如兽医临床上常用已知猪瘟病毒、口蹄疫病毒等的血凝抗原检测待检血清中的猪瘟抗体(属于正向间接血凝实验)。

(3)测定寄生虫病和原虫病的抗体。

(4)抗毒素及外毒素的测定:如白喉抗毒素、破伤风抗毒素的测定以及金黄色葡萄球菌肠毒素和 A、B、C、E 型肉毒毒素的测定。

【思考题】

1. 正向间接血凝反应与反向间接血凝反应有何不同?
2. 间接血凝反应中哪些情况可能出现假阳性反应?
3. 间接凝集反应中可用的载体颗粒有哪些? 各有何特点?

附(一)　正向间接血凝实验(O 型口蹄疫)

1. 原理

用已知血凝抗原检测未知血清抗体的实验,称为正向间接血凝实验(IHA)。

抗原与其相应的抗体相遇,在一定条件下会形成抗原-抗体复合物,但这种复合物的分子团很小,肉眼看不见。若将抗原吸附(致敏)在经过特殊处理的红细胞表面,只需少量抗原就能大大提高抗原和抗体的反应敏感性,这种经过纯化的口蹄疫病毒抗原致敏的红细胞与口蹄疫抗体相遇,红细胞便出现清晰可见的凝集现象。

2. 适用范围

正向间接血凝实验(IHA)主要用于检测 O 型口蹄疫疫苗免疫动物血清抗体效价。

3. 实验材料

(1)96 孔"V"形微量血凝板,与血凝板大小相同的玻板。

(2)移液器 25 μL、50 μL。

(3)移液滴头 20～200 μL,若干。

(4)微型振荡器。

(5)O 型口蹄疫血凝抗原:摇匀呈棕红色(或咖啡色),静置后血细胞逐渐沉入瓶底。

(6)O 型口蹄疫阴性对照血清:淡黄色、清亮、稍带黏性的液体。

(7)O 型口蹄疫阳性对照血清:微红或淡色、稍混浊带黏性的液体。

(8)稀释液淡黄或无色透明液体,低温下放置,瓶底易析出少量结晶,在水浴中加温后即可全溶,不影响使用。

(9)待检血清每头份约 0.5 mL 即可,56℃水浴灭活 30 min。

4. 操作方法

(1)加稀释液:在血凝板 1～6 排的 1～9 孔;第 7 排的 1～4 孔、第 6～7 孔;第 8 排的 1～12 孔各加稀释液 50 μL。

(2)稀释待检血清:取 1 号稀释的待检血清 50 μL 加入第 1 排第 1 孔,混匀(避免产生过多的气泡),从该孔取出 50 μL 移入第 2 孔,混匀后取出 50 μL 移入第 3 孔……直至第 9 孔混匀后取出 50 μL 丢弃。此时第 1 排 1～9 孔待检血清的稀释度(稀释倍数)依次为 1∶2(1),1∶4(2),1∶8(3),1∶16(4),1∶32(5),1∶64(6),1∶128(7),1∶256(8),1∶512(9)。更换滴头,取 2 号待检血清按上法加入第 2 排;更换滴头,取 3 号待检血清加入第 3 排……均按上法稀释。

(3)稀释阴性血清:在血凝板上的第 7 排第 1 孔加阴性血清 50 μL,倍比稀释至第 4 孔,混匀后从该孔取出 50 μL 丢弃。此时阴性血清的稀释倍数依次为 1∶2(1),1∶4(2),1∶8(3),1∶16(4)。第 6 孔为稀释液对照。

(4)稀释阳性血清:在血凝板上的第 8 排第 1 孔加阳性血清 50 μL,倍比稀释至第 12 孔,混匀后从该孔取出 50 μL 丢弃。此时阳性血清的稀释倍数依次为 1∶(2～4 096)。

(5)加血凝抗原:稀释好的每孔各加 O 型口蹄疫血凝抗原 25 μL。

（6）振荡混匀：将血凝板置于微量振荡器上振荡 1～2 min，如无振荡器，用手轻轻摇匀亦可，然后将血凝板放在白纸上观察各孔红细胞是否混匀，不出现血细胞沉淀为合格。

盖上玻板，室温下或 37℃静置 1.5～2 h 判定结果，也可延至翌日判定。

5. 判定标准

移去玻板，将血凝板放在白纸上：观察阴性对照血清第 4 孔，稀释液对照孔，均应无凝集（血细胞全部沉入孔底形成边缘整齐的小网点），或仅出现"＋"凝集（血细胞大部沉于孔底，边缘稍有少量血细胞悬浮）。阳性血清对照 1～8 孔应出现"＋＋…＋＋＋"凝集为合格（少量血细胞沉入孔底，大部血细胞悬浮于孔内），在对照孔合格的前提下，再观察待检血清各孔，以呈现"＋＋"凝集的最大稀释倍数为陔份血清的抗体效价。例如 1 号待检血清 1～5 孔呈现"＋＋～＋＋＋"凝集，6～7 孔呈现"＋＋"凝集，第 8 孔呈现"＋"凝集，第 9 孔无凝集，那么就可判定该份血清的口蹄疫抗体效价为 1∶128。

6. 注意事项

（1）为使检测获得正确结果，请在检测前仔细阅读试剂使用说明书。

（2）严重溶血或严重污染的血清样品不宜检测，以免发生非特异性反应。

（3）必须使用 110°有机血凝板，勿用 90°和 130°血凝板，严禁使用一次性血凝板，以免误判结果。

（4）用过的血凝板应及时在水龙头冲净血细胞。再用蒸馏水或去离子水冲洗 2 次，甩干水分，放入 37℃恒温箱内干燥备用。检测用具应煮沸消毒，37℃干燥备用。血凝板太脏，可浸泡在 5% 盐酸液内，48 h 捞出后去离子水冲净。

（5）每次检测只做 1 份阴性、阳性和稀释液对照。

"－"表示 0～10% 血细胞凝集。

"＋"表示 10%～25% 血细胞凝集。

"＋＋"表示 50% 血细胞凝集。

"＋＋＋"表示 75% 血细胞凝集。

"＋＋＋＋"表示 90%～100% 血细胞凝集。

（6）用不同批次的血凝抗原检测同一份血清时，应事先用阳性血清准确测定各批次血凝抗原的效价，取抗原效价相同或相近的血凝抗原检测待检血清抗体水平的结果是基本一致。

（7）用不同批次的血凝抗原检测同一份血清时，应事先用阳性血清准确测定各批次血凝抗原的效价，取抗原效价相同或相近的血凝抗原检测待检血清抗体水平的结果是基本一致的，如果血凝抗原效价差别很大，用来检测同一血清样品，肯定会出现检测结果不一致。

（8）收到诊断试剂时，应立即打开包装，取出血凝抗原瓶，用力摇动，使黏附在瓶盖上的红细胞摇下，否则易出现沉渣，影响使用效果。使用时必须再次摇匀。

（潘树德，郭鑫）

实验十二　乳胶凝集实验

【实验目的和要求】

掌握乳胶凝集反应的原理及操作方法,能够正确判定实验结果及对结果进行分析。

【实验原理】

乳胶凝集反应也称为间接乳胶凝集反应,该反应所用乳胶系人工合成的聚苯乙烯乳胶,胶粒的大小在 $0.6\sim0.7\ \mu m$,它对高分子蛋白质之类的物质具有良好的吸附性能。故在实验时,以其作为载体,将抗体(或抗原)覆盖在乳胶颗粒的表面上,制成供诊断用的乳胶血清(乳胶抗原),当与特异性抗原(或抗体)相遇时,在电解质的参与下,即形成肉眼明显可见的乳胶凝集块,飘浮于液滴中,即为阳性反应,如仍为均匀混浊的乳状悬液,则为阴性反应。此法操作简便,结果清晰易于判断,敏感性高于血凝实验,但特异性低于血凝实验。

【实验材料】

(1)聚苯乙烯乳胶。

(2)抗原与抗体:炭疽免疫血清、正常血清;标准炭疽抗原、待检抗原。

(3)0.02% pH 8.2 硼酸缓冲液。

(4)生理盐水。

(5)洁净玻片或玻板。

【操作方法】

(1)乳胶液制备:取聚苯乙烯乳胶 0.1 mL,加灭菌蒸馏水 0.4 mL,再加 0.02% pH 8.2 硼酸缓冲液 2 mL,混合后即为 25 倍稀释的乳胶液。

(2)乳胶致敏:在上述乳胶液中,逐滴加入 1:(10~20)稀释的炭疽免疫血清 0.2~0.7 mL,边加边摇,当出现肉眼可见的颗粒时继续滴加,直至颗粒消失,成为均匀的乳胶悬液为止。镜下检查应无自凝。加入 0.01% 硫柳汞作防腐剂,置 4℃ 冰箱可保存数月至 1 年。乳胶液切忌冻结,一经冻结就易自凝。

(3)乳胶致敏颗粒的质量检测:制备好的乳胶致敏颗粒与一定稀释度的炭疽标准抗原出现阳性反应,与生理盐水出现阴性反应为合格。

(4)取洁净玻片或玻板 1 块,先滴加待检样品(抗原)1 滴,再滴加免疫血清致敏的乳胶 1 滴,以牙签或火柴杆混匀,在 3~5 min 内判定结果。在 20 min 时需再观察一次,以免遗漏弱阳性。

【结果判定】

将反应板放在黑纸上,于光线明亮处,观察反应强度:

"＋＋＋＋":乳胶全部凝集,呈絮状团块,飘浮于清亮的液滴中;

"＋＋＋":大部分乳胶凝集成小颗粒,液滴微见混浊;

"＋＋":约半量乳胶凝集成细小颗粒,液滴混浊;

"＋":仅少量乳胶凝成肉眼微见的小颗粒,液滴混浊;

"－":全部乳胶呈均匀的乳状。

以凝集达到"＋＋"作为判定反应的终点。对结果的终判,应首先观察 3 个对照滴,且应出现以下反应:

免疫乳胶血清＋炭疽标准抗原:"＋＋＋＋"。

正常乳胶血清＋被检标本:"－"。

正常乳胶血清＋炭疽标准抗原:"－"。

只有出现上述反应,说明实施反应的条件正常,方能对被检标本的结果进行判定。即炭疽乳胶血清与被检标本滴发生"＋＋"或"＋＋"以上者为阳性反应,不发生凝集者为阴性反应。本反应可检出每毫升含 7.8 万个以上的炭疽杆菌芽孢标本。

【注意事项】

(1)所用聚苯乙烯乳胶悬液的性质比较脆弱,在致敏过程中,易受杂质干扰,发生非特异性"自凝"现象,故含杂质较多的被检标本,不宜采用该反应做检测。

(2)聚苯乙烯乳胶对免疫血清的吸附是有条件的,特别是温度、pH 及酶的处理等均有一定的影响,条件不适宜,即便吸附了,也不牢固,易于脱落。

(3)致敏乳胶宜放在普通冰箱保存,不能冰冻,使用前要摇匀,并使其接近室温。保存期无一定规定,如无自凝现象,一般均可使用。

(4)聚苯乙烯乳胶亦可用以吸附抗体。可在 25 mL 的 0.4% 乳胶液中,逐滴加入 1:(10~20)的抗血清 1~7 mL,边加边摇,当出现微颗粒时继续滴加,直至颗粒消失即成。本法可用于沙门氏菌的快速诊断。

【临床应用】

(1)玻片法乳胶凝集实验在临床免疫测定广泛用于葡萄球菌肠毒素、钩端螺旋体病、炭疽、沙门氏菌病、流行性脑膜炎、隐球虫病、囊虫病等传染病和寄生虫病的诊断。

(2)乳胶凝集亦可用试管法,在递进稀释的待检血清管内加等量致敏乳胶,振摇后置 56℃水浴 2 h,然后用 1 000 g 的离心力,低速离心 3 min(或室温放置 24 h)即可判读,根据上清液的澄清程度和沉淀颗粒的多少,判定凝集程度。

(3)乳胶凝集还可进行凝集抑制实验,如人的妊娠诊断,先将绒毛膜促性激素致敏乳胶,此乳胶能与相应血清发生凝集。操作时,取孕妇尿一滴,加抗血清一滴,充分混匀后,再加乳胶抗原一滴,不发生凝集者为阳性。

(4)吸附抗原(或抗体)后的乳胶可以加入适当赋形保护剂后,滴于涂有黑色塑料薄膜的卡纸上,真空干燥,制成可以长期保存的"诊断卡"。用时加生理盐水 1 滴于干点上,然后加待检液 1 滴,混匀后连续摇动 2~3 min,即可在强光下目视观察结果。此法亦可用于做抑制实验,如妊娠诊断用的检孕卡,即用乳胶抗原和抗血清分别滴于卡纸上干燥,同时取澄清尿液 1 滴于抗血清干点上,生理盐水 1 滴于乳胶抗原干点上在,用牙签混合,摇 2~3 min 观察结果,不凝集为阳性,凝集为阴性。

(5)抗体致敏的乳胶加入少量抗原时,乳胶浊度显著降低,利用这一特性可用免疫浊度法对抗原进行超微定量测定,其敏感性很高,几乎可与放射免疫相比,但致敏乳胶不能有丝毫自凝,必须用交联法致敏。乳胶颗粒应细而均匀,大小以 0.3 μm 为宜,乳胶的最佳浓度为 1~2 mg/mL。使用本法时应注意,当抗原浓度递增至一定程度时,乳胶浊度又可增高。故实验时,需有已知浓度的抗原作对照,并绘制标准曲线。待检抗原用递增浓度实验,根据反应曲线计算含量。

【思考题】

1. 乳胶凝集实验的原理是什么?
2. 影响乳胶凝集实验的因素有哪些?
3. 正向间接乳胶凝集实验和反向间接乳胶凝集实验有何不同?

(潘树德)

实验十三　血凝和血凝抑制实验

【实验目的和要求】

掌握血凝(HA)和血凝抑制(HI)实验的原理和操作方法,能够正确判定实验结果及对结果进行分析。

【实验原理】

某些病毒如鸡新城疫病毒、禽流感病毒、鸡减蛋综合征病毒、兔出血症病毒等具有能凝集某种哺乳类和禽类红细胞的特性,依此特性建立的检测方法称为病毒血凝实验(haemagglutination assay,HA);针对以上病毒的特异性抗体可以抑制这种反应,依此特性建立的检测方法称为病毒的血凝抑制实验(haemagglutination inhibition assay,HI)。

HA 和 HI 实验有全量操作法和微量操作法两种,目前主要采用微量法。该方法具有操作简便、快速、经济等特点,应用范围很广,可用于病毒的检测和鉴定、病毒的分类、特异性抗体的检测等,特别适用于正黏病毒和副黏病毒的检测。本实验以新城疫病毒及抗体的检测为例。

【实验材料】

(1)新城疫病毒液。

(2)1%鸡红细胞。

(3)灭菌的生理盐水。

(4)新城疫病毒阳性血清。

(5)96 孔"V"形微量反应板、微量移液器,灭菌塑料吸头。

(6)微量振荡器、温箱。

【操作方法】

1. 实验材料的准备

(1)抗原的准备:一般以鸡新城疫Ⅱ系或 Lasota 系湿苗作为已知抗原进行实验。目前也有用聚乙二醇使 Lasota 系病毒液浓缩,做成稳定浓缩抗原,HA 效价达 1∶5 000 以上,4℃半年不变。

在有条件的实验室可用鸡新城疫Ⅱ系或者 Lasota 系疫苗接种鸡胚制备抗原:将疫苗用灭菌生理盐水稀释 10 倍,以 0.1 mL 接种于 10 日龄的鸡胚尿囊内(接种用鸡胚应选自未感染过鸡新城疫或未经新城疫免疫的健康鸡的种蛋),凡接种后 72～120 h 内死亡的鸡胚,且病变显著者,分别收获鸡胚尿囊液于消毒试管内,如有血细胞应 2 000 r/min 离心 15 min,取上清液,作血凝实验,选择凝集价在 1∶640 以上的鸡胚尿囊液,分装于洁净干燥的青霉素瓶中,保存于冰箱备用。

(2)1.0%红细胞悬浮液的制备:由鸡翅静脉或心脏采血,放入灭菌试管(按每毫升血加入3.8%灭菌柠檬酸钠 0.2 mL 做抗凝剂)内,迅速混匀。将血液注入离心管中,经 3 000 r/min 离心 5～10 min,用吸管吸去上清液和红细胞上层的白细胞薄膜,将沉淀的细胞加生理盐水洗涤,再 3 000 r/min 离心 5～10 min,弃上清液,再加稀释液洗涤,如此反复洗涤 3 次,将最后一次离心后的红细胞泥,按 1.0 mL 红细胞泥加 99.0 mL 生理盐水的比例进行稀释。

（3）被检血清的准备：将被检鸡群编号登记,用消毒过的干燥注射器采血,注入洁净干燥试管内（微量法可用孔径 2~3 mm 塑料管由翅静脉采血）,在室温中静置或离心,待血清析出后使用。每只鸡应更换一个注射器,严禁交叉使用。

（4）含有 4 个单位的病毒液的准备：根据病毒血凝实验结果,将病毒原液稀释为含有 4 个单位病毒的使用液,供血凝抑制实验用。

2. 病毒血凝实验（HA 实验）

主要是测定病毒的红细胞凝集价,以确定红细胞凝集抑制实验所用病毒稀释倍数（抗原单位）。有试管法和微量法两种,现以常用的微量法进行说明。

（1）首先用微量移液器向每个孔加入灭菌生理盐水 25 μL。

（2）用微量移液器取病毒抗原液 25 μL 加入第 1 孔内,吸头浸于液体中缓慢吸吹几次使病毒与稀释液混合均匀,再吸取 25 μL 液体小心地移至第 2 孔,如此连续稀释至第 11 孔,第 11 孔吸取 25 μL 液体弃掉;病毒稀释倍数依为 1：(2~2 048),第 12 孔为红细胞对照。

（3）再以微量移液器每孔加 1.0% 红细胞悬浮液 25 μL。

（4）在微量振荡器上振荡混匀 1~2 min,再置 37℃ 作用 15 min 后观察结果。

（5）每次测定样品都应同时做红细胞对照。

3. 病毒的血凝抑制抑制实验（HI 实验）

有试管法和微量法两种,现以常用的微量法进行说明。

（1）用微量移液器每孔各加入生理盐水 25 μL,从第 1 孔到第 10 孔。第 11 孔加生理盐水 50 μL。

（2）以微量移液器取被检血清 25 μL,放入第 1 孔,吸头浸于液体中缓慢吸吹几次使被检血清与稀释液混合均匀,再吸取 25 μL 液体小心地移至第 2 孔,如此连续稀释至第 10 孔,最后第 10 孔吸取 25 μL 液体弃掉,被检血清稀释倍数依为 1：(2~1 024);第 11 孔为红细胞对照,第 12 孔为抗原对照。

（3）每孔再加入含有 4 个单位的病毒液 25 μL,第 1 孔至第 10 孔,第 11 孔为红细胞对照孔,不加病毒液;第 12 孔为抗原对照,加病毒液。

（4）置振荡器上振荡 1~2 min 后,放 37℃ 静置 20 min。

（5）每孔再加入 1.0% 红细胞悬浮液 25 μL,放微量振荡器上振荡 1~2 min 混匀,置 37℃,15 min 后判定结果。

【结果判定】

1. 血凝实验结果判定

将反应板倾斜成 45° 角,沉于管底的红细胞沿着倾斜面向下呈线状流动者为沉淀,表明红细胞未被或不完全被病毒凝集;如果孔底的红细胞铺平孔底,凝成均匀薄层,倾斜后红细胞不流动,说明红细胞被病毒所凝集。能使 100% 红细胞凝集的病毒液的最高稀释倍数,称为该病毒液的红细胞凝集效价,用被检血清的稀释倍数或以 2 为底的对数（log 2）表示。如表 13-1 所示,被检血清的 HI 效价为 1：128 或 7 log 2。

当病毒液的 HA 效价为 1：128,HI 实验时,病毒抗原液 25 μL 内须含 4 个凝集单位,则应将原病毒液做成 128/4＝32 倍的稀释液。

表 13-1 鸡新城疫病毒血凝实验(HA)的测定术式(微量法)

孔号	1	2	3	4	5	6	7	8	9	10	11	12
病毒稀释倍数	1∶2	1∶4	1∶8	1∶16	1∶32	1∶64	1∶128	1∶256	1∶512	1∶1 024	1∶2 048	对照
生理盐水	25 μL	25 μL	25 μL	25 μL	25 μL	25 μL	25 μL	25 μL	25 μL	25 μL	25 μL	25 μL
病毒液	25 μL	25 μL	25 μL	25 μL	25 μL	25 μL	25 μL	25 μL	25 μL	25 μL	25 μL	25 μL 弃去
1%红细胞悬液	25 μL	25 μL	25 μL	25 μL	25 μL	25 μL	25 μL	25 μL	25 μL	25 μL	25 μL	25 μL

感作 置振荡器上混匀 1~2 min,放 37℃ 静置 15 min

| 结果示例 | # | # | # | # | # | # | # | ++ | — | — | — | — |

注:#表示 100%完全凝集;++表示 50%凝集;—表示不凝集。

2. 血凝抑制实验结果判定

将反应板倾斜成 45°角,沉于管底的红细胞沿着倾斜面向下呈线状流动者为沉淀,表明红细胞未被或不完全被病毒凝集;如果孔底的红细胞铺平孔底,凝成均匀薄层,倾斜后红细胞不流动,说明红细胞被病毒所凝集。能将 4 单位病毒凝集红细胞的作用完全抑制的血清最高稀释倍数,称为该血清的红细胞凝集抑制效价,用被检血清的稀释倍数或以 2 为底的对数(log2)表示。如表 13-2 所示,被检血清的 HI 效价为 1∶128 或 7 log 2。

表 13-2 鸡新城疫病毒血凝抑制实验(HI)的测定术式(微量法)

孔号	1	2	3	4	5	6	7	8	9	10	11	12
被检血清稀释倍数	1∶2	1∶4	1∶8	1∶16	1∶32	1∶64	1∶128	1∶256	1∶512	1∶1 024	细胞对照	抗原对照
生理盐水	25 μL	25 μL	25 μL	25 μL	25 μL	25 μL	25 μL	25 μL	25 μL	25 μL	50 μL	25 μL
被检血清	25 μL	25 μL	25 μL	25 μL	25 μL	25 μL	25 μL	25 μL	25 μL	25 μL	25 μL 弃掉	
4 单位病毒液	25 μL	25 μL	25 μL	25 μL	25 μL	25 μL	25 μL	25 μL	25 μL	25 μL		25 μL

振荡器上振荡 1~2 min,放 37℃ 作用 20 min

| 1%红细胞悬液 | 25 μL | 25 μL | 25 μL | 25 μL | 25 μL | 25 μL | 25 μL | 25 μL | 25 μL | 25 μL | 25 μL | 25 μL |

振荡器上振荡 1~2 min,放 137℃ 作用 15 min

| 结果示例 | — | — | — | — | — | — | — | ++ | # | # | — | # |

注:—表示不凝集;++表示部分凝集;#表示完全凝集。

3. 结果分析

(1)一般认为鸡的免疫临界水平时 HI 效价为 1∶8(成年)或 1∶16(雏鸡),但随地区不同可稍有差异。

(2)当被检鸡群血清 HI 抗体效价高于 1∶16 时可适当推迟新城疫免疫的时间,HI 抗体效价在 1∶16 以下,须进行新城疫疫苗接种,在新城疫流行的地区或鸡场,鸡的免疫临界水平应稍提高。

(3)鸡群的 HI 抗体水平是以抽检样品的 HI 抗体效价(log2)的平均值表示的,如果某鸡群抽检的 10 份样品中,HI 抗体效价(log2)为 8 的有 3 份样品,为 7 的有 5 份样品,为 6 的有 2 份样品,它们的平均值为(8×3+7×5+6×2)/(3+5+2)=7.1,平均水平在 4 log 2 以上,说明该鸡群为免疫鸡群。若在检样中 HI 抗体效价的最高值与最低值相差太大时,则不能用上法计算平均水平,应根据临界水平以下的样品数在全部样品中所占的百分比决定免疫与否。

(4)鸡群接种新城疫疫苗后,经 2～3 周测血清中的 HI 抗体效价,若提高 2 个滴度以上,表示鸡的免疫应答良好,疫苗接种成功;若 HI 抗体效价无明显提高,表示免疫失败。

【注意事项】

(1)红细胞的来源:供血动物的种类极为重要。有些病毒的血凝谱很广,有些很窄,应该选择适宜动物的红细胞,一般常用的有鸡、豚鼠、大鼠、鹅、绵羊、小鼠以及人的 O 型血红细胞。有时供血动物的年龄也有关系,例如披膜病毒只能凝集 1 日龄雏鸡的红细胞,而痘病毒容易凝集成年鸡的红细胞。供血动物还有个体差异,有些甚至非常显著,因此实验时最好用几个动物的混合血液。

(2)红细胞数量:红细胞沉淀图形决定于红细胞总数而非红细胞浓度,例如 0.5%红细胞悬液 0.2 mL 与 1%悬液 0.1 mL 所得结果完全一样。病毒血凝素的滴度与红细胞数目成反比,因此红细胞的数目尽量少些,只要沉淀后形成明显的小红点就可以了。

(3)红细胞的贮存:无菌采集抗凝血液后在 4℃贮存不能超过 1 周,否则引起溶血或反应减弱。如需贮存较久,则抗凝剂必须改用 Alsever 氏液,以 4∶1(4 份 Alsever 加 1 份血液)混匀后,在 4℃可贮存 4 周。

(4)反应温度:有些病毒的血凝性在 4℃最明显(如弹状病毒、细小病毒等),有些则适宜在 37℃(如痘病毒、腺病毒等),还有一些在 4～37℃(如正黏病毒、副黏病毒)均可。为了方便起见,血凝实验一般在室温或 37℃进行。

(5)结果判定时,要先看对照,当对照反应(阴性或阳性对照)正确时,前面的反应结果才准确;若对照不正确,就必须重做。

【临床应用】

(1)发现与鉴定病毒:鸡新城疫和禽流感病毒分离后,这些病毒能凝集鸡的红细胞,又能被特异性的已知免疫血清抑制其凝集反应,即可鉴定此病毒。

(2)诊断病毒性疾病:如取同一发病动物早期和恢复期血清进行红细胞凝集抑制实验,如抗体效价有 4 倍以上升高,即有诊断意义。

(3)免疫机体抗体效价的测定,作为适时免疫的辅助手段,能避免免疫失败、免疫空档及重复免疫造成的损失。

【思考题】

1. 病毒的血凝和血凝抑制实验的原理是什么？
2. 血凝和血凝抑制实验的影响因素有哪些？
3. 有哪些动物病毒具有血凝活性？
4. 病毒血凝反应是抗原抗体反应吗？为什么？
5. 病毒血凝抑制反应是抗原抗体反应吗？为什么？

（潘树德，郭鑫）

第三章

沉淀实验

概　　述

可溶性抗原(如细菌的外毒素、内毒素、菌体裂解液,病毒的可溶性抗原、血清、组织浸出液等)与相应抗体相遇后,在适量电解质存在下,抗原抗体结合形成肉眼可见的白色沉淀,称为沉淀实验(precipitation test)。参与沉淀实验的抗原称为沉淀原,抗体称为沉淀素。

沉淀实验的抗原可以是多糖、蛋白质、类脂等,抗原分子较小,由于在单位体积内所含的量多,与抗体结合的总面积大,故在做定量实验时,为了不使过剩,通常稀释抗原,以防止后带现象的发生,并以抗原稀释度作为沉淀实验效价。

根据沉淀实验反应介质和外加条件的不同,可将其分为液相沉淀实验、凝胶扩散实验、免疫电泳实验等3大类。

(1)液相沉淀实验:抗原与抗体的反应在液相中进行,并形成沉淀物,根据沉淀物的产生与否以判定相应抗体或抗原。液相沉淀实验又分为絮状沉淀实验、环状沉淀实验和浊度沉淀实验等类型。

(2)琼脂凝胶扩散实验:以半固体凝胶为载体,利用可溶性抗原和抗体在半固体凝胶中进行反应,当抗原与相应抗体分子相遇并达到适当的比例时,抗原与抗体就会互相结合、凝聚,从而出现白色的沉淀线,通过肉眼即可观察。常用的凝胶有琼脂、琼脂糖等。根据抗原或抗体扩散的方向又可分为双向双(相)扩散、双向单(相)扩散、单向单(相)扩散、单向双(相)扩散等类型。

(3)免疫电泳实验:免疫电泳技术是凝胶扩散实验与电泳技术相结合的免疫检测技术,在抗原抗体凝胶扩散的同时,加入电泳的电场作用,使抗体或抗原在凝胶中的扩散移动速度加快,缩短了实验时间;同时限制了扩散移动的方向,使抗原或抗体集中朝电泳的方向扩散移动,增加了实验的敏感性,因此,此方法比一般的凝胶扩散实验更快速和灵敏。根据实验的用途和操作不同,可分为免疫电泳、对流免疫电泳、火箭免疫电泳等技术。

以上这些实验通常凭肉眼观察结果,故灵敏度不高。近年来,根据沉淀反应中抗原抗体结合后反应系统透光度发生改变,而建立了测定透光度为特征的多种免疫浊度测定技术。现代免疫技术包括各种免疫标记技术,大多是在沉淀反应的基础上建立起来的,因此沉淀反应是免疫学检测技术的核心技术。

实验十四　环状沉淀实验

【实验目的和要求】

以炭疽环状沉淀反应为例,掌握环状沉淀反应的原理、操作方法及结果的判定。

【实验原理】

当可溶性抗原与相应的抗体相遇时,在电解质参与下,可出现肉眼可见的沉淀物。环状沉淀反应是将可溶性抗原置于抗体之上,使二者之间形成比较清晰的界面,如二者相对应,则可在抗原、抗体两液接触界面形成乳白色的沉淀环。环状沉淀反应一般是利用已知抗体(沉淀素)来检测未知抗原(沉淀原),从而达到鉴定抗原、诊断疾病的目的。

【实验材料】

(1)试管(5 mm×50 mm)及滴管。

(2)已知炭疽沉淀血清及炭疽标准抗原:均由兽医生物药品厂生产供应。

(3)待测炭疽沉淀抗原。

(4)0.3%石炭酸生理盐水。

【操作方法】

1. 被检抗原的制备

(1)热浸法:取疑为炭疽死亡动物的实质脏器约 1 g,在乳钵内研碎,加入 5～10 mL 生理盐水使之混合,或取疑为炭疽病畜的血液、渗出液,加入 5～10 倍生理盐水混合后,用移液管移至试管内,置水浴锅中煮沸 30 min,冷却后用中性石棉(或滤纸)过滤,使呈清朗透明的液体,即为被检抗原。如滤液混浊不透明可再次过滤。

(2)冷浸法:如疑为炭疽死亡动物的被检材料为皮张、兽毛等,先将被检材料高压灭菌 15 磅 30 min,将皮张剪为小块,然后称取皮张小块或兽毛数克,加入 5～10 倍的 0.3%～0.5%石炭酸生理盐水,放室温或普通冰箱中浸泡 18～24 h,用中性石棉(或滤纸)过滤,使呈透明液体即为被检抗原。

2. 环状沉淀反应操作步骤

(1)取试管 3 支,用毛细滴管(或 1 mL 注射器接 5 号封闭针头代替)吸取炭疽沉淀素血清,加入反应管底部,每管约 0.1 mL(达试管 1/3 高处),勿使血清产生气泡或沾染上部管壁。

(2)取其中 1 支试管,用一毛细滴管吸取被检抗原,将反应管略倾斜,沿管壁缓缓把被检抗原注加(层积)到沉淀素血清上,至达反应管 2/3 处,使两液接触处形成一整齐的界面(注意不要产生气泡,不可摇动),轻轻直立放置。

(3)其余 2 支试管,如上法分别滴加炭疽标准抗原和生理盐水,以作对照。

(4)在试管架上静置数分钟,观察结果。

【结果判定】

抗原加入后,在 5～10 min 内判定结果。如实验管上下重叠的两液界面出现清晰、致密的乳白色沉淀环者为阳性反应,证明被检病料来自炭疽病畜。两对照管,加炭疽标准抗原者应出现乳白色沉淀环,为阳性对照,而加生理盐水者,应无沉淀环出现,为阴性对照。

【注意事项】

(1)反应物必须清亮,如不清亮,可采用离心的方法取上清待用;或冷藏后使脂类物质上浮,用吸管吸取底层液体待用。

(2)必须进行对照观察,以免出现假阳性。

【临床应用】

环状沉淀实验是最简单、最古老的一种沉淀实验,目前仍广泛应用。本方法主要用于抗原的定性实验,如诊断炭疽的 Ascoli 实验、链球菌血清型鉴定、血迹鉴定和沉淀素效价滴定等。

【思考题】

1. 影响环状沉淀实验结果的因素有哪些?

2. 在环状沉淀实验中有可能会出现哪一种类的带现象?

(彭远义)

实验十五　絮状沉淀实验

【实验目的和要求】

以牛血清白蛋白最适结合比的测定为例,掌握絮状沉淀实验的基本原理、操作方法及结果的判定。

【实验原理】

抗原溶液与相应抗体溶液在试管内混合,在有电解质存在的条件下,抗原与抗体结合可形成混浊沉淀或絮状凝聚物。抗原抗体比例最适时,沉淀物出现最快,混浊度最大;抗原过剩或抗体过剩时,则反应出现时间延迟,沉淀减少,以至全部抑制,出现前带或后带现象。故通常用固定抗体稀释抗原法或固定抗原稀释抗体法,以此可作为抗原抗体最适结合比测定的基本方法。操作上大致有 3 种类型,分别为抗原稀释法、抗体稀释法和方阵滴定法。

抗原抗体按不同比例混合后,每隔一定时间(5～10 min)观察一次,记录出现反应的时间和强度,以出现反应最早和沉淀物最多的管为最适比例管。当抗原有两种以上成分时,往往出现两个峰值。因此本法不适用于多种抗原的分析,更多地用于抗原抗体最适比例的测定。

【实验材料】

(1)牛血清白蛋白标准抗原及牛血清白蛋白抗血清。

(2)生理盐水。

(3)小试管或凹玻片、吸管或微量移液器等。

【操作方法】

1. 抗原稀释法

(1)在小试管中将牛血清白蛋白标准抗原作一系列倍比稀释(1∶5 稀释至 1∶160 或更大),每管中加入量为 500 μL;

(2)在各管中加入一定浓度的抗牛血清白蛋白的抗血清 500 μL;

(3)振摇使抗原、抗体充分混匀,置 37℃孵育;

(4)产生沉淀量随着抗原量的不同而不同,以出现沉淀物最多的管为最适比例管。

2. 抗体稀释法

(1)在小试管中将牛血清白蛋白抗血清作一系列倍比稀释(1∶5 稀释至 1∶80 或更大),每管中加入量为 500 μL;

(2)在各管中加入 500 μL 牛血清白蛋白标准抗原;

(3)振摇使抗原、抗体充分混匀,置 37℃孵育;

(4)产生沉淀量随着抗体量的不同而不同,以出现沉淀物最多的管为最适比例管。

3. 方阵滴定法

将牛血清白蛋白标准抗原作一系列倍比稀释(1∶5 稀释至 1∶320),牛血清白蛋白抗血清作一系列倍比稀释(1∶5 稀释至 1∶80 或更大);按照表 15-1 进行方阵滴定。振摇使抗原、抗体充分混匀,置 37℃孵育;产生沉淀量随抗原和抗体量的不同而不同,以出现沉淀物最多的管为最适比例管。

【结果判定】

抗原稀释法和抗体稀释法都是以出现沉淀物最多的管为最适比例管;方阵滴定法可较正确地找出抗原和抗体的比例,如表 15-1 所示,抗体用 1∶40,抗原则 1∶320 稀释;如抗原 1∶160 稀释,抗体则用 1∶20 最为恰当。

表 15-1　抗原抗体最适比的方阵滴定法

抗体稀释度	抗原稀释度							
	1/10	1/20	1/40	1/80	1/160	1/320	1/640	对照
1/5	+	++	+++	+++	++	+	+	−
1/10	+	++	++	++	+++	++	+	−
1/20	+	++	++	++	+++	++	+	−
1/40	−	+	+	+	++	+++	++	−
1/80	−	−	−	−	+	+	+	−

注:"+"为沉淀物量。

【注意事项】

(1)振摇混匀抗原抗体时要小心,不要产生气泡,以免影响结果的观察。

(2)温度、pH 等因素对实验结果有一定的影响。在一定限度内,反应速度和沉淀物的量随温度增加而增加,但超过这一极限时,则效果相反。一般沉淀反应温度的幅度可达 0～56℃,但有的抗原抗体系统反应的最适温度较低,只有在低温下才出现反应。反应所需 pH 视抗原抗体不同而异,但如超过 pH 6.5～8.2 范围,有可能引起非特异性沉淀。

【临床应用】

絮状沉淀实验操作简便,但敏感性较低,且受抗原抗体比例影响非常明显,故主要用于测定抗原抗体反应的最适比,如用于毒素和抗毒素的滴定。

【思考题】

絮状沉淀实验的主要用途是什么?

(彭远义)

实验十六　琼脂免疫扩散实验

　　琼脂免疫扩散是可溶性抗原与相应抗体在琼脂凝胶中所呈现的一种沉淀反应。琼脂是一种含有硫酸基的多糖体，高温时能溶于水，冷却后凝固，形成凝胶。琼脂凝胶呈多孔结构，孔内充满水分，其孔径大小决定于琼脂浓度。1%琼脂凝胶的孔径约为 85 nm，因此可允许各种抗原抗体在琼脂凝胶中自由扩散。抗原抗体在含有电解质的琼脂凝胶中扩散，由近及远形成浓度梯度，当二者在比例适当处相遇，即发生沉淀反应，形成肉眼可见的白色沉淀线，此种反应称为琼脂免疫扩散，又简称为琼脂扩散或免疫扩散。

　　琼脂扩散所形成的沉淀线是一组抗原抗体的特异性免疫复合物。一种抗原抗体系统只出现一条沉淀线，如果凝胶中有多种不同抗原抗体存在时，便依各自浓度、扩散速度和最适比的差异，在适当部位形成独立的沉淀线，因此广泛地用于抗原成分的分析。琼脂扩散实验可根据抗原抗体反应的方式和特性分为单向单扩散、单向双扩散、双向单扩散、双向双扩散，其中以最后两种最常用。

一、双向单扩散

【实验目的和要求】

　　以炭疽或牛血清白蛋白双向单扩散实验为例，掌握双向单扩散实验的原理、操作方法及结果的判定。

【实验原理】

　　双向单扩散（simple diffusion in two dimension）又称辐射扩散或环状扩散。此法是一种定量实验，一般是用已知抗体测定未知量的相应抗原。实验时将一定量的抗体（特异性血清）与加热融化的琼脂（用生理盐水配制）在 56℃ 左右混合后，倾注于玻璃板或平皿上，使之成为厚度适当的凝胶板。待琼脂凝固后在琼脂板上打孔并滴加待测抗原液，抗原在孔内辐射扩散，与凝胶中的相应抗体接触，当抗原和抗体的浓度比例适合时，就形成清晰的白色沉淀环。此白色沉淀环随扩散时间而扩大，直至平衡为止。沉淀环的大小（直径或面积）与抗原的浓度在一定范围内成正比，因此可用不同浓度的标准抗原制成标准曲线。未知抗原在同样条件下测得沉淀环的大小，然后可从标准曲线上查得未知抗原的量。

【实验材料】

　　(1)0.15 mol/L pH 7.2 PBS、生理盐水或其他缓冲液。

　　(2)优质琼脂粉，1%硫柳汞。

　　(3)已知浓度和未知浓度的抗原、已知抗体。

　　(4)载玻片、打孔器、微量加样器、酒精灯、搪瓷盒等。

【操作方法】

　　1. 琼脂板制备

　　(1)按 1.2% 称取琼脂粉，加入 pH 7.2 的 0.15 mol/L PBS 或生理盐水或其他缓冲液，加热煮沸融化，然后加入 1% 硫柳汞(终浓度为 0.01%)，即为 1.2% 琼脂，并置于 56℃ 水浴中保温。

(2)将抗血清在 56℃ 水浴中预热到 56℃。

(3)在 100 mL 1.2% 琼脂中加入一定体积的抗血清(事先经预实验确定加入量)，充分混匀。

(4)趁热取 3.5~4.5 mL 血清琼脂浇注于洁净载玻片上，要均匀、平整、无气泡、布满整个玻片，厚度为 2~3 mm，制成免疫琼脂板，冷却备用。

2. 打孔

待琼脂凝固后，用打孔器在每个琼脂板上等距离打 4 个孔(图 16-1)，小心挑出孔内琼脂，用酒精灯轻轻灼烧玻片另一面进行封底，或在孔底再加入少量 1.2% 的琼脂液进行封底，以免加样后液体从孔底渗漏。

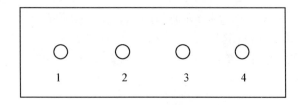

图 16-1 双向单扩散打孔示意图

3. 加样

用微量加样器向孔内滴加不同稀释度的已知浓度的标准抗原及未知浓度的待检抗原，每孔 10 μL。

4. 扩散

将已经加样的免疫琼脂板置湿盒中，37℃ 自由扩散 24 h 后取出，测各孔的沉淀环直径，以毫米为单位。

【结果判定】

取出琼脂板，测定各孔形成的沉淀环直径(mm)。如沉淀环不够清晰，可将琼脂板浸泡在盛有 1% 鞣酸生理盐水的大玻璃平皿中，经 15 min 后取出，沉淀环则清晰可见。以测得的沉淀环直径为纵坐标，相应的抗原量为横坐标，在半对数坐标纸上绘出标准曲线。待测抗原根据沉淀环直径大小，从标准曲线上(图 16-2)求得其含量，再乘以稀释倍数，即得其实际含量，以 mg/mL 来表示。

【注意事项】

(1)制备免疫琼脂板时要掌握好温度。

(2)琼脂孔底要封好，加样时不得外溢。

(3)扩散时间要掌握好。时间过短，沉淀线不能出现；时间过长，会使已经形成的沉淀线解离或散开而出现假阴性。

【临床应用】

双向单扩散已用于畜禽传染病的诊断，如鸡马立克氏病的诊断，可将马立克高免血清制成血清琼脂平板，拔取病鸡新换的羽毛数根，将毛根剪下，插于此血清平板，阳性者毛囊中病毒抗

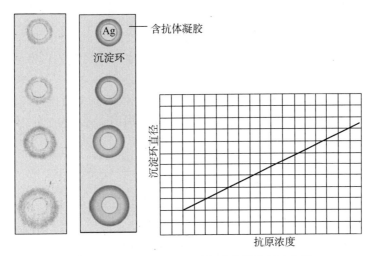

图 16-2　双向单扩散结果及标准曲线绘制示意图

原向四周扩散,形成白色沉淀环。本实验可用于抗原的定性和定量检测。

【思考题】

1. 影响双向单扩散实验结果的因素有哪些?
2. 双向单扩散实验有何不足之处?

二、双向双扩散

【实验目的和要求】

以炭疽或牛血清白蛋白双向双扩散实验为例,掌握双向双扩散实验的原理、操作方法及结果的判定。

【实验原理】

双向双扩散(double diffusion in two dimension)简称双扩散,是沉淀反应的一种形式。将可溶性抗原与相应的抗体放在琼脂凝胶板中的相应孔内,让二者在琼脂凝胶中各自向四周自由扩散,如果抗原和抗体相对应,则二者相遇时发生特异性反应,并在浓度比例合适处形成白色沉淀线;若抗原和抗体无关,就不会出现沉淀线。当抗原抗体的浓度基本平衡时,沉淀线的位置主要决定于两者的扩散系数;但如抗原过多,则沉淀线向抗体孔增厚或偏移,反之亦然。

一种抗原抗体系统只出现一条沉淀线,多种抗原抗体系统则形成多条沉淀线。本实验的主要优点是能将某种复合的抗原成分加以区分,根据沉淀线出现的数目、位置以及相邻两条沉淀线之间的融合交叉、分枝等情况,就可了解该复合抗原的组成及相互关系。

【实验材料】

(1)0.15 mol/L pH 7.2 PBS、生理盐水或其他缓冲液。

(2)优质琼脂粉,1%硫柳汞,已知抗原,待检血清。

(3)平皿、打孔器、微量加样器、酒精灯、搪瓷盒等。

【操作方法】

(1)琼脂板制备:按 1.2% 称取琼脂粉,加入 pH 7.2 的 0.15 mol/L PBS 或生理盐水或其他缓冲液,加热煮沸融化,然后加入 1% 硫柳汞(终浓度为 0.01%),趁热将融化的琼脂倒入平皿内,厚度 2.5～3.0 mm,自然冷却,注意勿产生气泡。

(2)打孔:待琼脂凝固后用打孔器打孔,孔径和孔距依不同疫病检疫规程而定,一般孔径 3～5 mm,孔间距 4～7 mm。孔型多为 7 孔,中央 1 孔,周围 6 孔(排列方式如图 16-3 所示,称为梅花孔)。用针头挑出孔内琼脂。

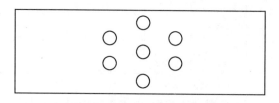

图 16-3 双向双扩散打孔示意图

(3)封底:在火焰上缓缓加热,使孔底边缘的琼脂少许熔化,以封底,或在孔底再加入少量 1.2% 的琼脂液进行封底,以免加样后液体从孔底渗漏。

(4)抗体效价测定:用微量加样器于中央孔加入已知抗原,于周围孔加倍比稀释的血清,每个稀释度加 1 孔,周围第 6 孔加缓冲液或生理盐水做对照。加样时勿使样品外溢或在边缘残存小气泡,以免影响扩散结果。

(5)阴阳性定性检测:中央孔加抗原,外周孔分别加待检血清,要设立阴性血清和阳性血清对照。

(6)扩散:加样完毕后,盖上平皿盖,将琼脂板放于湿盒内,保持一定的湿度,置 37℃ 温箱中扩散 24～48 h 观察结果。

【结果判定】

(1)若凝胶中抗原抗体是特异性的,则形成抗原抗体复合物,在两孔之间出现清晰致密白色的沉淀线,为阳性反应。若在 72 h 仍未出现沉淀线则为阴性反应。实验时至少要做一阳性对照。出现阳性对照与被检样品的沉淀线发生融合,才能确定待检样品为真正阳性。

(2)抗原特异性与沉淀线形状的关系:在相邻孔两完全相同的抗原与抗体反应时,可出现两条沉淀线的融合;反之,如相邻孔抗原完全不同时,则出现沉淀线交叉;两种抗原部分相同时,则出现沉淀线的部分融合。两相邻孔抗原及其浓度相同,形成对称相融合的沉淀线;如果两相邻孔抗原相同但浓度不同,则沉淀线不对称,移向低浓度的一边。见图 16-4。

(3)用梅花孔做血清流行病学调查时,将标准抗原置中心孔,周围 1、3、5 孔加标准阳性血清,2、4、6 孔分别加待检血清。待检孔与阳性孔出现的沉淀带完全融合者判为阳性。待检血清无沉淀带或所出现的沉淀带与阳性对照沉淀带完全交叉者判为阴性。待检孔虽未出现沉淀带,但两阳性孔的沉淀带在接近待检孔时,两端均向内有所弯曲者判为弱阳性。若仅一端有所弯曲,另一端仍为直线者,判为可疑,需重检。重检时可加大检样量。检样孔无沉淀带,但两侧阳性孔的沉淀带在接近检样孔时变得模糊、消失,可能为待检血清中抗体浓度过大,致使沉淀带溶解,可将样品稀释后重检。

(4)用梅花孔也可以检测抗血清的效价,操作时将抗原置中心孔,抗血清倍比稀释后置周

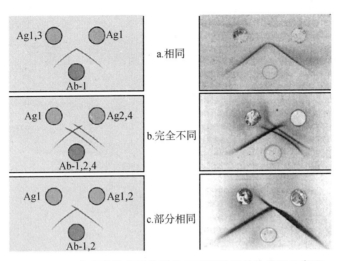

图 16-4 双向双扩散抗原特异性与沉淀线形状的关系示意图

围孔,以出现沉淀带的血清最高稀释倍数为该血清的琼扩效价。

【注意事项】

(1)温度对沉淀线形成的影响:在一定范围内,温度越高扩散越快。通常反应在 $0\sim37℃$ 下进行。在双向扩散时,为了减少沉淀线变形并保持其清晰度,可在 $37℃$ 下形成沉淀线,然后置于室温或冰箱($4℃$)中为佳。

(2)琼脂浓度对沉淀线形成速度的影响:一般来说,琼脂浓度越大,沉淀线出现越慢。

(3)参加扩散的抗原与抗体间的距离对沉淀线形成的影响:抗原抗体相距越远,沉淀线形成得越慢,孔间距离以等于或稍小于孔径为好,距离远影响反应速度。当然孔距过近,沉淀线的密度过大,容易发生融合,有碍对沉淀线数目的确定。

(4)时间对沉淀线的影响:扩散时间要适当,时间过短,沉淀线不能出现;时间过长,会使已形成的沉淀线解离或散开而出现假象。沉淀线形成一般观察 72 h,放量过久可出现沉淀线重合消失。

(5)抗原抗体的比例对沉淀线的影响:抗原抗体的比例与沉淀带的位置、清晰度有关。如抗原过多,沉淀带向抗体孔偏移和增厚,反之亦然。可用不同稀释度的反应液实验后调节。

(6)不规则的沉淀线可能是加样过满溢出、孔型不规则、边缘开裂、孔底渗漏、孵育时没放水平、扩散时琼脂变干燥、温度过高蛋白质变性或未加防腐剂导致细菌污染等所致。实验时必须设立对照并进行对照观察,以免出现假阳性。

(7)电解质对结果的影响:抗原抗体反应需要适当浓度的电解质参与,血清学反应一般用生理盐水或磷酸盐缓冲生理盐水(PBS)作电解质;但用禽类血清时,需用 $8\%\sim10\%$ 的高渗氯化钠溶液,否则不出现反应或反应较弱。

【临床应用】

双向双扩散是最常用的琼脂扩散实验,在动物疫病的诊断中应用很广,可用于抗原的比较和鉴定,如马传贫、牛白血病、口蹄疫、禽流感、鸡传染性法氏囊病的诊断等;也可用于抗体的效价测定、抗原或抗体的纯度鉴定、已知抗原(抗体)检测和分析未知抗体(抗原)等。

【思考题】

1. 影响双向双扩散实验结果的因素有哪些？
2. 根据双向双扩散所出现的沉淀线如何来判定待测样品的性质？

（彭远义）

实验十七　免疫电泳

【实验目的和要求】

以兔血清的组分分析为例,掌握免疫电泳的原理、操作方法及结果的判定。

【实验原理】

免疫电泳是将琼脂扩散与琼脂电泳技术相结合,以提高对混合组分分辨率的一种免疫化学分析方法。将抗原样品在琼脂凝胶板上先进行电泳,使其中的各个组分因电泳迁移率的不同而彼此分开,然后加入抗体进行双相免疫扩散,相应的抗原、抗体相遇后,比例适当时,即可在相应的位置上形成肉眼可见的弧形沉淀线。根据沉淀弧的数量、位置和形态,可分析样品中所含抗原成分及其性质。电泳迁移率相近而不能分开的抗原物质,又可按扩散系数的不同形成不同的沉淀线,从而增强了对复合抗原组分的分辨能力。由于样品的泳动图形呈放射状扩散,相应的血清呈直线扩散,于是二者相遇形成的沉淀线呈弧状。

不同带电颗粒在同一电场中,其泳动的速度不同,通常用迁移率表示。如其他因素恒定,则迁移率主要决定于分子的大小和所带静电荷的多少。蛋白质为两性电解质,每种蛋白质都有它自己的等电点,在 pH 大于其等电点的溶液中,羧基解离多,此时蛋白质带负电,向正极泳动;反之,在 pH 小于其等电点的溶液中,氨基解离多,此时蛋白质带正电,向负极泳动,因此可通过电泳将复合蛋白质分开。

该方法由于结合了琼脂扩散和琼脂电泳技术,分辨率较高,可用来研究抗原和抗体的相对应性;测定样品的各成分以及它们的电泳迁移率;根据蛋白质的电泳迁移率、免疫特异性及其他特性,可以确定该复合物中含有某种蛋白质;鉴定抗原或抗体的纯度等。

【实验材料】

(1)待检样品兔血清、羊抗兔血清。

(2)优质琼脂或琼脂糖。

(3)pH 8.6 0.075 mol/L 巴比妥缓冲液。

(4)凝胶指示剂,氨基黑染色液。

(5)电泳仪、电泳槽。

(6)载玻片或玻璃板,打孔器,挖槽刀,吸管,微量加样器,搪瓷盒等。

【操作方法】

(1)制板:用 pH 8.6 的 0.075 mol/L 巴比妥缓冲液配制 1.2%琼脂。取洁净载玻片或玻璃板一张置于平台上,做好标记,用吸管吸取 4 mL 加热融化的 1.2%缓冲琼脂于载玻片上,让其自然铺平使琼脂厚 2~3 mm,待其冷凝后按图 17-1 打孔和开槽,孔的直径 3 mm 左右,挑出孔中琼脂并封底。槽可用刀片划制,也可用磨具(如玻棒)在浇注琼脂前放到载玻片上制作。

(2)加样:用微量加样器往孔中加入正常兔血清,勿使溢出。

(3)加指示剂:为了便于控制电泳泳动速度,可在待测样品孔内滴加 1 滴凝胶指示剂,根据染料移动指示蛋白质成分的泳动(可略)。

(4)电泳:将琼脂板置于电泳槽的支架上,两端分别贴上用2～4层已浸透缓冲液的滤纸或滤布,同槽内的缓冲液架桥相连。滤纸的宽度要同琼脂板的宽度一致,不宜过窄或过宽。加样的一端接负极,另一端接正极。每端约覆盖1 cm,按凝胶板宽度控制端电压在3～6 V/cm(也可按电流计算,即玻片宽度2～4 mA/cm),电泳1.5～2 h。一般当指示剂泳动至离槽末端1 cm处停止电泳。

(5)扩散:电泳后,将槽内琼脂挑去,用毛细滴管小心加入融化的1.2%琼脂封底,然后加入羊抗兔血清,充满槽内,放于湿的搪瓷盒内,置37℃扩散24～72 h观察结果。

(6)观察结果:电泳板扩散后可以直接观察,也可用氨基黑染色液染色以后观察。经染色后的标本,结果更易观察。染色:将琼脂板放置于生理盐水中浸泡24 h,中间换液数次,取出后,用0.05%氨基黑10B染色5～10 min,然后以1 mol/L冰醋酸脱色至背景无色为止。

(7)保存标本的染色方法:取出琼脂板,浸泡于生理盐水中1～2 d,以除去未反应的蛋白质,再放置蒸馏水中脱盐4～5 h,放固定液(60%酒精98 mL,冰醋酸2 mL)中2 h,然后用绸布或滤纸打湿后,覆盖于琼脂板上,置37℃ 24 h干燥后,再以蒸馏水打湿绸布,揭去。再放在氨基黑10B染色液中染色10～30 min,取出以5%～10%冰醋酸脱色,至背景无色为止,再用水冲几次,吸干水分,保存备用。

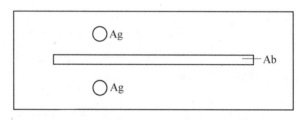

图 17-1　免疫电泳抗原孔和抗体槽位置示意图

【结果判定】

(1)常见的沉淀弧形:由于经电泳后,分离的各抗原成分在琼脂中呈放射状扩散,而相应的抗体呈直线扩散,因此形成的沉淀线一般呈弧形,常见的弧形如下:①交叉弧,表示两个抗原成分的迁移率相近,但抗原性不同;②平行弧,表示两个不同的抗原成分,它们的迁移率相同,但扩散率不同;③加宽弧,一般是由于抗原过量所致;④分枝弧,一般是由于抗体过量所致;⑤沉淀线中间逐渐加宽,并接近抗体槽,一般由于抗原过量,在白蛋白位置处形成;⑥其他还有弯曲弧、平坦弧、半弧等。

(2)弧的曲度:匀质性的物质具有明确的迁移率,能生成曲度较大的沉淀弧,反之有较宽迁移范围的物质,其沉淀弧曲度较小。

(3)沉淀线的清晰度:沉淀线的清晰度与抗原抗体的特异性有关,也与抗体的来源有关。抗血清多来源于兔、羊、马。兔抗血清的特点是形成沉淀线宽而淡,抗体过量对沉淀线影响较小,而抗原过量时,沉淀线发生部分溶解。马抗血清所形成的沉淀线致密、清晰,抗原或抗体过量时,沉淀线容易溶解消失,而且容易产生继发性的非特异性沉淀线,因此使用的抗原和抗体的比例要恰当。

(4)沉淀弧的位置:高分子量的物质扩散慢,所形成的沉淀线离抗原孔较近,而分子量较小的物质,扩散速度快,沉淀弧离抗体槽近一些。抗原浓度高沉淀弧偏近抗体槽。反之,抗体浓度越高,沉淀弧偏近抗原孔。图 17-2 为免疫电泳操作及结果示意图。

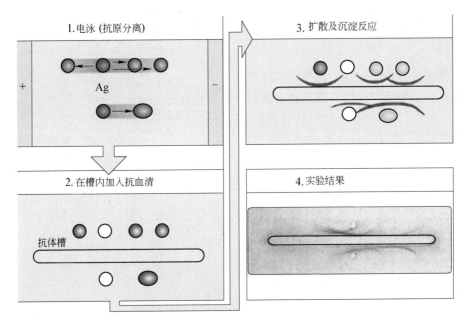

图 17-2　免疫电泳操作及结果示意图

【注意事项】

(1)由于琼脂的质量与规格不同,会影响标定各抗原的位置。为此,最好用标准抗原或国际通用琼脂定位,作为鉴定时的参考指标。免疫电泳需选用优质琼脂,亦可用琼脂糖。琼脂浓度为 1%～2%,pH 应以能扩大所检复合抗原的各种蛋白质所带电荷量的差异为准,通常 pH 为 6～9。血清蛋白电泳则常用 pH 8.2～8.6 的巴比妥缓冲液,离子强度为 0.025～0.075 mol/L,并加 0.01%硫柳汞作防腐剂。

(2)免疫电泳分析法的成功与否,主要取决于抗血清的质量。抗血清中必须含有足够的抗体,才能同被检样品中所有抗原物质形成沉淀线。同时抗原抗体比例需适当,抗体过多时清晰的沉淀线减少,抗原过多会出现弧线融合或消失。

(3)搭桥应完全紧密接触,以免因电流不均而发生沉淀线歪曲。电压与电流低时,电泳时间需要长;电压和电流加大时,电泳时间可缩短,但电压过高则能使孔径变形,甚至琼脂融化。

(4)在观察免疫电泳结果时要注意,有些沉淀出现较早,消失较快。电泳板扩散后可以直接观察,也可染色观察。无色标本要在黑色背景下用斜射光观察。标本染色可选用氨基黑染色液、考马斯亮蓝染色液(考马斯亮蓝 2.5 g,冰醋酸 100 mL,甲醇或无水乙醇 450 mL,蒸馏水 450 mL)或偶氮胭脂红染色液(偶氮胭脂红 B 1.5 g,甲醇 100 mL,冰醋酸 20 mL,蒸馏水 80 mL)。这几种染色液以氨基黑最为常用,它与蛋白质的结合力最强,短时间染色呈蓝色,长时间则呈蓝黑色,适用于兔抗血清形成的沉淀线,偶氮胭脂红更适用于马血清形成的沉淀线,考马斯亮蓝染色液的特点是色泽鲜、敏感性高,较氨基黑敏感约 5 倍。

(5)免疫电泳法较其他电泳的优点在于具有特异性沉淀弧,即使电泳迁移率相同的组分也能检出,因此抗原数目可用独立弧来断定,缺点是免疫血清不能包括所有组分的抗体,其实这也是免疫化学方法的共性。

【临床应用】

免疫电泳分辨率高,目前主要用于血清蛋白等复合抗原的组分分析与鉴定,也应用于纯化抗原和抗体成分的分析及正常和异常体液蛋白的识别。

【思考题】

1. 影响免疫电泳实验结果的因素有哪些?

2. 免疫电泳实验为何可以用于血清蛋白等复合抗原的组分分析与鉴定?

(彭远义,郭鑫)

实验十八　对流免疫电泳

【实验目的和要求】

掌握对流免疫电泳的原理、操作方法及结果的判定;了解该方法在动物疫病诊断中的应用及意义。

【实验原理】

对流免疫电泳又叫反向免疫电泳或免疫电渗电泳,是在琼脂扩散基础上结合电泳技术而建立的一种简便而快速的方法。此方法能在短时间内出现结果,故可用于快速诊断,敏感性比琼脂双相扩散技术高 10~16 倍。

蛋白质抗原与抗体球蛋白均为两性化合物,大部分抗原在碱性(pH>8.2)的溶液中带负电荷,在电场中向正极移动,而在同等条件下的抗体球蛋白带负电荷较弱,由于琼脂带有 SO_4^{2-} 基,在静电感应下使琼脂凝胶中的水带正电荷,因而在电场中向负极移动,形成一种推力,称为电渗现象。抗体球蛋白由于在溶液中带的负电荷较弱,在电场作用下难以克服电渗的作用,因而向负极移动;而抗原分子所带的负电荷较强,在电场中可以克服电渗的作用,向正极移动。实验中将抗原放负极端,抗体放正极端,在同一电场作用下,抗原抗体相向运动,在两者相遇且比例合适时便形成肉眼可见的沉淀线。该方法主要用于抗原抗体的快速检测。

【实验材料】

(1)pH 8.6 0.05 mol/L 的巴比妥缓冲液。

(2)优质琼脂。

(3)已知抗原、阳性血清和待检血清。

(4)电泳仪、电泳槽、载玻片、微量加样器、打孔器等。

【操作方法】

(1)制备琼脂板:用 pH 8.6 的 0.05 mol/L 巴比妥缓冲液配制 1.2%琼脂,用吸管吸取 4 mL 左右加热融化的 1.2%缓冲琼脂浇注于载玻片上,让其自然铺平使琼脂厚 2~3 mm,冷却后备用。

(2)打孔:按照图 18-1 所示成对打孔,孔径 3 mm,抗原与抗体孔间距为 5 mm,打孔后挑去孔内琼脂,封底。

(3)加样:负极端孔加抗原,正极端孔加抗体(血清),同时设立阳性对照孔。

(4)电泳:将琼脂板置于电泳槽上,电泳槽内加入巴比妥缓冲液,加至电泳槽高度的 2/3 处,注意两槽内液面尽量水平。抗原孔靠向负极,抗体孔靠向正极。

(5)将 2~4 层纵向折叠的滤纸一端浸在缓冲液内,一端贴在琼脂板上,重叠 0.5~1 cm(滤纸先用缓冲液浸湿,叠层中不应有气泡)。

(6)检查电源接头是否与加样一致。

(7)接通电源开始电泳:以板宽度计算电流,以板的长度计算电压。要求电流量为 2~4 mA/cm,电压为 4~6 V/cm,实际工作中,可根据具体请灵活掌握。一般电泳 30~90 min

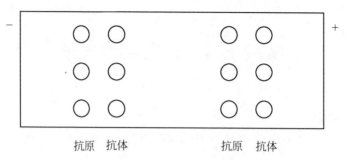

图 18-1　对流免疫电泳抗原孔、抗体孔位置示意图

后,即可观察结果。

【结果判定】

在黑色背景上方,用散射光多个角度观察,在对应孔之间有白色沉淀线即为阳性,阳性对照应出现明显的白色沉淀线。若沉淀线出现得不清晰,可把琼脂板放在湿盒中,置 37℃ 保温数小时或室温(25℃)下再放数小时,效果会好些(图 18-2)。

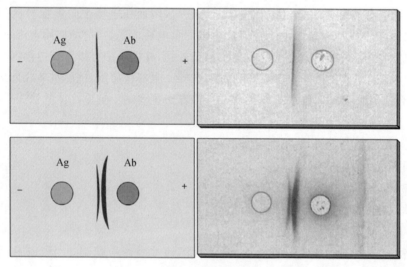

图 18-2　对流免疫电泳结果示意图

【注意事项】

(1)抗原抗体的比例:抗原抗体比例适当时容易出现沉淀带,反之不易发生。随抗原稀释度的增加,抗原抗体的比例发生变化,沉淀线由靠近抗血清孔逐步移向两孔中间,并可出现不典型的沉淀线如弧形、八字须形、斜线形,这些也是阳性,应予注意。

(2)应十分注意抗原抗体的电极方向不能加反。当电压与电流低时,电泳时间需要长些;电压电流增大时,电泳时间可缩短。但电压过高则孔径变形,甚至琼脂溶化;电流过大抗原抗体蛋白易变性,干扰实验结果。此外,电泳所需时间与孔间距离有关,距离越大,电泳时间越长。

(3)适当的电渗作用在对流免疫电泳中是十分必要的。当琼脂质量差时,电渗作用太大,而使血清中的其他蛋白成分也泳向负极,造成非特异性反应。在某些情况下,琼脂糖由于缺乏电渗作用而不能用于对流免疫电泳。

（4）对流免疫电泳是根据抗体球蛋白在 pH 8.6 的琼脂凝胶中只带少量负电荷,在电泳过程中必能抵抗电渗作用,因而向阴极倒退;而一般抗原多数不是免疫球蛋白,它们带负电荷多,电泳过程中抵抗电渗作用后,仍向阳极移动,因此,二者在两孔间相遇处生成沉淀线的原理设计而成的一种免疫电泳。如果抗原抗体都是免疫球蛋白,或者它们的电泳迁移率非常接近,电泳时都向一个方向泳动,就不能作对流免疫电泳检查。

（5）并不是所有的抗原分子都向正极泳动,抗体球蛋白由于分子的不均一性,在电渗作用较小的琼脂糖凝胶上电泳时,往往向点样孔两侧展开,因此对未知电泳特性的抗原进行探索性实验时,可用琼脂糖制板,并在板上打 3 列孔,将抗原置中心孔,抗血清置两侧孔。这样,如果抗原向负极泳动时,就可在负极一侧与抗血清相遇而出现沉淀带。

【临床应用】

本实验简便、快速,敏感性比琼脂扩散法高 10~16 倍,广泛用于疫病的快速诊断和病原的鉴定。如猪传染性水泡病、口蹄疫、伪狂犬病、支原体病的诊断及人的甲胎蛋白、乙型肝炎抗原的快速诊断等。

【思考题】

1. 影响对流免疫电泳实验结果的因素有哪些?
2. 对流免疫电泳与琼脂双扩散相比有何优点?

（彭远义）

实验十九　火箭免疫电泳

【实验目的和要求】

以牛血清白蛋白的定量检测为例,掌握火箭免疫电泳的原理、操作方法及结果的判定。

【实验原理】

火箭免疫电泳是单向辐射免疫扩散与电泳技术相结合的产物,简称为火箭电泳,常用于抗原的定量检测。实验时将含有已知抗体的琼脂浇制成琼脂凝胶板,冷却后在一端打一排小孔,小孔中加入待测抗原。通电后,板孔中的抗原因带负电荷会在电场作用下由负极向正极移动,在移动过程中,抗原与凝胶中的抗体接触,形成火箭状沉淀弧。随着抗原继续向前迁移,原来的沉淀弧由于抗原过量而重新溶解,新的沉淀弧也不断向前推移,最后抗原抗体在最适比例处,形成稳定的火箭状沉淀弧。当抗体浓度一定时,沉淀峰高度与抗原浓度成正比。将沉淀峰高度与事先用已知不同浓度的标准抗原制成的标准曲线进行比较,即可得出样本中待测抗原的含量。

【实验材料】

(1)pH 8.6 0.05 mol/L 的巴比妥缓冲液。

(2)优质琼脂或琼脂糖。

(3)已知浓度和未知浓度的抗原。

(4)抗血清。

(5)电泳仪、电泳槽、载玻片、微量加样器、打孔器等。

【操作方法】

(1)抗体琼脂板的制备:①用 pH 8.6 的 0.05 mol/L 巴比妥缓冲液配制 2%琼脂,加热煮沸融化,并置于 56℃水浴中保温。②将适量(由预实验确定)抗血清用 pH 8.6 的 0.05 mol/L 巴比妥缓冲液稀释至与琼脂凝胶相同体积,并在水浴中预热到 56℃。③将二者充分混匀后,取 4 mL 左右血清琼脂浇注于载玻片上,厚度为 2~3 mm,制成免疫琼脂板,冷却备用。

(2)打孔:用打孔器在每个琼脂板上如图 19-1 在一侧打孔,孔径 3 mm,孔距 6 mm,小心挑出孔内琼脂,并封底。孔的数量根据需要而定。

图 19-1　火箭免疫电泳打孔示意图

(3)加样:用微量加样器向孔内加入系列稀释的已知浓度的标准抗原和未知浓度的待检抗原,每孔 10 μL。

　　(4)电泳:把加完样的免疫琼脂板放入盛有巴比妥缓冲液的电泳槽中进行电泳,有孔一端置于阴极,泳动方向由阴极至阳极,琼脂板两端覆以 3 层滤纸作为电桥,大小与板相仿。接通电源后,按电流强度 3 mA/cm 板宽(或电压为 10 V/cm),电泳时间 1～5 h,直到大部分抗原孔前端出现顶端尖窄而完全闭合的火箭状沉淀线,关闭电源。

　　(5)电泳结束后,取下琼脂板,如沉淀峰清晰可见,可直接判读结果,否则将琼脂板浸入 10 g/L 鞣酸生理盐水中 10 min,可使沉淀峰更明显。如欲长期保存,可将琼脂板用 0.05 氨基黑染色 5～10 min,然后以 1 mol/L 冰醋酸脱色至无色透明为止,干燥处理后保存。

【结果判定】

　　电泳结束后,正确量取小孔下缘至火箭峰顶的距离,以已知抗原火箭峰高度为纵坐标,以对应浓度为横坐标作图,绘制标准曲线(图 19-2),然后根据待检样品的火箭峰高度,从标准曲线上求得相应浓度。

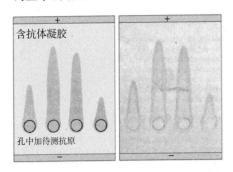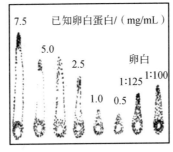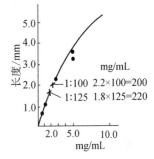

图 19-2　火箭免疫电泳结果及标准曲线绘

【注意事项】

　　(1)所用琼脂或琼脂糖应是无电渗或电渗很小,否则火箭峰形状不规则。

　　(2)抗原抗体的用量应该进行预实验确定。抗原浓度太大,在一定时间内不能达到最高峰;抗体浓度太大,则沉淀峰高度太低而无法测量。预实验时以峰高在 2～5 cm 的抗原抗体浓度为宜。

　　(3)当待测样品数量多时,电泳板应先置电泳槽上搭桥并开启电源(电流要小)后加样,否则易形成宽底峰形,定量不准。

　　(4)一定条件下,电泳时间要根据沉淀峰的形成情况而定。如形成尖角峰形则表示已无游离抗原;呈不清晰云雾状或钝圆形,表示未达终点。

　　(5)作 IgG 定量时,由于抗原和抗体的性质相同,火箭峰因电渗作用而呈纺锤状。为了纠正这种现象,可用甲醛与 IgG 上的氨基结合(甲酰化),使本来带两性电荷的 IgG 变为只带负电荷,加快了电泳速度。抵消了电渗作用,而出现伸向阳极的火箭峰。

　　(6)如将抗原混入琼脂凝胶中,孔内滴加抗体,电泳时抗体向负极泳动,也可形成火箭状沉淀弧,此为反向火箭免疫电泳。

【临床应用】

　　本法操作简便省时,重复性好、灵敏度高,至少可检出 $\mu g/mL$ 以上抗原量,如采用放射性核素标记作放射自显影,灵敏度可提高至 ng/mL。临床上主要用于测定抗原的量,也可作反向火箭电泳,用以测定抗体的量。

【思考题】

1. 火箭免疫电泳与单向免疫扩散有何异同？结果是否相同？
2. 如何判定火箭免疫电泳是否达到终点？

（彭远义）

第四章

免疫标记技术

概　　述

在当前的各种免疫诊断技术中,免疫标记技术是发展最快、应用最广的领域之一。这项技术诞生于 20 世纪中期,其原理是将某种微量或超微量物质(如放射性同位素、荧光素、酶、化学发光剂等)标记于抗体或抗原上制成标记物,再加入到抗原或抗体的反应体系中。若有相应的抗原或抗体存在,则形成的抗原抗体复合物可以通过检测标记物来间接显示(包括有无及含量)。因此这项技术综合了抗原抗体结合的特异性和标记技术的敏感性,弥补了凝集、沉淀等传统免疫学技术在敏感性、准确性、重复性、商品化和自动化等方面的不足,极大地提高了免疫检测技术的实用性。

目前,免疫标记技术已广泛应用于抗原、抗体、补体、免疫细胞、细胞因子等免疫相关物质的检测,以及体液中酶、微量元素、激素、药物等多种微量物质的检查。此技术不仅可以在细胞、亚细胞及分子水平上对组织进行定性和定位分析,也可以对抗原或抗体进行定性和定量分析。可以说一切具有抗原性或半抗原性的物质原则上均可利用这一现代免疫检验技术进行检测,使免疫学检验技术渗透到各个领域。根据标记物和检测方法的不同,免疫标记技术大致可分为免疫荧光技术、放射免疫技术、免疫酶技术、免疫电镜技术、免疫胶体金技术和发光免疫技术等。

实验二十　免疫荧光抗体技术

【实验目的和要求】

以检测猪瘟病毒及抗体为例,掌握免疫荧光抗体技术的基本原理、操作方法及结果判定。

【实验原理】

免疫荧光抗体技术是将不影响抗体活性的荧光素(如 FITC、RB200、R-PE 等)标记在抗体或抗原上,当标记物与相应抗原或抗体结合后形成带有荧光素的复合物,在荧光显微镜下,由于受高压汞灯光源的紫外光照射,荧光素发出明亮的荧光,这样就可以对相应的抗原或抗体分析示踪。

免疫荧光抗体技术主要分为直接法、间接法和补体法。反应原理分别如图 20-1、图 20-2、图 20-3 所示。其中以直接法和间接法常用,下面以检测猪瘟病毒及抗体为例进行介绍。

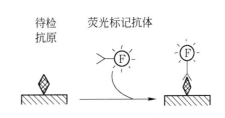

图 20-1　直接免疫荧光法原理

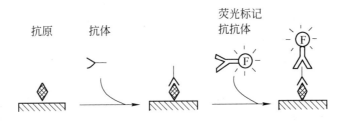

图 20-2　间接免疫荧光法原理

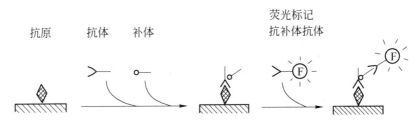

图 20-3　补体结合免疫荧光法原理

【实验材料】

(1)0.01 mol/L pH 7.4 PBS。

(2)猪瘟病毒高免血清(经 56℃水浴 30 min 灭活)。

(3)异硫氰酸荧光素(FITC)标记的猪瘟病毒抗体。

(4)异硫氰酸荧光素(FITC)标记的兔抗猪抗体结合物。

(5)待检病料、猪血清;猪瘟病毒阴性、猪瘟病毒阳性病料。

(6)甘油缓冲液。

(7)荧光显微镜、载玻片、盖玻片、毛细吸管、玻片染色缸、带盖方盘、滤纸、温箱等。

【操作方法】

1. 制片

选无自发性荧光的石英载玻片或普通优质载玻片,洗净后浸泡于无水乙醇和乙醚等量混合液中,用时取出用绸布擦净。将待检病料制成涂片、印片、切片(冰冻切片或石蜡切片)。

2. 固定

将制作的涂片、印片、组织切片用冷丙酮或 95％乙醇室温固定 10 min。

3. 水洗

固定后的制作片以冷 PBS 液浸泡冲洗,最后以蒸馏水冲洗,防止自发性荧光。

4. 染色

分直接染色法与间接染色法。

(1)直接染色法

①滴加 PBS 液于待检标本片上,10 min 后弃去,使标本保持一定湿度。

②染色:将固定好的标本片置于湿盒中,滴加经稀释至染色效价的 FITC 标记的猪瘟病毒抗体,以覆盖为度,37℃温箱避光孵育 30 min。

③洗片:取出玻片,倾去存留的荧光抗体,先用 PBS 漂洗后,再按顺序过 PBS 液三缸浸泡,每缸 3 min,其间不时振荡。

④用蒸馏水洗 1 min,除去盐结晶。

⑤取出标本片,用滤纸条吸干标本四周残余的液体,但不使标本干燥。

⑥滴加甘油缓冲液 1 滴,以盖玻片封片。

⑦立即用荧光显微镜观察。观察标本的特异性荧光强度,一般可用"＋"表示。

⑧对照染色:a. 标本自发荧光对照:标本加 1～2 滴 PBS 液;b. 特异性对照(抑制试验):荧光抗体染色时,标本加未标记的猪瘟病毒高免血清之后,再加 FITC 标记的猪瘟病毒抗体染色;c. 阳性对照:已知的阳性标本加 FITC 标记的猪瘟病毒抗体。

(2)间接染色法-检查抗原

①滴加 PBS 液于待检标本片上,10 min 后弃去,使标本保持一定湿度。

②将固定好的标本片置于湿盒中,滴加已知的猪瘟病毒免疫血清,37℃温箱避光孵育 30 min。

③倾去存留的免疫血清,将标本片浸入 PBS 液的玻片染缸内,并依次在两个玻璃缸内分别浸洗 3 min,其间不时振荡。

④用蒸馏水洗 1 min,除去盐结晶。

⑤取出标本片,用滤纸条吸干标本四周残余的液体。

⑥滴加 FITC 标记的兔抗猪抗体结合物,37℃温箱避光孵育 30 min。

⑦同上述③、④,将标本片充分浸洗。

⑧同上述⑤,吸干标本四周残余的液体。

⑨滴加甘油缓冲液 1 滴,封片,置荧光显微镜下观察。

⑩对照染色:a. 标本自发荧光对照:标本加 1～2 滴 PBS 液;b. 荧光抗体对照:标本只加

FITC 标记的兔抗猪抗体结合物染色；c. 特异性对照（抑制试验）：荧光抗体染色时，标本加未标记的兔抗猪抗体之后，再加 FITC 标记的兔抗猪抗体结合物；d. 阳性对照：已知的阳性标本加猪瘟病毒高免血清与 FITC 标记的兔抗猪抗体结合物。

（3）间接染色法-检查抗体

①用已知的猪瘟病毒阳性组织涂片或印片，自然干燥，甲醇固定。

②将固定好的标本片置于湿盘中，滴加经适当稀释的待检血清，37℃孵育 30 min。

③同上述③、④、⑤，将标本片充分浸洗，并吸干标本四周残余的液体。

④滴加 FITC 标记的兔抗猪抗体结合物，37℃避光孵育 30 min。

⑤同上述③、④、⑤，将标本片充分浸洗，并吸干标本四周残余的液体。

⑥滴加甘油缓冲液 1 滴，封片，置荧光显微镜下观察。

⑦对照染色。

【结果判定】

荧光显微镜观察时，主要以两个指标判断结果，一个是形态学特征，另一个是荧光的亮度，在结果的判定中，必须将二者结合起来，综合判定。

荧光强度的表示方法如下：

＋＋＋ ～＋＋＋＋：荧光闪亮，呈明显的亮绿色。

＋＋：荧光明亮，呈黄绿色。

＋：荧光较弱，但清楚可见。

±：极弱的可疑荧光。

－：无荧光。

在各种对照显示为（±）或（－）时，待检标本特异性荧光染色强度达"＋＋"以上，即可判定为阳性（图 20-4）。

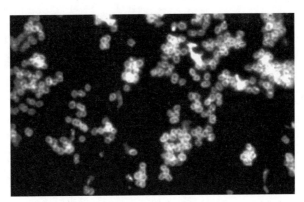

图 20-4　免疫荧光法检测猪瘟病料结果（阳性）100×

【注意事项】

（1）制作标本片时应尽量保持抗原的完整性，减少形态变化，力求抗原位置保持不变。同时还必须把标本制得相当薄，固定处理方法适宜，使抗原-抗体复合物易于接受激发光源，以便良好地观察和记录。

（2）细菌培养物、感染动物的组织或血液、脓汁、粪便、尿沉渣等，可用涂片或压印片。组织学、细胞学和感染组织主要采用冰冻切片或低温石蜡切片。也可用生长在盖玻片上的单层细胞培养作标本。细胞培养可用胰酶消化后做成涂片。细胞或原虫悬液可直接用荧光抗体染色后,再转移至玻片上直接观察。

(3)标本的固定有 2 个目的,一是防止被检材料从玻片上脱落,二是消除抑制抗原抗体反应的因素(如脂肪)。检测细胞内的抗原,用有机溶剂固定可增加细胞膜的通透性而有利于荧光抗体渗入。

(4)为了保证荧光染色的正确性,避免出现假阳性,进行免疫荧光抗体试验时必须设置标本自发荧光对照、特异性对照(抑制试验)与阳性对照。只有在标本自发荧光对照和特异性对照呈无荧光或弱荧光,阳性对照和待检标本呈强荧光时,才可判断待检标本为特异性阳性染色。

(5)对荧光素标记的抗体的稀释,要保证抗体有一定的浓度,一般稀释度不应超过 1∶20,抗体浓度过低,会导致产生的荧光过弱,影响结果的观察。

(6)染色的温度和时间需要根据各种不同的标本及抗原而变化,染色时间可以从 10 min 到数小时,一般 30 min 已足够。染色温度多采用室温,高于 37℃ 可加强染色效果,但对不耐热的抗原可采用 0~2℃ 的低温,延长染色时间。低温染色过夜较 37℃ 30 min 效果好得多。

(7)由于荧光素和抗体分子的稳定性都是相对的,因此随着保存时间的延长,在各种条件影响下,荧光素标记的抗体可能变性解离,失去其应有的亮度和特异性;另外,一般标本在高压汞灯下照射超过 3 min,就有荧光减弱现象。因此经荧光染色的标本最好在当天观察,随着时间的延长,荧光强度会逐渐下降。

(8)荧光显微镜不同于光学显微镜之处,在于它的光源是高压汞灯或溴钨灯,并有一套位于集光器与光源之间的激发滤光片,它只让一定波长的紫外光及少量可见光(蓝紫光)通过;此外还有一套位于目镜内的屏障滤光片,只让激发的荧光通过,而不让紫外光通过,以保护眼睛并能增加反差。

【临床应用】

免疫荧光抗体技术可用于新分离细菌的诊断、病毒病的诊断、难以分离或培养的病原体检测、流行病学调查和早期诊断,也可用于免疫学基础研究。

【思考题】

1. 免疫荧光抗体技术的直接法、间接法的特点及应用是什么?

2. 免疫荧光抗体实验中设置各种对照的必要性是什么? 实验正常的情况下,各种对照结果应如何?

3. 举例说明免疫荧光抗体技术在兽医临床检验中的应用。

(陈金顶)

实验二十一　荧光偏振免疫分析技术

【实验目的和要求】

掌握荧光偏振免疫分析技术的原理、操作方法及结果的判定。

【实验原理】

1. 偏振荧光的产生

当用一束一定波长的、向各个方向振动的紫外或可见光(激发光)照射具有刚性平面的芳香族化合物时,可以产生普通荧光(发射光)。向各个方向振动的紫外或可见光经偏振器处理后成为只沿一个方向做振动的光即偏振紫外或可见光。用垂直方向紫外或可见光作为激发光照射具有刚性平面的芳香族化合物时可以产生在某一平面偏振的偏振荧光。以这种形式激发荧光物质而形成的单一平面的荧光称偏振荧光。在荧光偏振免疫分析中偏振荧光的产生就是利用一种经过偏振器处理的单色光作为光源,激发待测荧光物质分子发出偏振荧光,通过检测器测出物质的偏振荧光强度。

2. 荧光偏振免疫分析(FPIA)法测定原理

根据荧光偏振理论,大分子物质运动速度慢,荧光偏振度就较大;小分子的物质(抗原)在溶液中旋转速度较快,荧光偏振度就小。在荧光偏振免疫分析中未能与抗体结合的标记物质分子比与抗体结合的小,因此旋转快,受激发光照射时产生的荧光偏振方向被分散,不能形成在某一平面的偏振光,所以发射出的偏振荧光很弱。相反标记物与抗体结合后形成的大分子复合物,导致分子旋转速度减慢,容易接受偏振光的照射,发射出在某一平面偏振的偏振光。未标记的抗原与已标记的抗原具有竞争抑制作用,随着未标记抗原浓度的增加,标记的抗原与抗体复合物浓度降低,检测到的偏振荧光强度也相应降低。如图 21-1 荧光标记物结合抗体过程示意图。

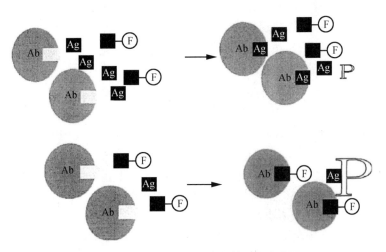

图 21-1　荧光标记物结合抗体过程示意图

在荧光偏振免疫分析中,用垂直方向($\perp$)和平行方向($\parallel$)的激发光交错照射样品,当用垂直方向的激发光($\lambda_{ex\perp}$)照射样品时,结合的标记抗原与抗体复合物(Ag-F-Ab)在垂直方向发出很强的荧光($\lambda_{em\perp}$),而未结合的标记抗原(Ag-F)也可发出各方向随机化的普通荧光 F_b(很弱),此时使用垂直方向的检偏器检的 $\lambda_{em\perp}$ 的总强度,记为 $F_{\perp总}$。当用平行方向的激发光($\lambda_{ex\parallel}$)照射样品时,Ag-F-Ab 在水平方向发出很强的荧光($\lambda_{em\parallel}$),而 Ag-F 发出各方向随机化的普通荧光,这时使用垂直方向的检偏器测定得到溶液中的 $F_{\parallel总}$。当抗原抗体反应完成后用垂直方向的激发光照射,用垂直方向检偏器测得的荧光强度 $F_{\perp总}$ 减去用平行方向的激发光照射,垂直方向的检偏器测得的荧光强度 $F_{\parallel总}$,则排除了 Ag-F 微弱偏振荧光的干扰,得到反应液中纯粹 Ag-F-Ab 的偏振荧光强度,可供建立与药物浓度之间的定量关系。

3. 标准曲线的建立

在荧光偏振免疫分析中,并非直接利用偏振荧光强度建立标准曲线,而是经测定的偏振荧光经数学处理,计算出偏振度(polarization,P),建立血药浓度与偏振关系的标准曲线。偏振度是指结合标记药物(Ag-F-Ab)的偏振荧光强度占被测溶液中偏振荧光总强度的比例。常用毫偏振度(mp 或 0.001p)表示。P 的计算公式为:

$$P = \frac{(F_\perp - F_\parallel)}{(F_\perp + F_\parallel)}$$

测定时需要系列标准溶液及空白溶液做相对比较测定荧光强度,扣除空白值后计算 P值,做标准曲线。

下面以检测盐酸环丙沙星为例,介绍荧光偏振免疫分析方法。

【实验材料】

(1)待检样品:待检猪血液样品。

(2)抗体:盐酸环丙沙星多克隆抗体。

(3)荧光标记物:盐酸环丙沙星荧光标记物(CPFX-FITC)。

(4)荧光标记物稀释液:2.5 mmol/L pH 8.0 硼砂缓冲液。

(5)标准品:盐酸环丙沙星、恩诺沙星、盐酸沙拉沙星、加替沙星、氧氟沙星。

(6)其他:牛奶(市场购买)、猪尿(某养殖场)、双蒸水。

(7)仪器:荧光免疫快速血药浓度检测仪(TDx)。

【操作方法】

(1)荧光标记物工作浓度(TWS)和抗体工作浓度(AbWS)的确定:用标记物稀释液倍比稀释盐酸环丙沙星标记物,配制不同浓度的盐酸环丙沙星标记物,检测荧光偏振光强度。以 5 倍于空白溶液(荧光标记物稀释液)的偏振光强度作为其工作浓度。

在每个试管中依次加入 500 μL 不同浓度的盐酸环丙沙星多抗溶液,并依次加入 500 μL 工作浓度的盐酸环丙沙星荧光标记物($R_f = 0.1$),室温孵育 5 min,检测荧光偏振光强度,选取合适的稀释浓度作为抗体的工作浓度。

(2)标准曲线的建立:取适量盐酸环丙沙星溶于双蒸水,配制成 1 000 mg/L、100 mg/L、10 mg/L、2.5 mg/L、1 mg/L、0.25 mg/L、0.1 mg/L 和 0.01 mg/L 系列浓度的标准溶液,分别加入 8 个试管中,另设一个双蒸水空白对照,40 μL/管。每个试管中加入 480 μL 的盐酸环丙沙星标记物($R_f = 0.1$),再分别加入 480 μL 的盐酸环丙沙星多抗,室温孵育 5 min,检测其偏振光(mp),并校正空白值,采用 4 系数对数形式对 8 个浓度点建立标准曲线。

(3)特异性的测定:用甲醇溶解恩诺沙星和加替沙星、稀醋酸(pH 5~6)溶解氧氟沙星、双蒸水溶解盐酸沙拉沙星和盐酸环丙沙星。以上溶液初始浓度均为 1 g/L,以双蒸水稀释至 100 mg/L、10 mg/L、1 mg/L、0.1 mg/L、0.01 mg/L 和 0.001 mg/L,检测步骤同上。

(4)盐酸环丙沙星回收率的检测:4℃将牛奶或猪尿以 10 000 r/min 离心 15 min,牛奶脱去脂肪层,猪尿除去沉淀,将脱脂的牛奶和澄清的猪尿分别用硼砂缓冲液稀释 20 倍,得到待测样品。在样品中添加盐酸环丙沙星,使其最终浓度为 4 μg/L、10 μg/L、40 μg/L、100 μg/L 和 200 μg/L,然后加样 40 μL/管。加工作浓度的荧光标记物和盐酸环丙沙星抗体各 480 μL,混匀后,室温孵育 5 min,检测。采用 Origin 6.0 软件对实验数据进行分析处理并计算精密度、准确度。

(5)样品的测定:将待检血液离心取上清,作为待检样品,然后加入工作浓度的荧光标记物和盐酸环丙沙星抗体各 480 μL,混匀后,室温孵育 5 min。测定待检血液样品中盐酸环丙沙星的偏振荧光强度。同时设立阴性阳性对照样品。操作方法可参见步骤 2。

【结果判定】

荧光偏振免疫分析法特异性、精密度和准确性、稳定性及敏感度均应标准。根据建立的标准曲线,求得直线回归方程,通过测得的待测物偏振荧光强度计算待测样品中药物浓度。

【注意事项】

(1)荧光检测中的荧光素主要是 FITC,还有 DTAF、荧光胺和 GAF 等,这些荧光素具有不稳定性的特点,因此,荧光标记物需在适宜的条件下保存。

(2)注意各种缓冲液及试剂的有效期,不得再用过期试剂。

(3)TDx 仪器使用前应检查管道内缓冲液是否足够、是否有气泡。

(4)TDx 仪器质量控制:每周测定标准质控样品 1 次,测定值应在质控样品允许浓度范围内。质控样品超出允许浓度范围内时,应即刻重作标准曲线,并重新测定临床样品。

(5)TDx 仪器日常维护:每次测定前要冲洗探针,检查缓冲液管道,测定后要及时清理转盘和废液盒。每周用超纯水清洗管道 1 次,同时清洗 TDx 仪转盘、废液盒、风扇、过滤网等。

【临床应用】

荧光偏振免疫分析法为均相免疫分析方法,具有快速、敏感、安全、环保等特点,在免疫分析领域得到了广泛的应用,目前兽医临床已用于监控动物的血药浓度等。

(1)血药浓度的检测:在临床治疗过程中,一些药物在血液和体液中的浓度需控制在一定范围之内,以避免过低无效或过高产生不良反应,这就需要对体内的药物浓度进行检测,以达到最佳效果。由于血液和体液组成复杂,样品测定时背景干扰较大,荧光偏振免疫分析法因其特异性高、快速等特点,目前已成为血药浓度检测分析的重要手段。

(2)药物残留检测:荧光偏振免疫分析法可用于血清中或尿液中抗生素以及各种药物的检测。

(3)疾病诊断:荧光偏振免疫分析法可用于诊断感染性疾病的病原,目前已有人将该方法用于布鲁氏菌感染疾病的检测。另外,也有用于对动物血清抗体的检测。

【思考题】

1. 试述荧光偏振免疫试验的基本原理。
2. 影响荧光偏振免疫分析结果的因素有哪些？
3. 荧光偏振免疫分析法的优势与不足是什么？

（陈金顶）

实验二十二　酶联免疫吸附实验(ELISA)

【实验目的和要求】

以检测猪繁殖与呼吸综合征病毒(porcine reproductive and respiratory syndrome virus, PRRSV)抗体为例,掌握酶联免疫吸附试验的原理、操作方法及结果的判定。

【实验原理】

酶联免疫吸附实验(enzyme-linked immunosorbent assay,ELISA)的基础是抗原或抗体的固相化及抗原或抗体的酶标记。其原理是将抗原或抗体吸附在固相载体表面,受检样品与固相载体表面的抗原或抗体反应形成复合物,再加入酶标记的抗原或抗体。此时固相载体上的酶量与样品中受检物质的量成一定比例。加入与酶反应的底物后,底物被酶催化成为有色产物,产物的量与样品中受检物质的量直接相关,根据底物被酶催化产生的颜色及其光密度(OD)值即可进行定性或定量分析。

在实际应用中,ELISA 可以有多种设计和多种操作形式,如用于检测抗原的双抗体夹心法和用于检测抗体的间接法等,反应原理见图 22-1。

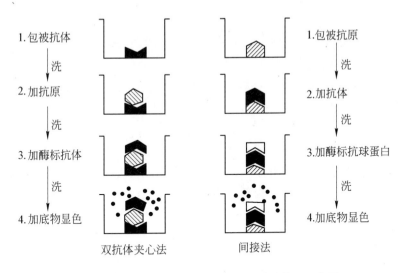

图 22-1　ELISA 双抗体夹心法及间接法原理示意图

下面以测定 PRRSV 抗体为例,重点介绍间接 ELISA 方法。

【实验材料】

(1)辣根过氧化物酶标记的抗猪 IgG 抗体。

(2)PRRSV 抗原、PRRSV 阳性血清和正常猪血清。

(3)待检猪血清。

(4)包被缓冲液,即 0.05 mol/L pH 9.6 碳酸盐缓冲液。

(5)洗涤缓冲液,即 pH 7.4 PBST。

（6）封闭液，即 0.1 g 牛血清白蛋白（BSA）加 10 mL 洗涤缓冲液（PBST）。

（7）底物缓冲液，即 pH 5.0 磷酸盐-柠檬酸。

（8）TMB（四甲基联苯胺）溶液。

（9）终止液，即 2 mol/L H_2SO_4 溶液。

（10）96 孔酶标反应板、ELISA 检测仪、微量移液器、多种规格枪头、微量振荡器、吸管和量筒、4℃冰箱、37℃温箱等。

【操作方法】

（1）包被：用包被缓冲液将 PRRSV 抗原稀释至蛋白质含量为 $1 \sim 10$ $\mu g/mL$（如 2 $\mu g/mL$），在 96 孔酶标反应板中每孔加 100 μL，置 37℃作用 2 h 后再移至 4℃过夜。

（2）洗涤：甩去酶标反应板内的包被缓冲液，用 PBST 液加满每孔，室温振荡 3 min，倾去 PBST 液，反复 3 次，拍干。

（3）封闭：每孔加入 300 μL 封闭液，置 37℃孵育 2 h。

（4）洗涤：同步骤（2）。

（5）加样（加被检血清）：将待检血清样品编号后分别用血清稀释液进行 1∶40 倍稀释，加入酶标反应板中，每孔 100 μL。同时设立阳性血清对照和阴性血清对照。置 37℃孵育 1 h。

（6）洗涤：同步骤（2）。

（7）加酶标二抗：按商品化酶标二抗的推荐浓度或者预实验中适宜的浓度稀释酶标二抗，每孔加 100 μL，置 37℃孵育 1 h。

（8）洗涤：同步骤（2）。

（9）显色：加新鲜配制的底物溶液，每孔 100 μL，在室温下避光放置 15 min。

（10）终止反应：每孔加终止液 50 μL。

（11）读数：将 ELISA 反应板放入酶标仪中，于波长 450 nm 处读取各孔 OD 值。注意酶标仪应提前 15 min 打开预热。

【结果判定】

ELISA 试验结果可用肉眼观察，也可用 ELISA 测定仪测定样本的光密度（OD）值。每次试验都需设阳性和阴性对照，肉眼观察时，如样品颜色反应超过阴性对照，即判为阳性。用 ELISA 测定仪来测定 OD 值，所用波长随底物供氢体不同而异，如以 OPD 为供氢体，测定波长为 492 nm，TMB 为 650 nm（氢氟酸终止）或 450 nm（硫酸终止）。

结果可按下列方法表示：

（1）用阳性"＋"与阴性"－"表示：若样品的 OD 值超过规定吸收值判为阳性，否则为阴性。（规定吸收值一组阴性样本吸收值的均值＋2 或 3 倍 SD，SD 为标准差）。

（2）以 P/N 比值表示：样品的 OD 值与一组阴性样品 OD 值均值之比即为 P/N 比值，若样品的 P/N 值≥1.5，2 或 3 倍，即判为阳性。

（3）以终点滴度（即 ELISA 效价，简称 ET）表示：将样品作倍比稀释，测定各稀释度的 OD 值，高于规定吸收值（或 P/N 值大于 1.5，2 或 3 倍）的最大稀释度即仍出现阳性反应的最大稀释度，即为样品的 ELISA 滴度或效价。可以做出 OD 值与效价之间的关系，样品只需作一个稀释度即可推算出其效价，目前国外一些公司的 ELISA 试剂盒都配有相应的程序，使测定抗体效价更为简便。

（4）定量测定：对于抗原的定量测定（如酶标抗原竞争法），需事先用标准抗原制备一条吸收值与浓度的相关标准曲线,只要测出样本的吸收值,即可查出其抗原浓度。

【注意事项】

(1)ELISA 检测多以血清为样品,采集时应无菌操作,避免溶血、避免细菌污染。

(2)用于包被的抗原或抗体需纯化,纯化抗原和抗体是提高 ELISA 敏感性与特异性的关键。抗体最好用亲和层析和 DEAE 纤维素离子交换层析方法提纯。有些抗原含有多种杂蛋白,须用密度梯度离心等方法除去,否则易出现非特异性反应。

(3)操作过程中加样(如加待检血清、酶结合物、底物等),应将所加物加在各孔的底部,避免加在孔壁上部,并注意不可溅出、不可产生气泡。每次加样应更换枪头,以免发生交叉污染。

(4)用温箱温育时,酶标板应放在湿盒内,但不要叠放,以保证各板的温度都能迅速平衡。湿盒应预温至规定的温度。

(5)在 ELISA 的整个过程中,需进行多次洗涤,目的是防止重叠反应,避免引起非特异吸附现象,因此洗涤必须充分。通常采用含助溶剂吐温-20(最终浓度为 0.05%)的 PBS 作洗涤液。洗涤时,先将前次加入的溶液倒空、吸干,然后加入洗涤液洗涤 3 次,每次 3 min 且保证洗液注满各孔。手工洗涤时要避免孔与孔之间交叉污染,洗涤后最好在干净吸水纸上轻轻拍干。

(6)显色剂要现配现用,避免配制后放置时间过长或使用过期显色剂。在定量测定中,显色温度和时间应按规定力求准确。

(7)酶催化的是氧化还原反应,在呈色后须立刻测定,否则空气中的氧化作用使颜色加深,无法准确地定量。

【临床应用】

ELISA 是目前应用最广的一项免疫血清学检测技术。ELISA 具有特异性好、敏感性高、结果判断客观准确、实用性强等优点,广泛应用于医学、兽医学、生物学和分析化学等领域,如:

(1)病原体及其抗体的检测及传染病的诊断。

(2)疫病大批量样品的检测、传染病的监测及流行情况的调查。

(3)各种免疫球蛋白、补体组分、各种血浆蛋白质、酶及激素的测定。

(4)肉、奶制品中抗生素及激素等残留的检测。

(5)肉品、饲料中的克伦特罗及一些含量极低的有毒有害物质的检测。

(6)水产品病原菌、毒素等的检测。

(7)食品中真菌毒素、农药残留的测定。

【思考题】

1. ELISA 操作的各个环节对检测效果影响较大,试列出试验中常出现问题的原因及解决办法。

2. PRRSV 抗体检测除了可以用间接 ELISA 方法外,还可以用哪些方法?

(陈金顶)

实验二十三 酶联免疫斑点实验(ELISPOT)

【实验目的和要求】

以测定牛外周血中分泌结核菌抗原特异的 γ 干扰素(IFN-γ)的 T 淋巴细胞数为例,掌握酶联免疫斑点实验的原理和用途,熟悉酶联免疫斑点实验的操作方法及结果的判定。

【实验原理】

酶联免疫斑点法(enzyme-linked immunospot assay,ELISPOT)结合了细胞培养技术和 ELISA 技术,是通过两种高亲和力的特异性抗细胞因子抗体来检测淋巴细胞分泌细胞因子情况的一种方法。其原理是将特异的细胞因子抗体包被在 ELISPOT 培养板上,再将体内被抗原激活后或者在体外培养中被培养液中含有的特异性抗原/刺激剂激活后的淋巴细胞转入已包被好的 ELISPOT 培养板中,这些活化的淋巴细胞所分泌的细胞因子,在孵育的过程中可在分泌细胞原位被 ELISPOT 培养板上包被的特异性细胞因子抗体所捕获。将细胞和过量的细胞因子洗除后,加入过氧化氢酶(HRP)或碱性磷酸酶(AKP)标记的细胞因子检测抗体,孵育后洗去多余/未结合的检测抗体,加入相应酶的底物(DAB 或 BCIP/NBT),作用后可形成不溶的颜色产物即斑点(SPOT)。每个斑点是激活的淋巴细胞分泌的细胞因子区域,代表一个活性淋巴细胞。实验结果可在显微镜下观察或使用酶联免疫斑点自动图像分析仪来进行计数分析。该方法可在单细胞水平检测淋巴细胞对特异性抗原的反应能力及记数特异性抗原刺激下分泌性淋巴细胞产生的情况。酶联免疫斑点法(ELISPOT)原理见图 23-1。

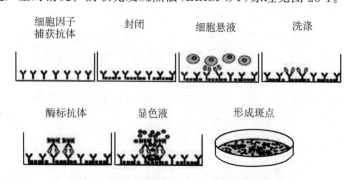

图 23-1 酶联免疫斑点法(ELISPOT)原理图

下面以测定牛外周血中分泌结核菌抗原特异的 γ 干扰素(IFN-γ)的 T 淋巴细胞数为例,介绍酶联免疫斑点实验方法。

【实验材料】

(1)待检的牛外周血淋巴细胞(PBMC)、结核菌特异性抗原激活的分泌 γ 干扰素(IFN-γ)的 T 淋巴细胞(阳性细胞)、未受刺激 T 淋巴细胞(阴性细胞)、无细胞培养液。

(2)结核菌抗原特异的 γ 干扰素(IFN-γ)抗体、HRP 酶标记抗体及 DAB 底物液。

(3)底部为 PDVF 膜的 96 孔板、吸水纸、70%乙醇、碱性磷酸盐缓冲液(pH 8~9 PBS)、脱脂奶粉、BSA、Tween20。

(4)ELISPOT阅读仪或显微镜、37℃细胞培养箱、37℃恒温箱、4℃冰箱、微量移液枪、超净工作台等。

【操作方法】

(1)培养板预处理:取底部为PDVF膜的96孔细胞培养板,每孔加入100 μL 75%乙醇室温下作用10 min。弃去乙醇,每孔加入200 μL PBS,重复洗3遍。

(2)包被:将100 μL(浓度为10~100 μg/mL)结核菌抗原特异的γ干扰素(IFN-γ)抗体加入10 mL PBS中,混匀,然后加入预处理的96孔细胞培养板孔内,每孔100 μL,盖上盖板,4℃过夜。弃去孔中的包被液,在吸水纸上轻轻拍干,每孔加入200 μL PBS,重复洗1遍。

(3)封闭:每孔加100 μL含2%脱脂奶粉的PBS(封闭液),盖上盖板,室温孵育2 h。弃去孔中封闭液,吸水纸上轻轻拍干,每孔加200 μL PBS,重复洗1遍。

(4)细胞孵育:向底部为PDVF膜的96孔细胞培养板孔内加入待检牛外周血淋巴细胞悬液[培养液稀释至10^4~(2×10^5)个/孔]。另外,再选2孔各加入相同数量的阴性淋巴细胞与阳性淋巴细胞,作为阴、阳性对照。同时再选1孔加入等体积的细胞培养液作为背景对照。盖上盖板,37℃ 5% CO_2培养箱中孵育15~20 h(禁止移动或晃动板子,以防细胞移位)。

(5)洗涤:弃去96孔细胞培养板孔内的液体和细胞,在吸水纸上轻轻拍干。每孔加100 μL 0.1% Tween20的PBS,4℃静置10 min,弃去孔内洗液,重复洗3遍。

(6)酶标抗体孵育:将100 μL HRP酶标记抗体(10~100 μg/mL)加至10 mL含1% BSA的PBS中,混匀,各孔加100 μL,盖上盖板,置于37℃恒温箱孵育1 h。弃去孔内液体,每孔加100 μL 0.1% Tween20的PBS洗涤3遍。

(7)显色:每孔加100 μL DAB底物液,室温避光作用5~20 min,监测斑点的形成,适时终止反应。

(8)斑点计数:待细胞培养板孔内斑点形成到合适的大小,用双蒸馏水洗3次,终止反应。细胞培养板通风处干燥后,用ELISPOT阅读仪或显微镜对斑点进行计数。

【结果判定】

分泌γ-干扰素(IFN-γ)的单个阳性淋巴细胞会形成一个有效斑点,而阴性淋巴细胞则不会出现斑点。

有效斑点为中间致密外周带晕的圆形或不规则形,大小不一;有时相连的数个斑点可融合为一个,计数时需注意。大小较一致、分布均匀的致密黑点多为非特异性斑点。酶联免疫标准斑点参见图23-2。

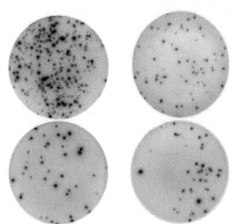

图23-2　酶联免疫斑点实验结果图

【注意事项】

1. 检测样品和样品的收集

由于ELISPOT实验原理是在体外模拟体内的环境,检测活化的免疫细胞分泌细胞因子的状况,因此其检测对象是具有功能的细胞。一般采用外周血新鲜分离后的单个核淋巴细胞,在处理细胞的多个环节中都可能会影响细胞的活力和功能,如果不能确保细胞的活力和功能,便会影响免疫细胞分泌细胞因子的真实试验结果。

2. 阴性对照、阳性对照以及试验孔的刺激物

通常免疫试验都需设立阴性对照和阳性对照，ELISPOT 实验也是如此，其阴性对照为试验细胞加上培养基，阳性对照为试验细胞加上阳性刺激物，同时应设立完全培养基对照。

3. 实验结果的影响因素

（1）目前 ELISPOT 检测试剂有已经包被好细胞因子捕获抗体的反应板，也有需要预先包被抗体的试剂，不同包被抗体的浓度会影响最终反应的斑点，如果包被抗体的浓度过低，反应斑点偏大，并且有弥散现象，随着抗体浓度的增加，反应斑点会逐渐清晰致密，因此，在每次试验前需要预先摸索包被抗体的浓度或者根据说明书的建议进行试验。

（2）在向反应孔中加入细胞时应缓慢垂直滴加，避免细胞聚集在板孔边缘，建议每次实验时先加入反应刺激物后再加入细胞。对于底部为 PVDF 膜的反应孔，在加样时应该避免接触板孔的底部，以免损坏 PVDF 膜。在细胞加入反应板后，应该尽量避免振摇反应板，防止反应斑点的拖尾现象。虽然 ELISPOT 实验相对其他细胞免疫检测方法的操作步骤相对简单，其操作步骤几乎和 ELISA 反应相似，但是在其洗板的过程中仍然需要小心处理，每次洗板后，应该轻扣反应板以去除板孔内多余的水分，猛烈扣板可能会导致反应斑点的脱落。此外，培养基的类型可以影响整个反应的背景，如果选择无血清的培养基可能会降低反应孔的背景。

（3）在 ELISPOT 的操作过程中，试验中应用的培养基、包被抗体浓度、检测抗体浓度、孵育时间、洗板的操作及显色的时间等每一个实验环节都有可能影响实验的结果，每个操作者可以根据实验室的条件建立相应的 ELISPOT 反应条件，从而得到较理想的试验结果。

4. 结果的判断、分析以及阳性的判断标准

ELISPOT 方法的缺点在于人工操作计数造成的误差、点的大小形状变化造成的误差以及实验操作者主观操作造成的误差都会影响实验结果。目前已有商品化计算机成像分析系统，可利用该系统进行计数，提高准确性。

【临床应用】

ELISAPOT 技术可以模拟体内环境，跟踪检测细胞因子的产生，是检测细胞功能的独特手段。ELISPOT 目前得到了广泛的应用，其涉及范围包括：机体细胞功能监测、B 细胞杂交瘤的筛选、化合物和药物免疫学反应的筛选、树突细胞和 T 细胞的抗肿瘤活性优化、靶向疫苗的质控、自身免疫疾病的诊断和预后分析、自身免疫疾病的免疫治疗的监控、过敏性疾病的脱敏治疗的监测、器官移植中排斥反应的预测、干细胞功能分析、基因治疗中转染效率的检测等。

【思考题】

1. ELISPOT 技术的原理是什么？

2. ELISPOT 检测与 ELISA 相比有哪些优势？

3. ELISPOT 应用范围有哪些？

（陈金顶）

实验二十四　斑点-酶联免疫吸附试验(Dot-ELISA)

【实验目的和要求】

以测定鸡传染性支气管炎病毒抗体含量为例,掌握斑点-酶联免疫吸附试验的原理、操作方法及结果的判定。

【实验原理】

斑点-酶联免疫吸附试验(Dot-ELISA)的原理及其步骤与 ELISA 基本相同,不同之处在于:一是将固相载体以硝酸纤维素滤膜、硝酸醋酸混合纤维素滤膜、重氮苄氧甲基化纸等固相化基质膜代替,用以吸附抗原或抗体;二是显色底物的供氢体为不溶性的,结果以在基质膜上出现有色斑点来判定。可采用直接法、间接法、双抗体法、双夹心法等。将抗原吸附于纤维素膜上,与随后加入的相应抗体形成复合物,再加入带有标记物的抗抗体,通过抗抗体和相应抗体的结合使标记物间接地交联于纤维素膜上,最终与加入的底物作用形成不溶性产物,呈现斑点状着色。Dot-ELISA 的原理如图 24-1 所示。

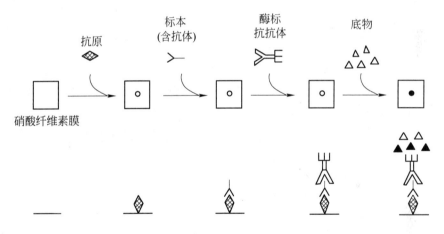

图 24-1　斑点-酶联免疫吸附实验原理

目前常用于 Dot-ELISA 的抗抗体标记物包括:辣根过氧化物酶、碱性磷酸酶和胶体金。其中,以辣根过氧化物酶标记最为常见。

下面以测定鸡传染性支气管炎病毒抗体含量为例,介绍 Dot-ELISA。

【实验材料】

(1)辣根过氧化物酶标记的抗鸡 IgG 抗体(常用羊或兔抗鸡 IgG 抗体)。

(2)鸡传染性支气管炎病毒抗原、阳性血清、阴性血清。

(3)待检鸡血清。

(4)硝酸纤维素膜。

(5)洗涤液(0.01 mol/L pH 7.4 PBST)。

(6)DAB(二氨基联苯胺)。

(7)3%H₂O₂。

(8)封闭剂(含 1%BSA 或 4%蛋清或 3%白明胶的 PBS)。

【操作方法】

(1)将硝酸纤维素膜裁剪成宽 4 mm 膜条,并在同一张膜条上用铅笔划成 4 mm×4 mm 小格,将膜置蒸馏水中浸泡,待膜完全浸湿后,取出置室温自然干燥。

(2)用稀释液将鸡传染性支气管炎病毒抗原作倍比稀释,取 5 μL 滴于每格中央,于 37℃ 温箱干燥 20～30 min。为增加抗原吸附量,也可在点样干燥后,再进行第二次点样。

(3)将膜置平皿或小池内,加入封闭剂,37℃湿盒中封闭 10 min。

(4)洗涤:用洗涤液漂洗 2 次,每次 3 min,滤纸吸干。

(5)将待检血清用稀释液作倍比稀释,取 5 μL 滴加于硝酸纤维素膜的每格中央,置 37℃ 湿盒中 30 min,同时设阳性、阴性血清对照。

(6)洗涤:同步骤(4)。

(7)滴加适当稀释的辣根过氧化物酶标记的兔抗鸡 IgG 抗体,置 37℃湿盒中 30 min。

(8)洗涤:同步骤(4)。

(9)滴加新鲜配制的底物溶液,37℃避光显色 5～10 min。

(10)蒸馏水洗膜终止反应。

【结果判定】

在阴阳对照正常的情况下,出现明显棕色斑点者为阳性,无明显棕色斑点者为阴性(图 24-2)。

【注意事项】

(1)硝酸纤维素膜的质量对检测结果影响较大,必要时应对包被条件及冲洗时间等重新摸索。

(2)待检样品的点样量不宜过大,关键是不要溢出点样圈外,造成样品混淆。

(3)包被纤维素膜的抗原蛋白浓度以 500～ 1 000 μg/mL 为宜。浓度过高易出现假阳性,过低则会降低试验的敏感性。

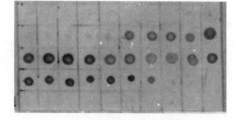

图 24-2　斑点-酶联免疫吸附实验, 出现明显棕色斑点者为阳性检样

(4)酶结合物的最适浓度常与包被抗原浓度有关,应根据试验具体条件作方阵滴定来确定。

(5)显色时间一般控制在 5～10 min 较好。显色时间过长易导致本底颜色过深,从而降低试验的特异性。

(6)每次实验都必须设立阳性与阴性对照,观察结果要与对照同步进行,以避免肉眼观察所造成的误差。

【临床应用】

Dot-ELISA 方法具有微量、快速、经济、方便等特点,可用于检测抗体或抗原。该方法的优点是抗原用量节省、敏感度高。因为硝酸纤维素膜对蛋白质等抗原的吸附力很强,所以可以实现蛋白质或其他种类抗原的快速包被。把待检标本直接包被于硝酸纤维素膜上,可以简化检测步骤。对于一些不易于包被于聚苯乙烯塑料上的抗原物质亦可试用本法,如核酸类抗原及相应抗体的检测。缺点是不能做定量检测。

近年来该技术发展很快,应用范围日益广泛,常用于药物的测定、传染病诊断、激素检测等。

【思考题】

1. 影响斑点-酶联免疫吸附试验结果的因素有哪些?

2. 点于硝酸纤维素膜上的样品浓度过高与过低对实验结果有何影响?

（陈金顶）

实验二十五 免疫酶组化实验

【实验目的和要求】

以检测猪瘟病毒为例,掌握免疫酶组化实验的原理、操作方法及结果的判定。

【实验原理】

免疫酶组化实验原理是用酶(如辣根过氧化物酶)标记已知抗体(或抗原),然后与细胞或组织标本中的相应抗原(或抗体)反应形成抗原-抗体复合物,再加入相应底物显色,通过显微镜观察,就可以检测出标本中的抗原(或抗体)及其分布的位置和性质,并可通过图像分析达到定量的目的。下面以检测猪瘟病毒为例,介绍免疫酶组化试验的操作过程。

【实验材料】

(1)PBS 缓冲液(pH 7.2~7.4)。

(2)洗涤缓冲液(0.01 mol/L pH 7.4 PBST)。

(3)3%甲醇-H_2O_2 溶液。

(4)二甲苯。

(5)80%、90%、100%乙醇。

(6)EDTA 抗原修复液(将 0.37 g EDTA 溶解在 500 mL 三蒸水中,再用 NaOH 调 pH 至 8.0,最后用三蒸水定容至 1 000 mL)。

(7)猪瘟弱毒疫苗免疫猪阳性血清、猪瘟弱毒苗非免疫猪阴性血清。

(8)待检猪瘟疑似病料、猪瘟阳性病料与猪正常组织。

(9)辣根过氧化物酶标记的兔抗猪 IgG 抗体。

(10)二氨基联苯胺(DAB)。

(11)明胶甘油。

【操作方法】

(1)将待检病料制成印片或切片:石蜡切片经常规脱蜡,冰冻切片浸入 80%丙酮溶液中,−20℃固定 30 min。

(2)用 PBST 液漂洗 3 次,每次 5 min。

(3)抗原修复(仅石蜡切片需修复):取 500 mL EDTA 抗原修复液于 1 000 mL 烧杯中,在小功率电炉上加热,至液体似沸微沸(为了防止脱片)。将组织切片缓慢放入烧杯,继续加热,保持液体在微沸状态 20 min。将烧杯移开火源,室温下自然冷却后取出切片,蒸馏水洗 1 次 3 min,PBST 液洗 2 次,每次 3 min。

(4)加 3%H_2O_2-甲醇溶液,室温静置 5~10 min(置湿盒内),以消除内源性过氧化物酶的活性。

(5)用 PBST 液漂洗 3 次,每次 5 min。

(6)用 PBST 液漂洗 3 次,每次 5 min。

(7)用 5%~10%浓度的猪瘟阴性血清(0.01 mol/L PBS 稀释)封闭,室温孵育 30 min(湿盒内)。

(8)弃去血清,勿洗,滴加适当稀释的猪瘟阳性血清,37℃孵育 1 h(湿盒内)。

(9)用 PBST 液漂洗 3 次,每次 5 min。

(10)滴加适当稀释的辣根过氧化物酶标记的兔抗猪 IgG 抗体,37℃孵育 1 h(湿盒内)。

(11)用 PBST 液漂洗 3 次,每次 5 min。

(12)加入新鲜配制的 DAB 溶液显色 5~10 min,用水终止显色,然后在显微镜下掌握染色程度。

(13)用 PBST 液漂洗 3 次,每次 5 min,终止反应。

(14)经 80%、90%、100%梯度乙醇脱水,二甲苯透明,每步均为 1 min,室温放置使二甲苯完全蒸发。

(15)明胶甘油封片,显微镜观察。

【结果判定】

在阴阳对照均正常的情况下,出现明显棕黑色物质者为阳性(图 25-1),无颜色变化者为阴性。

【注意事项】

(1)组织标本采集部位应为主要病变区,且应取病灶与正常组织交界处。实验中要设立阳性对照(已知抗原阳性的标本)、阴性对照(确证不含已知抗原的标本)、空白对照等,以确保实验结果的可信度。

(2)标本固定的方式要适当,石蜡切片必须经过抗原修复,修复方法结合标本的具体情况而定。

(3)对于富含内源性酶的组织(如肝脏、肾脏等)更要注意去除其中的内源性酶。

(4)显色液要现配,显色过程最好在显微镜下监控,达到理想的染色程度时立即终止反应。

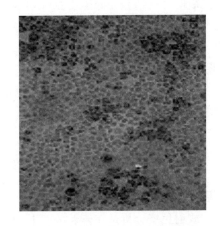

图 25-1　免疫组化试验结果,出现明显棕黑色颗粒者为阳性检样

【临床应用】

免疫酶组化试验把免疫反应的特异性、组织化学的可见性巧妙地结合起来,借助显微镜的显像和放大作用,能在细胞、亚细胞水平检测各种抗原物质(如蛋白质、酶以及病原体等)。现已广泛应用于病原在组织培养和机体细胞内生长繁殖的定位观察;病毒在宿主组织细胞内感染过程的研究;病毒计数与病毒的快速诊断等。

【思考题】

1. 免疫酶组化试验中,石蜡切片为什么要进行抗原修复?

2. 举例说明在免疫酶组化试验中如何设置对照系统?

3. 在免疫酶组化试验中引起非特异性染色的因素有哪些?

(陈金顶)

实验二十六　放射免疫技术

　　放射免疫技术是将放射性同位素测量的高度敏感性和抗原抗体反应的高度特异性结合起来而建立的一种免疫分析技术。1959 年 Yalow 和 Berson 共同建立了放射免疫分析,由于这种检测方法可以精确地测定体液中的微量活性物质,是免疫定量分析技术的一次重大突破和飞跃,因而受到各有关基础学科工作者的重视,并于 1977 年荣获诺贝尔生物学医学奖。放射免疫分析经过多年的发展和完善,已由经典的液相方法发展到固相操作,方法愈益简化,并可自动化分析。

　　放射免疫分析技术主要包括标记抗原的放射免疫分析法(radioimmunoassay,RIA)和标记抗体的免疫放射分析法(immunoradiometricassay,IRMA)。RIA 具有特异性强、灵敏度高、准确性和精密度好等优点,是目前其他分析方法所无法比拟的。而且操作简便,便于标准化,其灵敏度可达纳克(ng)至皮克(pg)级水平,比一般分析方法提高了 1 000～1 000 000 倍。该技术的广泛应用,为研究许多含量甚微而又很重要的生物活性物质在动物体内的代谢、分布和作用机制提供了新的手段,大大促进了医学和生物科学的发展。

【实验目的和要求】

　　通过放射免疫分析法(RIA)和免疫放射分析法(IRMA)检测抗原,掌握放射免疫技术的原理、操作方法及结果的判定。

一、放射免疫分析法(RIA)

【实验原理】

　　放射免疫分析是在体外条件下,由非标记抗原与定量的标记抗原对限量的特异性抗体的竞争结合反应。竞争结合反应可用下式表示:

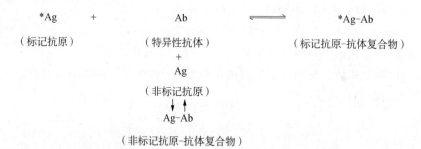

　　在这一反应系统中,标记抗原、未标记抗原和特异性抗体三者同时存在,标记抗原与特异性抗体结合形成标记抗原抗体复合物,非标记抗原与特异性抗体结合形成非标记抗原抗体复合物。由于系统中标记抗原与非标记抗原和特异抗体结合的能力相同,标记抗原与非标记抗原之和多于抗体结合位点,标记抗原与特异性抗体的量固定,故标记抗原抗体复合物形成的量就随着非标记抗原的量而改变。非标记抗原量增加,相应地结合较多的抗体,从而抑制标记抗

原对抗体的结合,使标记抗原抗体复合物相应减少,游离的标记抗原相应增加,亦即抗原抗体复合物中的放射性强度与受检标本中抗原的浓度呈反比(图 26-1)。若将抗原抗体复合物与游离标记抗原分开,分别测定其放射性强度,就可算性结合态的标记抗原(B)与游离态的标记抗原(F)的比值(B/F),或算出其结合率[B/(B+F)],这与标本中的抗量呈函数关系。用一系列不同剂量的标准抗原进行反应,计算相应的 B/F,可以绘制出一条剂量反应曲线(图 26-2)。受检标本在同样条件下进行测定,计算 B/F 值,即可在剂量反应曲线上查出标本中抗原的含量。这种特异性的竞争性抑制的数量关系就是放射免疫分析的定量基础。

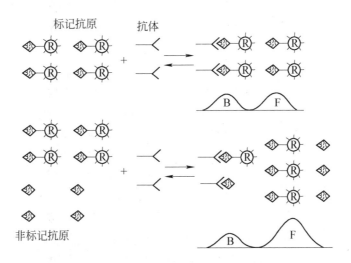

图 26-1 放射免疫分析原理示意图

【实验材料】

(1)标准抗原和标记抗原。

(2)特异性结合抗体。

(3)结合态的标记抗原(B)与游离态的标记抗原(F)分离剂。

(4)磷酸盐缓冲液。

【操作方法】

用放射免疫分析进行测定时分 3 个步骤,即抗原抗体的竞争抑制反应、B 和 F 的分离及放射性的测量。

1. 抗原抗体反应

将抗原(标准品和受检标本)、标记抗原和抗血清按顺序定量加入小试管中,在一定的温度下进行反应一定时间,使竞争抑制反应达到平衡。不同质量的抗体和不同含量的抗原对温育的温度和时间有不同的要求。如受检标本抗原含量较高,抗血清的亲和常数较大,可选择较高的温度(15～37℃)进行较短时间

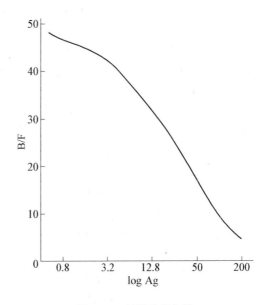

图 26-2 剂量反应曲线

的温育,反之应在低温(4℃)作较长时间的温育,形成的抗原抗体复合物较为牢固。

2. B、F 分离

当标记的抗原与未标记的抗原和抗体结合后,均形成抗原抗体复合物。由于其浓度低,不能自动沉淀。而放射免疫测定的终点决定于标记抗原与竞争者的结合比,将抗原抗体复合物与游离的标记抗原分离得完全与否是放射免疫测定的关键。因此需用一种合适的分离技术(沉淀剂)使它彻底沉淀,以完成与游离标记抗原(F)的分离。分离技术的选择是根据抗原的特性、待测生物液体的体积、测定需要的敏感度、精确性以及技术上可达到的熟练程度等。较常用的分离技术如下:

(1)双抗体法:这是 RIA 中最常用的一种沉淀方法。将产生特异性抗体(第一抗体)的动物(例如兔)的 IgG 免疫另一种动物(例如羊),制得羊抗兔 IgG 血清(第二抗体)。由于在本反应系统中采用第一、第二两种抗体,故称为双抗体法。在抗原与特异性抗体反应后加入第二抗体,形成由抗原-第一抗体-第二抗体组成的双抗体复合物。但因第一抗体浓度甚低,其复合物亦极少,无法进行离心分离,为此在分离时加入一定量的与一抗同种动物的血清或 IgG,使之与第二抗体形成可见的沉淀物,与上述抗原的双抗体复合物形成共沉淀。经离心即可使含有结合态抗原(B)的沉淀物沉淀,与上清液中的游离标记抗原(F)分离。

将第二抗体结合在颗粒状的固相载体之上即成为固相第二抗体。利用固相第二抗体分离 B、F,操作简便、快速。

(2)聚乙二醇(PEG)沉淀法:最近各种 RIA 反应系统逐渐采用了 PEG 溶液代替第二抗体作沉淀剂。PEG 沉淀剂的主要优点是制备方便,沉淀完全。缺点是非常特异性结合率比用第二抗体为高,且温度高于 30℃时沉淀物容易复溶。

(3)PR 试剂法:是一种将双抗体与 PEG 二法相结合的方法。此法保持了两者的优点,节省了两者的用量,而且分离快速、简便。

(4)活性炭吸附法:小分子游离抗原或半抗原被活性炭吸附,大分子复合物留在溶液中。如在活性炭表面涂上一层葡聚糖,使它表面具有一定孔径的网眼,效果更好。在抗原与特异性抗体反应后,加入葡聚糖-活性炭。放置 5～10 min,使游离抗原吸附在活性炭颗粒上,离心使颗粒沉淀,上清液中含有结合的标记抗原。此法适用于测定类固醇激素,强心糖苷和各种药物,因为它们是相对非极性的,又比抗原抗体复合物小,易被活性炭吸附。此法快速、方便而且分离效果好。但是当标记抗原与抗体结合不牢固时,待游离抗原被活性炭吸附后打破了抗原抗体反应的平衡,而造成抗原抗体复合物的离解。在这种情况下,此法不能应用。

3. 放射性强度的测定

B、F 分离后,即可进行放射性强度测定。测量仪器有两类,液体闪烁计数仪(β 射线,如 ^3H、^{32}P、^{14}C 等)和晶体闪烁计数仪(β 射线,如 ^{125}I、^{131}I、^{57}Cr 等)。计数单位是探测器输出的电脉冲数,单位为 cpm(计数/min),也可用 cps(计数/s)表示。如果知道这个测量系统的效率,还可算出放射源的强度,即 dpm(衰变/min)或 dps(衰变/s)。

【结果判定】

(1)标准曲线的制作:标准曲线的制作直接影响到放射免疫测定的敏感性、精确度和工作范围。

①抗体滴定曲线的制作:将抗体进行不同的稀释,然后加入等量的标记抗原和非标记已知抗原,分离结合的和游离的标记抗原,测出 B/F 比率,然后与抗体稀释度(做横轴)作图,绘制

曲线。以能结合 50％标记抗原的抗体稀释度作为试验中的抗体用量。

②标准曲线的制作：根据抗体滴定曲线，求出能结合 50％标记抗原的抗体用量，以此制作标准曲线（又称抗原相加线）。以此抗体用量，加入不同稀释度的已知抗原和标记的抗原作用一定时间后，分离 B、F，测 B 的放射性，以标记 Ag 与抗体复合物的脉冲数或结合率为纵坐标，以未标记抗原浓度的对数为横坐标作图（图 26-3）。放射性强度可任选 B 或 F，亦可用计算值 B/(B+F)、B/F 和 B/B_0。

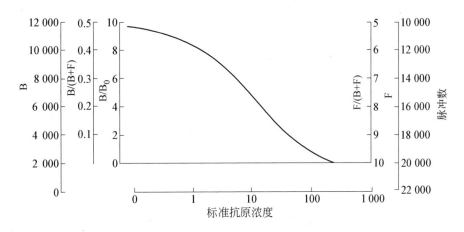

图 26-3　放射免疫分析标准曲线示例

（2）根据样品的结合率（$B/B_0 \times 100\%$），在制作的标准曲线图上查出相应的受检抗原浓度，再换算成每毫升液体含某抗原的量，或每毫克（组织湿重）含某抗原的量。

【注意事项】

（1）标准抗原和标记抗原要求纯度要高，化学性质上可以是非均质的，但其抗原性应具有均质性，方可满足放射免疫分析的要求。标记抗原要准确测量结合态的标记抗原（B）与游离态的标记抗原（F）的放射性，必须有足够的放射性强度。所选用的标记抗原的量，在使用 125I 时达 5 000～15 000 cpm。

（2）应选择特异性高、亲和力强及滴度好的抗体用于放射免疫测定。根据稀释曲线，选择适当的稀释度，一般以结合率为 50％作为抗血清的稀释度。

二、免疫放射测定（IRMA）

免疫放射分析（IRMA）是从放射免疫分析（RIA）的基础上发展起来的核素标记免疫测定，其特点为用核素标记的抗体直接与受检抗原反应并用固相免疫吸附剂作为 B 或 F 的分离手段。IRMA 于 1968 年由 Miles 和 Heles 改进为双位免疫结合，在免疫检验中取得了广泛应用。

【实验原理】

IRMA 是待测抗原与过量标记抗体的非竞争结合反应，然后加入固相的抗原免疫吸附剂以结合游离的标记抗体，离心除去沉淀，测定上清液中放射性强度，从而推算出检品中抗原含量。IRMA 分为单位点 IRMA 与双位点 IRMA 两种。

　　单位点 IRMA 是抗原与过量的标记抗体在液相反应后加入免疫吸附剂,即结合在纤维素粉或其他颗粒载体上的抗原。游离的标记抗体与免疫吸附剂结合被离心除去,然后测定上清液的放射性量,反应模式可参见图 26-4。双位点 IRMA 的反应模式与双抗体夹心 ELISA 的模式相同,即受检抗原与固相抗体结合后,洗涤,加核素标记的抗体,反应后洗涤除去游离的标记抗体,测量固相上的放射性量,反应模式可参见图 26-5。不论是单位点还是双位点 IRMA,最后测得的放射性与受检抗原的量成正比。

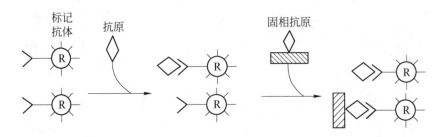

图 26-4　单位点 IRMA 原理示意图

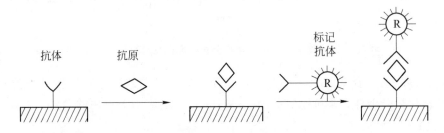

图 26-5　双位点 IRMA 原理示意图

【实验材料】

(1)待测抗原。

(2)兔抗待测抗原多克隆抗体。

(3)羊抗兔 IgG。

(4)^{125}I 标记的二抗(^{125}I 标记羊抗兔 IgG)。

(5)pH 7.5 0.05 mol/L PBS。

(6)重氮化的纤维素。

(7)^{125}I 标记亲和素。

【操作方法】

1. 标记抗体的制备

　　特异性抗体的制备,质量要求及 ^{125}I 标记方法与 RIA 基本相同。抗体 IgG 分子中含有多个氨基酸残基,经过碘化反应后,不影响其免疫学活性,并能结合上较多的碘原子,标记物的比放性高,克服了 RIA 中某些抗原不易标记或在标记过程中容易发生化学或放射性损伤等缺点。同时纯化的抗体比抗原的纯品来源更为丰富。标记抗体的方法比较单一,也易于掌握,不同于标记抗原,每一种抗原必须标记一次,且抗原复杂,多种多样,标记方法也多种多样。如果将抗体分子酶解成 Fab 片段,形成单价抗体,再进行标记,这样其敏感性将显著高于一般的 IRMA。

2. 免疫吸附剂的制备

免疫吸附剂是将高纯度的抗原连接在固相载体上而制成。所用固相载体要求对抗原的结合力强,对非特异性蛋白质的吸附性能低,且具有高度的分散性,这样才能大量地结合特异性抗体。一般采用重氮化的纤维素、溴化氰化的纤维素、琼脂糖 4B 珠、聚丙烯酰胺、葡聚糖凝胶和玻璃粉等作为抗原吸附剂的固相载体。

近年来发展建立的双抗体夹心 IRMA 法,用固相抗体代替抗原免疫吸附剂,反应后形成固相抗体—抗原—标记抗体复合物,经过洗涤即可除去游离的剩余标记抗体,简化了分离步骤,并保证了较高的特异性。

固相抗体的制备方法有两种:一种是物理吸附法,将塑料小珠浸泡在稀释的抗体中,用前经过洗涤即可。或者将抗体吸附在塑料试管中;另一种是采用化学连接法,将抗体较牢固地结合,这样洗涤时不易脱落,塑料小珠浸泡的条件是 50 mmol/L pH 9.5 碳酸盐缓冲液,抗体的浓度为 IgG 0.1~100 μg/mL。塑料试管吸附抗体的条件是抗体浓度 0.1~100 μg/mL 37℃、4~6 h 或 4℃ 24 h。

3. 测定方法

(1)直接 IRMA 法:将待测抗原与过量的标记抗体进行温育,使二者结合。然后加入固相抗原免疫吸附剂再次温育,吸附游离的标记抗体。离心去除沉淀物,测定上清液中放射性强度。根据标准曲线即可得知待测样品中的抗原含量。

(2)双抗体夹心 IRMA 法:在待测抗原内依次加入固相抗体(或将待测品直接加入抗体包被管内)和标记抗体,反应后形成固相抗体(Ab_1)—抗原—标记抗体(Ab_2)复合物。洗涤除去未结合的游离标记抗体。测定固相抗体或载体上免疫复合物的放射活性,根据标准曲线求得待测的抗原量。此法仅适用于检测有多个抗原决定簇的多肽和蛋白质抗原。

(3)间接 IRMA 法:此法是在上述双抗体夹心法的基础上,进一步改良为 ^{125}I 标记 Ab_2 的抗体,反应形成的固相抗体(Ab_1)—抗原—Ab_2—标记抗体(Ab_3)的四重免疫复合物。其中标记抗体(Ab_3)可作为通用试剂,由于同种 Ab_2 的各种 IRMA,省去了标记针对不同抗原的特异性抗体。

(4)BAS-IRMA 法:是将生物素—亲和素系统引入免疫放射分析,建立了新一代 IRMA。此法的最大优点是使用生物素的抗体和以 ^{125}I 标记亲和素为示踪剂,可以通用于甾体类、甲状腺素、前列腺素等多种分子物质的检测。固相半抗原结合物经过无水乙醇处理,结合非常牢固,可长期保存;反应和测定在同一试管内完成,操作十分简便,适用于 IRMA 技术自动化检测。

【结果判定】

根据样品的百分结合率(B/B_0×100%),从标准曲线上查出相应的受检抗原浓度。

【注意事项】

(1)标准抗原与待测抗原的免疫性必须一致,即它们与抗体的亲和力和特异性应相同;标准抗原与待测抗原所处的介质条件应基本相同;抗原必须纯度高;标准抗原的量必须准确;标准抗原应有很好的稳定性。

(2)标记抗原的免疫活性与待测抗原及标准品必须一致,要有适当高的放射性比活度,应具有足够高的放射化学纯度。

（3）抗血清的亲和常数（K）、免疫交叉反应率及抗体效价对放射免疫分析方法的灵活敏度和特异性具有直接影响。抗原、抗体结合反应的平衡结合常数与温度有关，必须通过实验来确定最佳工作条件。

（4）放射免疫分析反应容积尽可能小，缩小反应容积可相应减少抗体和标记抗原的绝对用量，使非标记抗原的竞争力相应增强，有利于提高灵敏度，使反应试剂消耗减少。

（5）分离 B 与 F 的方法应满足如下要求：①分离 B、F 完全、快速；②不影响免疫反应的平衡条件；③不受分离操作时的环境因素（如 pH、温度等）的影响；④操作简便，分离试剂的来源丰富且价廉。

（6）选择准确性高的方法。对测定结果做精确分析，对各种方法进行比较，对那些测定结果不好的方法加以改进，淘汰粗糙及难以重复的方法，并建立新的测定方法。

（7）建立操作规程，按章操作。对使用的试剂、仪器设备要经常检查其有效性，对标准品应规定纯度及制备方法，使用年限及贮存条件，更换试剂时应进行必要的鉴定，必要时对测定方法要做重复性试验和回收试验。

【临床应用】

放射免疫分析具有灵敏度高［可检测出毫微克（ng）至微微克（pg），甚至毫微微克（fg）的超微量物质］、特异性强（可分辨结构类似的抗原）、重复性强、样品及试剂用量少、测定方法易规范化和自动化等多个优点。在生命学科的研究领域和临床实验诊断中广泛应用于各种激素（如性激素等）、微量蛋白质和药物（如苯巴比妥、氯丙嗪、庆大霉素等）等的分析与定量测定。

【思考题】

1. 放射免疫分析法（RIA）和免疫放射分析法（IRMA）各有何特点？

2. 标准曲线的斜率对分析方法的灵敏度和精密度均有影响，影响标准曲线斜率的因素有哪些？

3. 放射免疫分析中造成测量误差的因素有哪些？

（陈金顶）

实验二十七　化学发光免疫分析

　　化学发光免疫分析(chemiluminescence immunoassay,CLIA)是最近发展起来的一种新型免疫分析方法,是化学发光、电化学、生物分析、微电子技术以及传感技术相结合的新成果,主要用于临床、农业、环境监测等领域。它是某些具有电致化学发光活性的物质处在一定的电位时,与溶液中的氧化还原物质作用过程中生成的由不稳定激发态迁移回基态时所导致的化学发光。这种分析方法既具有免疫反应的特异性,还兼有发光反应的高敏感性,检测范围宽、操作简便快速、无污染、仪器简单经济等优点。目前化学发光免疫分析中应用最多的电化学发光活性物质包括三联吡啶合钌及鲁米诺(luminol)等。

　　化学发光免疫分析包括三大类型:即标记化学发光物质的化学发光免疫分析,标记荧光物质的荧光化学发光免疫分析和标记酶的化学发光酶联免疫分析。下面以化学发光酶联免疫分析法检测猪 O 型口蹄疫病毒抗原为例叙述之。

【实验目的和要求】

　　以测定猪 O 型口蹄疫病毒抗原含量为例,掌握化学发光免疫分析的原理、操作方法及结果的判定。

【实验原理】

　　化学发光免疫分析包括免疫分析和化学发光分析两个系统。免疫分析系统是将化学发光物质或酶作为标记物,直接标记在抗原或抗体上,经过抗原与抗体反应形成抗原-抗体复合物。化学发光分析系统是在抗原-抗体反应结束后,加入氧化剂或酶的发光底物。化学发光物质经氧化剂的氧化后,形成一个处于激发态的中间体,会发射光子释放能量以回到稳定的基态,发光强度可以利用发光信号测量仪器进行检测,根据化学发光标记物与发光强度的关系,可利用标准曲线计算出被测物的含量。发光物质常用鲁米诺及其衍生物,发光催化酶常用辣根过氧化物酶(HRP)等。

　　化学发光酶联免疫分析法的基本原理是用参与催化某一化学发光反应的酶如辣根过氧化物酶(HRP)标记抗原或抗体,在与待测标本中相应的抗原(抗体)发生结合反应后,形成固相包被抗体-待测抗原-酶标记抗体复合物,经洗涤后,加入底物(发光剂),酶催化和分解底物发光,由光量子阅读系统接收,光电倍增管将光信号转变为电信号并加以放大,再把它们传送至计算机数据处理系统,计算出测定物的浓度。HRP 标记物可以催化鲁米诺-过氧化氢反应体系(luminol-H_2O_2)产生化学发光,但由于该体系的检测敏感度不够高,不能满足酶联免疫测定的要求。因此,为了提高体系的检测敏感性,可将 HRP 催化 H_2O_2 氧化曙红(eosin)的反应与该反应产物增强 HRP 催化 luminol-H_2O_2 的化学发光反应相偶合,建立偶合放大化学发光酶联免疫分析法。

　　下面以化学发光酶联免疫分析为例叙述之(以测定 O 型口蹄疫病毒抗原含量为例)。采用双抗体夹心法进行测定,方法原理如图 27-1。

【实验材料】

　　(1)包被缓冲液(0.05 mol/L pH 9.6 Na_2CO_3-$NaHCO_3$)。

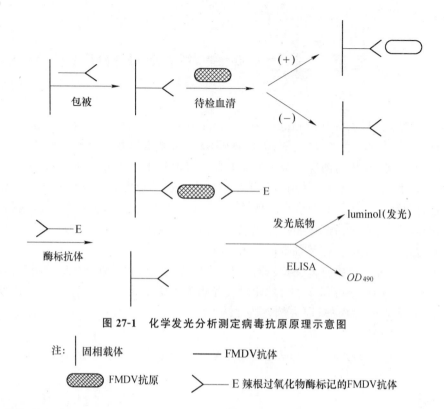

图 27-1　化学发光分析测定病毒抗原原理示意图

注：□ 固相载体　—— FMDV抗体

▨ FMDV抗原　〈 E 辣根过氧化物酶标记的FMDV抗体

(2)抗体稀释液(0.01 mol/L pH 7.4 PBS-Tween-20)。

(3)洗涤液(0.02 mol/L pH 7.4 Tris-HCl-Tween-20)。

(4)底物溶液(0.01 mol/EDTA、0.001 mol/Eosin、0.075 mol/L H_2O_2、0.01 mol/L HCl、1% Tween-20,用三蒸水稀释到 25 mL)。

(5)抗猪 O 型口蹄疫病毒抗体、辣根过氧化物酶标记的抗 O 型口蹄疫病毒抗体(常用兔抗 O 型口蹄疫病毒抗体)。

(6)正常猪血清(O 型口蹄疫病毒阴性对照)、猪 O 型口蹄疫病毒阳性血清(猪 O 型口蹄疫病毒阳性血清对照)。

(7)猪 O 型口蹄疫病毒抗原待测样品。

(8)小牛血清。

(9)5.0×10^{-4} mol/L 鲁米诺(luminol)。

(10)LKB-1250 lumimeter、隔水式电热恒温培养箱、各种规格加样器、小玻璃试管、聚苯乙烯珠、洗瓶、微量加样器、枪头等。

【操作方法】

(1)包被抗体:在每个小试管中加入聚苯乙烯珠各一枚,再加入 300 μL 用 0.05 mol/L pH 9.6 的碳酸盐缓冲液稀释的抗猪 O 型口蹄疫病毒抗体,同时设空白对照,置 4℃过夜。

(2)洗涤:用微量加样器吸干管内液体,加入 Tris-HCl-Tween20 洗涤 3 次,每次加 2 mL,放置 3~5 min,用微量加样器吸干管内液体。

(3)加猪 O 型口蹄疫病毒抗原待测样品和阳性标准品:用 PBS-Tween-20 缓冲液不同倍数稀释猪 O 型口蹄疫病毒抗原阳性标准品或猪 O 型口蹄疫病毒抗原待测样品,每管加入

300 μL。同时设阴性对照;空白对照管只加抗体稀释液,置 37℃孵育 2 h。

　　(4)洗涤:同(2)。

　　(5)加酶标抗体:用含小牛血清的 PBS-Tween-20 缓冲液稀释的辣根过氧化物酶标记的兔抗 O 型口蹄疫病毒抗体,每管加入 300 μL,空白对照管只加用于稀释酶标抗体的稀释液,置 37℃孵育 2 h。

　　(6)洗涤:同(2)。

　　(7)化学发光测定:给每管加入 300 μL 底物溶液,置 37℃保温 20 min 后;将小试管放入 LKB-1250 lumimeter 中,并置于测量位置,加入 300 μL 5.0×10^{-4} mol/L 鲁米诺。

　　(8)记录:用记录仪记录化学发光强度,同时用 ELISA 方法进行对照。

【结果判定】

　　(1)定性:S 为待测样品的发光强度,N 为阴性对照的发光强度,当 S/N≥2.1 时判为阳性,当 S/N<2.1 时判为阴性。

　　(2)定量:以不同稀释度的猪 O 型口蹄疫病毒抗原阳性标准品的化学发光强度为纵坐标,不同稀释倍数为横坐标,作出剂量反应曲线(标准曲线),则待测样品中猪 O 型口蹄疫病毒抗原的含量就可由测量的化学发光强度换算得到。

【注意事项】

　　(1)实验应分别设置阳性、阴性、空白对照,以保证实验结果的准确性。

　　(2)为了克服酶标抗体因非特异性吸附而造成的较高本底,可用适量小牛血清加以抑制。

　　(3)洗涤要彻底,以免因血清中其他来源的过氧化物酶类物质所产生的非特异性反应,而影响测定结果。

　　(4)当加入鲁米诺后,迅速产生化学发光并使发光在 1 s 内达到峰值,然后很快衰减到基线水平。因此,只有当小试管置于仪器的测量位置时,方可加入鲁米诺。

　　(5)底物的加入,是为了增强化学发光强度。但只有当底物分子与酶催化活性中心充分接触时,反应速度才能加快。当反应进行 15 min 达到平衡时,发光强度则不再随时间的延长而变化,且在 1 h 内保持稳定,因此,控制底物与酶反应 15 min 后加鲁米诺进行化学发光测定。

【临床应用】

　　化学发光免疫分析方法由于具有特异性强、敏感性高、快速、操作简便、重复性好、试剂易标准化和商品化等优点,目前已用于多种药物、激素、酶、脂肪酸、病原微生物及其代谢产物、抗体及其他生物活性物质的测定,如用化学发光免疫分析方法已对肉毒毒素、霍乱毒素的亚基和葡萄球菌肠毒素等生物毒素以及炭疽杆菌芽孢进行了测定。

【思考题】

　　1. 影响化学发光免疫分析检测效果的可能因素有哪些?

　　2. 化学发光免疫分析检测 FMDV 有何意义?

　　3. 化学发光免疫分析在临床检验的应用中有哪些优点?还有哪些不足仍需改进?

　　　　　　　　　　　　　　　　　　　　　　　　　　　　　　　(陈金顶)

实验二十八　免疫胶体金标记技术

免疫胶体金技术（immune colloidal gold technique,GICT）是以胶体金作为示踪标志物应用于抗原抗体检测的一种新型免疫标记技术。胶体金是由氯金酸（$HAuCl_4$）在还原剂如白磷、抗坏血酸、枸橼酸钠、鞣酸等作用下，聚合成为特定大小的金颗粒，并由于静电作用形成一种稳定的胶体状态，称为胶体金。胶体金在弱碱环境下带负电荷，可与蛋白质分子的正电荷基团形成牢固的结合，由于这种结合是静电结合，所以不影响蛋白质的生物活性。胶体金除了与蛋白质结合以外，还可以与许多其他生物大分子结合，如 SPA、PHA、ConA 等。根据胶体金的一些物理性状，如高电子密度、颗粒大小、形状及颜色反应，加上结合物的免疫生物学特性，而使胶体金广泛地应用于免疫学、组织学、病理学和细胞生物学等领域。

胶体金标记技术具有标记物制备简便，方法敏感、特异，不需要使用放射性同位素与有潜在致癌物质的酶显色底物，也不需要荧光显微镜等优点。它的应用范围较广，除应用于光镜或电镜的免疫组化法外，更广泛地应用于各种液相免疫测定、固相免疫分析以及流式细胞术等。常用的胶体金固相免疫测定法有斑点免疫金银染色法（Dot-IGS/IGSS）、斑点金免疫渗滤测定法（dot immune-gold filtration assay,DIGFA）、胶体金免疫层析法等，下面我们将结合实例，重点介绍斑点金免疫渗滤测定法与胶体金免疫层析测定法。

一、斑点金免疫渗滤法检测口蹄疫病毒 3AB 非结构蛋白抗体

【实验目的和要求】

以口蹄疫病毒非结构蛋白 3AB 抗体的斑点金免疫渗滤法检测为例，了解免疫胶体金标记技术的基本原理，并且掌握斑点金免疫渗滤法的原理、操作方法及结果判定。

【实验原理】

斑点金免疫渗滤法是将斑点 ELISA 与免疫胶体金结合起来的一种方法。首先需要在硝酸纤维膜下垫上吸水性强的垫料，组成渗滤装置。然后将蛋白质抗原直接点样在硝酸纤维膜上，待检抗体与抗原反应后，再滴加胶体金标记的第二抗体（抗抗体），结果在抗原抗体反应处发生金颗粒聚集，形成肉眼可见的红色斑点。由于该方法具有渗滤装置，所以整个反应发生较快，在数分钟内即可出现颜色反应。

【实验材料】

(1)大肠杆菌的口蹄疫病毒非结构蛋白 3AB、金黄色葡萄球菌 A 蛋白(SPA)、酪蛋白。

(2)待检血清、猪抗口蹄疫病毒非结构蛋白 3AB 阳性血清、猪口蹄疫病毒阴性血清。

(3)0.45 μm 硝酸纤维膜(NC 膜)、吸水纸垫、塑料方形小盒。

(4)氯金酸($HAuCl_4 \cdot 4H_2O$)、0.2 mol/L PBS 缓冲液(pH 7.2)、柠檬酸三钠、聚乙二醇 6 000(PEG6 000)、Tween-20、蔗糖等。

(5)微量移液器、吸头、滴管等。

【操作方法】

1. 胶体金的制备

采用柠檬酸三钠还原法制备。取 1‰氯金酸 1 mL 加入到 99 mL 超纯水中,得到浓度为 0.01‰的氯金酸溶液。用水浴磁力搅拌锅加热至沸腾,在磁力搅拌器以一定转速不断搅拌下迅速加入 2 mL 浓度为 1‰的柠檬酸三钠溶液,继续搅拌加热约 15 min 至溶液颜色稳定不变,自然冷却后 4℃保存。

2. 胶体金鉴定

此法制得的胶体金呈葡萄酒红色,外观呈深红色、晶莹透亮,迎着日光可见有光带。紫外分光光度计测定其吸收峰应在 520 nm 左右,电镜观察胶体金粒子大小平均为 20 nm,颗粒大小一致,分布均匀。

3. 胶体金标记 SPA 的制备

取需制备相应体积的胶体金溶液,用 0.1 mol/L K_2CO_3 和 0.1 mol/L 的 HCl 调其 pH 至 6.0。然后在磁力搅拌下逐滴加入 SPA(每毫升胶体金溶液加入 6 μg SPA),磁力搅拌 30 min 后加入 5‰ PEG 6 000 至终浓度为 0.1‰,再继续搅拌 15 min,最后放置 4℃冰箱,静置过夜。次日将标记好的 SPA 胶体金 4 000 r/min 离心 10 min,取上清液 12 000 r/min 离心 30 min,小心吸弃上清液。沉淀用重悬缓冲液(含 1‰酪蛋白、0.05‰ PEG6 000、0.05‰ Tween-20、0.01 mol/L pH 7.2 的 PBS 缓冲液)恢复至原体积。12 000 r/min 离心 30 min,弃上清液。沉淀用胶体金稀释液(含 1‰ 酪蛋白、0.05‰ PEG 6 000、5‰ 蔗糖、0.05‰ Tween-20、0.01 mol/L pH 7.2 的 PBS 缓冲液)恢复至原体积的 1/10,置 4℃冰箱备用。

4. 反应试剂盒的制作

反应试剂盒为塑料方形小盒,大小为 4.8 cm × 3 cm × 0.7 cm,分底和盖两部分,盖面有直径 0.5 cm 圆孔,盒内有两层,朝盖的第一层为硝酸纤维素膜(NC 膜),NC 膜下紧贴着第二层吸水纸垫(图 28-1)。

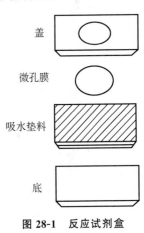

图 28-1　反应试剂盒示意图

盖

微孔膜

吸水垫料

底

5. 操作程序

(1)点样:在 NC 膜的圆孔内点两点,其中一点滴加 1 μL 重组 3AB 蛋白作为检测点,另一点滴加 1 μL 猪口蹄疫病毒 3AB 蛋白的阳性血清作为质控点,室温干燥。

(2)封闭:加入 100 μL 封闭液(含 1‰酪蛋白和 0.05‰ Tween-20 的 PBS),室温干燥。

(3)加待检血清:加入待检血清 100 μL,渗入后加 100 μL 洗涤液(含 0.05‰ Tween-20 的 PBS)冲洗 1~3 遍。

(4)加金标抗体:渗入后加胶体金标记的 SPA 80 μL,待渗入后再加 100 μL 洗涤液,洗 1~3 遍,洗去未结合的胶体金。

【结果判定】

结果的判定在 5 min 内进行。若在检测点和质控点均出现红色斑点即为阳性,若只有质控点出现红色斑点则为阴性,而检测点和质控点均不出现红色斑点,说明试剂无效(图 28-2)。

图 28-2   反应结果示意图

【注意事项】

(1)试验用水均要求三蒸馏水并经去离子柱过滤,最终去离子水的电阻大于 100 万 Ω。

(2)所有容器最终均用去离子水清洗。

二、胶体金免疫层析法(GICA)检测鸡新城疫病毒

【实验目的和要求】

以检测鸡新城疫病毒为例,掌握胶体金免疫层析技术的实验原理、免疫层析试纸条制作、使用和结果判定方法。

【实验原理】

将特异性的抗原或抗体以条带状固定在硝酸纤维素膜上,胶体金标记试剂(抗体或单克隆抗体)吸附在结合垫上。当待检样本加到试纸条一端的样本垫上后,通过毛细作用向前移动,溶解结合垫上的胶体金标记试剂并且发生抗原抗体相互反应,再移动至固定的抗原或抗体的区域时,待检物与金标试剂的结合物又与之发生特异性结合而被截留,聚集在检测带上,显现出一定的条带,从而可通过肉眼观察到显色结果。该法现已发展成为诊断试纸条,使用十分方便。

【实验材料】

(1)鸡新城疫抗体:取新城疫阳性血清经过盐析及离子交换柱层析纯化并调节 IgG 蛋白浓度为 1 mg/mL。

(2)兔抗鸡 IgG:取兔抗鸡 IgG 阳性血清经过盐析及离子交换柱层析纯化并调节 IgG 蛋白浓度为 1 mg/mL。

(3)氯金酸($HAuCl_4 \cdot 4H_2O$)。

(4)硝酸纤维素膜(NC 膜)、玻璃纤维素膜、吸水纸垫。

(5)待检样本:人工接毒或已知的新城疫阳性病料(脑、肺等组织)、马立克氏病病料、鸡传染性法氏囊病病料。

(6)1% 柠檬酸钠溶液(现用现配)、0.1 mol/L K_2CO_3、10% 的 PEG-20000、10% 的 BSA、0.02 mol/L pH 7.2 的 PBS。

(7)微量移液器、吸头、滴管等。

【操作方法】

1. 胶体金的制备

采用柠檬酸钠还原法制备胶体金。先用去离子水配成 0.01% 的氯金酸溶液,取 100 mL 加热煮沸,在剧烈搅拌下快速加入 2.5 mL 新配的 1% 柠檬酸钠溶液,继续煮沸 5～8 min,待溶液变成酒红色,用去离子水将 $OD_{525\ nm}$ 调到 0.8,即成直径 18～20 nm 的胶体金颗粒溶液,保存于 4℃ 备用。

2. 胶体金标记物的制备

取胶体金溶液 20 mL,加入 0.1 mol/L K_2CO_3 调节 pH 至 9.0～9.2,在磁力搅拌下缓慢加入纯化的鸡新城疫阳性血清 0.4 mL,匀速搅拌 20 min,逐滴加入 10% 的 PEG-20000 溶液 0.8 mL,以防止发生非特异性凝聚,加入 10% 的 BSA 溶液 0.4 mL 作为稳定剂,磁力搅拌使其充分混匀。用高速离心机 12 000 r/min,4℃ 离心 30 min,去上清液,将得到的胶体金蛋白质结合物放入 pH 7.2 的 PBS 中,将 OD_{525} 调到 1.5(以 PBS 做空白对照),即获得标记蛋白质的金溶胶,即金标鸡新城疫抗体,保存于 4℃ 备用。

3. 胶体金检测试纸条的制备

(1)标记胶体金包被玻璃纤维:将调好浓度的标记胶体金按 0.65 mL/条(1 cm×10 cm)的量均匀涂布在玻璃纤维上,冷冻干燥后,4℃ 保存备用。

(2)抗体包被硝酸纤维素膜:用 0.02 mol/L pH 7.2 的 PBS 将兔抗鸡 IgG(二抗)和鸡新城疫抗体(一抗)稀释至一定浓度,包被固定在硝酸纤维素膜上,每条线宽度约 1 mm,两线间距 0.5 cm。二抗线作为质控线,一抗线作为检测线。晾干后用含 1%BSA 的 PBS 封闭,干燥保存备用。

(3)胶体金检测试纸条的组装:取洁净的白色塑料片(支持物),按吸水滤纸、金标抗体玻璃纤维、包被有鸡新城疫抗体和兔抗鸡抗体的硝酸纤维素膜的顺序使其首尾相互衔接固定于白色塑料片上,用切割机将贴好的板切割成 0.5 cm×6.5 cm 大小的条,即为胶体金免疫层析试纸条(图 28-3),密封,4℃ 保存备用。

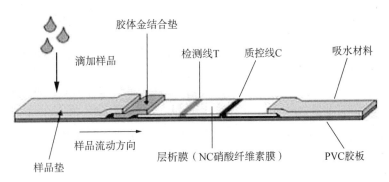

图 28-3　检测试纸条组装示意图

4. 胶体金检测试纸条的测试

(1)试纸条的初步测试试验:将人工接毒或已知的新城疫阳性病料多份及 SPF 鸡相应组织多份,分别研磨制成 1∶3 的悬液,以 3 000 r/min 离心 20 min,取上清液,即为待检样品。将胶体金检测试纸条从 4℃ 冰箱取出,恢复到室温,手拿试纸的手柄端,将样品端插入装有待检样品的容器中,试纸条吸满液体时取出,平放,20 min 内观察结果。

(2)试纸条的敏感性测试试验:将标准的新城疫 Lasota 毒株测定 HA 效价后进行倍比稀释,用制备的试纸条进行检测。

(3)试纸条的特异性测试:将已知的马立克病料和法氏囊病病料分别按鸡新城疫病料处理方法处理,取上清液,用制备的试纸条进行检测。

【结果判定】

(1)对照判读:当用制备的胶体金试纸条检测人工接毒或已知的新城疫阳性病料上清液

时,在质控线与检测线均出现红色沉淀带或者只在检测线出现红色沉淀带,而检测 SPF 鸡组织上清液时只在质控线上出现红色沉淀带,说明本次试验制备的试纸条可用于检测新城疫病毒。

(2)敏感性测定:一般而言,胶体金免疫层析试纸条能检测出血凝价在 1∶40 以上的鸡新城疫病毒,且随着样品中鸡新城疫病毒含量的增高,胶体金试纸条检测反应的显色强度有一定加强。

(3)特异性测定:用制备的胶体金试纸条检测已知的马立克病料和法氏囊病病料上清液,结果均应为阴性,表明该试纸条用于检测新城疫病毒无非特异性出现。

【注意事项】

(1)胶体金制备的方法很多,有白磷还原法、柠檬酸钠还原法、柠檬酸钠-鞣酸还原法和硼氢化钠还原法等,但制备单一粒度的胶体金颗粒采用柠檬酸钠还原法效果较好。

(2)在制备胶体金的过程中,影响因素很多,如试剂要用分析纯;要用去离子水;还原剂柠檬酸钠必须一次性快速加入,搅拌应均匀,一次制备的量不应太多,加入还原剂后颜色变至所需颜色后应及时停止加热;制备好的胶体金最好在 4℃保存,并及早进行标记等。

(3)用胶体金标记抗体时,以 pH 9.0～9.2 时反应效果最好。

(4)在胶体金层析试验中,反应主要是在硝酸纤维素膜上发生的,硝酸纤维素膜是层析反应的载体,其孔径大小、质量好坏,直接影响检测结果。

(5)制备试纸条时,各层之间的衔接一定要处理好,否则反应过程中可能会造成金标抗体滞留,影响反应结果。

【临床应用】

免疫胶体金技术作为一种新的免疫学检测方法,具有简单、快速、准确和无污染等优点,在医学、动植物检疫、食品安全监督各领域得到了日益广泛的应用。目前市面上已经有多种家禽、家畜及宠物用金标诊断试剂,如猪口蹄疫、猪繁殖与呼吸综合征、猪瘟、猪旋毛虫、鸡传染性法氏囊病、鸡新城疫、禽流感、犬瘟热、犬细小病、宠物用旋毛虫病等疾病的快速诊断试剂。虽然应用该技术既可用于检测抗体又可用来检测病原,但主要是用于定性检测,目前还不能用于定量检测。

【思考题】

1. 免疫胶体金试验的主要原理是什么?
2. 免疫胶体金技术用于病原检测的缺点有哪些?
3. 临床上哪些疾病的检测常用到免疫胶体金试纸条?

(郭鑫,姜世金)

实验二十九　生物素-亲和素免疫检测技术

【实验目的和要求】

以生物素(B)-亲和素(A)系统-酶联免疫吸附(BAS-ELISA)法检测猪口蹄疫病毒为例,掌握生物素-亲和素免疫检测方法的基本原理、操作方法及结果的判定。

【实验原理】

生物素(biotin,B)是广泛分布于动植物体内的一种生长因子,有 2 个环状结构,其中一个可以和亲和素结合,另一个可以和包括酶、抗原(抗体)的多种物质结合。亲和素(avidin,A)又称卵白素,有 4 个亚基,都可以与生物素稳定结合,此为级联放大系统的关键。即 1 个亲和素能结合 4 个生物素,亲和素也可被酶标记。由于 1 个亲和素分子有 4 个生物素分子的结合位置,可以连接更多的生物素化分子,这样,结合了酶的亲和素分子与结合有特异性抗体的生物素分子产生反应,既起到了多级放大作用,又能使酶在遇到相应底物时催化呈色,达到检测未知抗原(或抗体)分子的目的。

生物素-亲和素免疫检测系统(BSA)的基本方法可分为 3 大类。第一类是将亲和素与酶标生物素共温形成亲和素-生物素-过氧化物酶复合物,再与生物素化的抗抗体接触时,将抗原-抗体反应体系与 ABC 标记体系连成一体,称为 ABC 法。第二类是标记亲和素连接生物素化大分子反应体系,称 BA 法,或标记亲和素生物素法(LAB)。第三类以亲和素两端分别连接生物素化大分子反应体系和标记生物素,称为 BAB 法,或桥联亲和素-生物素法(BRAB)。

各种类型的反应式表示如下。

ABC 法:固相抗体＋待测抗原＋抗体-生物素＋亲和素＋生物素-酶-底物。

LBA 法:固相抗体＋待测抗原＋抗体-生物素＋亲和素-酶＋底物。

BAB 法:固相抗体＋待测抗原＋抗体-生物素＋亲和素＋生物素-酶＋底物。

下面介绍 ABC 法的操作过程及结果判定。

【实验材料】

(1)包被缓冲液:0.05 mol/L pH 9.5 碳酸缓冲液。

(2)包被用抗原:O 型口蹄疫病毒抗原。

(3)待测抗体:兔抗 O 型口蹄疫病毒血清。

(4)对照血清:正常兔血清。

(5)洗涤缓冲液:pH 7.4 PBST。

(6)生物素化羊抗兔抗体。

(7)亲和素-生物素化酶复合物(ABC):亲和素 1：75(用 ABC 稀释剂稀释)、生物素化酶(B-HRP、ABC 稀释剂 2 号稀释)1：100,亲和素和生物素化酶(B-HRP)以等体积混合 30 min 后成 ABC。

(8)底物缓冲液(pH 5.0 磷酸盐-柠檬酸):0.2 mol/L Na_2HPO_4(28.4 g/L)25.7 mL、0.1mol/L 柠檬酸(19.2 g/L)24.3 mL 加蒸馏水 50 mL。

(9)底物使用液:TMB(10 mg/5 mL 无水乙醇)0.5 mL、底物缓冲液 10 mL、0.75% H_2O_2 32 μL。

(10)终止液(2 mol/L H_2SO_4):蒸馏水 178.3 mL,逐滴加入浓硫酸(98%)21.7 mL。

(11)96 孔酶标板、ELISA 检测仪、微量加样器、塑料滴头、洗涤瓶、小烧杯、玻璃棒、试管、吸管和量筒、4℃ 冰箱与 37℃ 孵育箱等。

【操作方法】

(1)96 孔板内加 O 型口蹄疫病毒抗原(1 μg/mL)每孔 100 mL,置 4℃ 18 h。

(2)用洗涤缓冲液 PBST 加满各孔,置 3 min,倾去,如此反复 3 次。

(3)加适当稀释的兔抗 O 型口蹄疫病毒血清,每孔 100 mL,置 37℃ 1 h。同时设正常兔血清对照。

(4)同步骤(2)洗涤 3 次,加生物素化羊抗兔抗体(1∶10 000),每孔 100 mL,置 37℃ 1 h。

(5)同步骤(2)洗涤 3 次,加亲合素-生物素化酶复合物(ABC),每孔 100 mL,置 22℃ 30 min。

(6)同步骤(2)洗涤 3 次,加底物使用液,每孔 0.1 mL,置 37℃ 10 min 后,加 50 mL 2 mol/L H_2SO_4 终止反应。

(7)用酶标光度计测各孔 OD 值(495 nm)。

【结果判定】

可于白色背景上,直接用肉眼观察结果:反应孔内颜色越深,阳性程度越强;阴性反应为无色或极浅,以"+"、"−"号表示。

在 ELISA 检测仪上,于波长 495 nm 处,以空白对照孔调零后测各孔 OD 值,若大于规定的阴性对照 OD 值的 2.1 倍,即为阳性,否则为阴性。

【注意事项】

(1)包被抗原(或抗体)的选择:将抗原(或抗体)吸附在固相载体表面时,要求纯度要好,吸附时一般要求 pH 在 9.0～9.6。吸附温度、时间及其蛋白量也有一定影响,一般多采用 4℃ 18～24 h。蛋白质包被的最适浓度需进行滴定,即用不同的蛋白质浓度(0.1 μg/mL、1.0 μg/mL 和 10 μg/mL 等)进行包被后,在其他试验条件相同时,观察阳性标本的 OD 值,选择 OD 值最大而蛋白量最少的浓度。

(2)反应物的浓度及比例:由于本法敏感性很高,所用抗原或抗体均较 ELISA 法为少,对生物素标记的抗体(或第二抗体)的浓度更应严格掌握,增加抗体浓度可使敏感性提高,但过大又可使非特异性随之增大。

(3)生物素的稳定性:生物素标记上抗体的结合物,其稳定性均比酶标记抗体为好,宜长期保存,加入等量 60% 甘油于 −20℃ 可保存 2 年左右。保存时切忌反复冻融,反复冻融会使制剂的活性受到损害。

(4)抗体及酶标记抗体工作浓度的选择:可根据抗体及酶标记抗体生产者推荐的工作浓度使用,或进行效价滴定选择最佳工作浓度。

(5)亲和素的稳定性:亲和素在一般条件下稳定,对热及多种蛋白质能耐受,但对光和某些金属离子(Fe^{2+})敏感,容易失活。所以在配制亲和素溶液时宜采用无离子水,操作过程避光,在 4℃ 置 2 个月或在 −30℃ 置放半年,反复冻融其活性仍保持不变。

(6)亲和素的非特异性吸附:亲和素在 pH 中性环境中是带正电荷的,可通过静电作用非特异性地吸附到固相载体上,这是引起试验非特异性显色的主要原因。如果增加亲和素稀释液的 pH 和离子强度,均可明显减少亲和素的非特异性吸附,而对特异性显色也影响不大。也可用戊二醛或醋酸酐对亲和素进行化学修饰,使之乙酰化而减少其非特异性吸附。

(7)反应物的作用时间及温度:由于亲和素与生物素之间有很高亲和力,故二者标记物反应时间较抗原-抗体反应时间大为缩短。为了减少非特异性吸附,反应时间不宜过长,一般于 37℃ 以 20～30 min 为宜。

(8)生物素制剂的差异:生物素制剂相互间亲合性差异大,因此在选用试剂时,应注意厂家和批号,对购进试剂应进行事先测试,以保证实验结果的稳定性。

【临床应用】

由于生物素-亲和素免疫检测系统亲和力高,所以具有高敏感度、高特异性和稳定性等优点,该技术已发展为一种新型生物反应放大技术,在现代生物免疫学领域中已得到广泛应用。ABC 法主要应用于以下 2 个方面:

(1)组织切片和细胞悬液中抗原的检测:随着抗体制备技术的进展,应用 ABC 法检测抗原的种类越来越多地广泛应用于疾病诊断,而且 ABC 法操作时间短,敏感性高。

(2)在免疫电镜中的应用:标记抗体渗透性是免疫电镜技术的关键,小分子的生物素就可得到更高的渗透力,且生物素化抗体可在组织包埋前或包埋后加入,因此 ABC 法进行抗原的亚细胞水平定位分析得到较好的应用。

【思考题】

1. 生物素与亲和素的结合与抗原抗体反应之间有何差异?

2. 在生物素-亲和素免疫检测中,可能引起非特异性显色的原因有哪些?

(陈金顶)

实验三十　免疫印迹技术

【实验目的和要求】

以检测禽流感病毒 HA 基因的表达产物为例,通过本实验掌握免疫印迹技术的原理、方法及操作步骤、免疫印迹技术的临床应用价值。

【实验原理】

免疫印迹技术(immunoblotting)又称蛋白质印迹(western blotting),是一种将蛋白质凝胶电泳、膜转移电泳与抗原抗体反应相结合的新型免疫分析技术。借助特异性抗体鉴定抗原。该方法的基本原理是将待检测样品(目的蛋白)溶解于含有去污剂和还原剂的溶液中,经过 SDS 聚丙烯酰胺凝胶电泳(PAGE)分离各组分,然后通过膜转移电泳技术把分离样品几乎原位、定量转移至硝酸纤维素膜或其他膜的表面,然后将膜表面的蛋白质再用特异的抗体进行检测。即将经 SDS-PAGE 分离的蛋白质带转移到膜上后,封闭液对膜进行处理,然后用特异性抗体对膜进行孵育,将过量的抗体洗除后,加入辣根过氧化物酶(HRP)或碱性磷酸(酯)酶(AP)标记的第二抗体,孵育后洗去多余/未结合的标记抗体,加入相应酶的底物,作用后可形成不溶的颜色产物,最后显示出目标蛋白的位置。免疫印迹技术原理如图 30-1 所示。

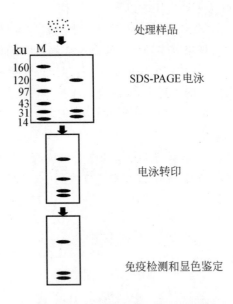

图 30-1　免疫印迹技术原理示意图

【实验材料】

(1)30%丙烯酰胺:丙烯酰胺(Acr)43.8 g、亚甲双丙烯酰胺(Bas)1.2 g,混匀后加入双蒸水,37℃溶解,定容至 150 mL 棕色瓶,4℃储存。

(2)1.5 mol/L Tris-HCl(pH 8.8):18.17 g Tris 加双蒸水溶解,浓盐酸调 pH 至 8.8,定容至 100 mL。

(3)1 mol/L Tris-HCl(pH 6.8):12.11 g Tris 加双蒸水溶解,浓盐酸调 pH 至 6.8,定容至 100 mL。

(4)电泳缓冲液:取 Tris 15.15 g、甘氨酸 72 g、SDS 5 g,用双蒸水溶解后定容至 0.5 L,使用时 10 倍稀释。

(5)10%过硫酸胺(AP):0.1 g 过硫酸胺用 1.0 mL 双蒸水溶解后,4℃保存,保存期不超过 1 周(新鲜配制)。

(6)10% SDS:10 g SDS 加双蒸水至 100 mL,50℃水浴下溶解,室温保存。如在保存中出现沉淀,水浴溶化后仍可使用。

(7)10% TEMED:取 0.1 mL TEMED 加入 0.9 mL 双蒸水,混匀后使用。

（8）染色液：250 mg 考马斯亮蓝 R250 溶于 45 mL 甲醇、10 mL 冰醋酸与 45 mL 双蒸水中。

（9）脱色液：甲醇 45 mL、冰醋酸 10 mL 加双蒸水 45 mL。

（10）转膜缓冲液：甘氨酸 2.9 g、Tris 5.8 g、SDS 0.37 g、甲醇 200 mL 加双蒸水至 1 000 mL。

（11）洗涤缓冲液（0.01 mol/L PBS，pH 7.4）：NaCl 8.0 g、KCl 0.2 g、Na_2HPO_4 2.08 g、KH_2PO_4 0.2 g 加双蒸水定容至 1 000 mL。

（12）PBST：在 PBS 中加入终浓度为 0.05% Tween-20 即可。

（13）待转印样品：H9 亚型禽流感病毒 HA 基因的大肠杆菌表达裂解物。

（14）第一抗体：鸡抗 H9 亚型禽流感病毒标准阳性血清（使用时用 0.01 mol/L PBS 按合适稀释度进行稀释）。

（15）酶标第二抗体：辣根过氧化物酶标记羊抗鸡 IgG（使用时用 0.01 mol/L PBS 按合适稀释度进行稀释）。

（16）封闭液（现配）：脱脂奶粉 1.0 g 溶于 20 mL 的 0.01 mol/L PBS 中。

（17）显色液：DAB 6.0 mg、0.01 mol/L PBS 10.0 mL、30% H_2O_2 30 μL。

（18）硝酸纤维素薄膜（N.C）。

（19）器具：电泳仪、垂直电泳槽、转移电泳槽、凝胶膜、烧杯（25 mL、50 mL、100 mL）、微量加样器（10 μL，100 μL 和 1 mL）、培养皿（直径 120 mm）、玻璃板、滤纸等。

【操作方法】

1. 安装玻璃板

根据厂家说明书安装玻璃板，按下列顺序组装玻璃板：

（1）将短玻璃板放在带有边条的长玻璃板上，做成玻璃板夹心。

（2）将玻璃夹心放入灌胶架，短玻璃板冲前。两块玻璃板底部齐平。

（3）锁紧夹子，夹紧玻璃板夹心，做成灌胶模块。

（4）把灰色的橡胶垫放在灌胶架底部，将灌胶模块放在灰色的胶垫上，灌胶架上部有一透明夹子，用此夹子夹住长玻璃板。

（5）灌入新鲜配制好的凝胶溶液（无须任何封边），如用梳子，水平放好梳子。

操作见图 30-2。

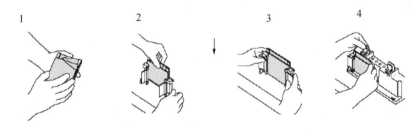

图 30-2　玻璃板安装流程

2. 凝胶板制备

（1）确定所需凝胶溶液体积，按表 30-1 给出的数值在一小烧杯中按需丙烯酰胺浓度配制一定体积的 8% 分离胶溶液。一旦加入 TEMED，溶液开始聚合，故应立即快速旋动混合物并进入下一步操作。

表 30-1　8% SDS 聚丙烯酰胺凝胶电泳分离胶配制所用溶液

成分	配制不同体积和浓度凝胶所需各成分的体积/mL							
	5	10	15	20	25	30	40	50
水	2.3	4.6	6.9	9.3	11.5	13.9	18.5	23.2
30%丙烯酰胺混合液	1.3	2.7	4.0	5.3	6.7	8.0	10.7	13.3
1.5 mol/L Tris(pH 8.8)	1.3	2.5	3.8	5.0	6.3	7.5	10.0	12.5
10% SDS	0.05	0.1	0.15	0.2	0.25	0.3	0.4	0.5
10%过硫酸铵	0.05	0.1	0.15	0.2	0.25	0.3	0.4	0.5
TEMED	0.003	0.006	0.009	0.012	0.015	0.018	0.024	0.03

(2)迅速在两玻璃板的间隙中灌注丙烯酰胺溶液,留出灌注浓缩胶所需空间(梳子的齿长再加 0.5 cm)。在胶液面上小心注入一层水(2~3 mm 高),以阻止氧气进入凝胶溶液。

(3)分离胶聚合完全后(约 30 min),倾出覆盖水层,再用滤纸吸净残留水。

(4)制备浓缩胶:按表 30-2 给出的数据,在另一小烧杯中制备一定体积的 5%丙烯酰胺溶液,一旦加入 TEMED,溶液开始聚合,故应立即快速旋动混合物并进入下一步操作。

表 30-2　5% SDS 聚丙烯酰胺凝胶电泳浓缩胶配制所用溶液

成分	配制不同体积凝胶所需要各成分的体积/mL							
	1	2	3	4	5	6	8	10
水	0.68	1.4	2.1	2.7	3.4	4.1	5.5	6.8
30%丙烯酰胺混合液	0.17	0.33	0.5	0.67	0.83	1.0	1.3	1.7
1.0 mol/L Tris(pH 6.8)	0.13	0.25	0.38	0.5	0.63	0.75	1.0	1.25
10%SDS	0.01	0.02	0.03	0.04	0.05	0.06	0.08	0.1
10%过硫酸铵	0.01	0.02	0.03	0.04	0.05	0.06	0.08	0.1
TEMED	0.001	0.002	0.003	0.004	0.005	0.006	0.008	0.01

(5)聚合的分离胶上直接灌注浓缩胶,立即在浓缩胶溶液中插入干净的梳子。小心避免混入气泡,再加入浓缩胶溶液以充满梳子之间的空隙,将凝胶垂直放置于室温下。

(6)浓缩胶聚合完全后(30 min),小心移出梳子。把凝胶固定于电泳装置上,上下槽各加入 Tris-甘氨酸电极缓冲液。必须设法排出凝胶底部两玻璃板之间的气泡。

3. 安装电泳槽

根据厂家说明书安装电泳槽。

(1)凝胶凝固后,取出梳子,加入准备好的样品。把玻璃板夹心(凝胶)从灌胶架上取下。

(2)玻璃板夹心放入电泳架,短玻璃板面冲内,做成电泳模块。

(3)把电泳模块完全插入电泳架。

(4)合上电泳架上的密封夹。

注:如只制备一块胶,在另一侧放入随仪器配的挡板;在装配的过程中,会觉得很紧,属正常现象。

(5)将整个装配好的电泳架放入电泳槽内。

(6)加入电泳液,内槽没过短玻璃板,外槽略低于内槽电泳液。

(7)样品处理:在禽流感病毒 HA 基因大肠杆菌表达样品中按体积 1∶1 加入样品处理液,121℃加热 10 min,使蛋白质变性。取 5 μL 上述混合液,小心的加到凝胶凹形样品槽底部,每个样品槽的加样量通常为 10～25 μL(1.5 mm 厚的胶)。同时设立阴性样品对照、空白样品对照。

(8)盖上电泳槽的盖子,将电泳电极和电泳仪相连接,正极对正极,负极对负极(红对红,黑对黑)。

(9)设定电泳仪的电压或电流,开始电泳。凝胶上所加电压为 8 V/cm。当染料前沿进入分离胶后,把电压提高到 15 V/cm,继续电泳至溴酚蓝达分离胶底部上方约 1 cm,关闭电源。

(10)电泳结束,关闭电泳仪,拔出电极线。

(11)打开盖子,取出电泳模块,打开密封夹,取出玻璃板(凝胶)。

操作见下图 30-3。

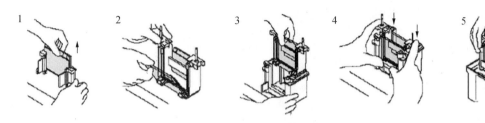

图 30-3　电泳槽安装流程

4. 凝胶染色与脱色

考马斯亮蓝对 SDS 聚丙烯酰胺凝胶进行染色 3～4 h,用脱色液脱色至背景清晰为止。

5. 转印电泳(半干式转印)

(1)凝胶电泳结束前 30 min,将 NC 膜浸泡在转移缓冲液中。

(2)将转移电泳槽塑料支架平放,依次置放海绵、3 块滤纸、NC 膜、凝胶及另外 3 块滤纸和海绵,放置过程注意驱除夹层间气泡。用支架夹紧上述各层,置电转移槽中,NC 膜一侧靠正极,凝胶一侧靠负极。

(3)接通电源,恒流 1 mA/cm²,转移 1.5 h。转移时间长短依靶蛋白分子量大小来调节。

(4)转移结束,取出 NC 膜做好上、下端标记,切下一小条做蛋白质染色处理,以检查转移效果。

(5)用洗涤缓冲液洗涤 3 次,10 min/次,将 NC 膜置于滤纸上,自然干燥,密封保存。

6. 封闭

(1)将 NC 膜浸泡在含 5% 脱脂奶粉的封闭液中,平稳摇动,室温 2 h。

(2)弃封闭液,用 0.01 mol/L PBST 洗膜 3 次,5 min/次。

7. 免疫检测和显色反应

(1)将封闭好的 NC 膜浸入鸡抗 H9 亚型禽流感病毒标准阳性血清(第一抗体)溶液中,液体必须覆盖膜的全部,37℃温和振荡反应 1 h 或 4℃放置 12 h 以上。阴性对照,以 1% BSA 取代一抗,其余步骤与实验组相同。

(2)弃 H9 亚型禽流感病毒标准阳性血清(第一抗体)和 1% BSA,用 0.01 mol/L PBST 洗涤缓冲液分别洗膜 3 次,5 min/次。

(3)将 NC 膜浸入辣根过氧化物酶标记羊抗鸡 IgG(第二抗体)反应液,用量与一抗相同,平稳摇动,37℃ 1 h。

(4)弃辣根过氧化物酶标记羊抗鸡 IgG(第二抗体)反应液,用 0.01 mol/L PBST 洗涤缓冲液洗膜 3 次,5 min/次再用 0.01 mol/L PBS 洗涤缓冲液洗膜 2 次,7 min/次。

(5)将膜放入相应显色液中,避光显色至出现条带时放入双蒸水中终止反应。

【结果判定】

阳性反应将在靶蛋白相对应的位置上出现有颜色的条带,而其余位置无显色条带出现。检测结果如图 30-4 所示。

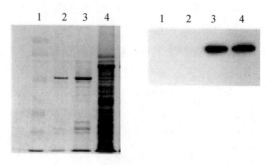

图 30-4　蛋白质印迹检测结果

【注意事项】

(1)实验操作过程中,拿取凝胶、滤纸和 NC 膜的时候必须戴手套,因为皮肤上的油脂和分泌物会阻止蛋白质从凝胶转移到滤膜上。

(2)制备凝胶应选用高纯度的试剂,否则会影响凝胶聚合与电泳效果。Acr 和 Bas 是制备凝胶的关键试剂,如含有丙烯酸或其他杂质,则造成凝胶聚合时间延长,聚合不均匀或不聚合,应将它们分别纯化后方能使用。

(3)为达到较好的凝胶聚合效果,缓冲液的 pH 要准确。室温较低时,TEMED 的量可加倍。未聚合的丙烯酰胺和亚甲双丙烯酰胺具有神经毒性,可通过皮肤和呼吸道吸收,应注意防护。

(4)由于与凝胶聚合有关的硅橡胶条、玻璃板表面不光滑洁净,在电泳时会造成凝胶板与玻璃板或硅橡胶条剥离,产生气泡或滑胶;拨胶时凝胶板易断裂,为防止此现象,所用器材均应严格地清洗。硅橡胶条的凹槽、样品模槽板及电泳槽要仔细清洗。玻璃板浸泡在重铬酸钾洗液 3～4 h 或 0.2 mol/L KOH 的酒精溶液中 20 min 以上,用清水洗净,再用泡沫海绵蘸取洗洁净反复清洗,最后用蒸馏水冲洗,直接阴干或用乙醇冲洗后阴干。

(5)用琼脂封底及灌凝胶时不能有气泡,以免影响电泳时电流的通过。

(6)处理后的样品必须清亮,如不清亮,可采用离心的方法取上清待用,或冷藏后使脂类物质上浮,用吸管吸取底层液体待用。还应确定检测蛋白经 SDS 和还原剂处理后,其抗原决定簇仍然可与相应的抗体结合,特别是在用单克隆抗体作为第一抗体时应考虑到这一点;要保证检测所用抗体的特异性,尤其是一抗的特异性更为重要。

(7)第一抗体、第二抗体的稀释度、作用时间和温度对不同的蛋白要经过预实验确定最佳条件。

（8）为防止电泳后区带拖尾,样品中盐离子强度应尽量低,含盐量高的样品可用透析法或凝胶过滤法脱盐。

（9）电泳时,电泳仪与电泳槽间正、负极不能接错,以免样品反方向泳动,电泳时应选用合适的电流、电压,过高或者过低都会影响电泳效果,尤其是过高的电流产生的热量会在凝胶和NC膜之间形成气泡,从而导致转印的失败。有报道,在转印缓冲液中加入 20% 的甲醇,虽然降低蛋白质的洗脱效率,但可以提高其与硝酸纤维素结合的能力,或者可以在缓冲液中加入终浓度为 0.1% 的 SDS,也可以增加转印效率。

（10）显色液必须新鲜配制使用,最后加入 H_2O_2。

（11）必须进行对照观察,以免出现假阳性。

【临床应用】

免疫印迹技术综合了电泳技术的高分辨力与免疫反应的高特异性和敏感性,是一个有效的分析手段。该技术广泛应用于分子生物学、免疫学、微生物学及其他生物医学各个领域,如细菌蛋白质、脂多糖、病毒、寄生虫、免疫复合物、补体及细胞表面蛋白质等抗原的分析、单克隆抗体纯化、免疫球蛋白分析及单克隆抗体筛选等。

【思考题】

1. 为什么样品会在浓缩胶中被压缩成层?
2. 免疫印迹检测中出现的非特异性显色,可能导致的因素有哪些?
3. 免疫印迹检测中的设立对照观察有何意义?
4. 根据实验过程的体会,总结如何做好免疫印迹检测? 哪些是关键步骤?

（陈金顶）

实验三十一 免疫核酸探针技术

【实验目的和要求】

以地高辛（Dig）标记 cDNA 探针为例，运用核酸原位杂交（固相核酸分子杂交）方法检测组织中的靶基因。通过本实验掌握免疫核酸探针技术的原理、方法及操作步骤，了解免疫核酸探针技术的临床应用。

【实验原理】

核酸探针（又称核酸分子杂交）技术，是 20 世纪晚期在生物学领域中发展起来的一项新技术。该技术是利用已知碱基序列的单链核苷酸片段作为探针，检测样品中是否存在与其互补的核苷酸的一种方法。免疫核酸探针技术是将核酸同源互补与抗原抗体特异性反应的原理综合应用形成的一种实验技术。在适当的条件下，具有互补序列的两条单链核苷酸分子，通过碱基互补配对形成双链（核酸分子杂交）（图 31-1），然后通过放射自显影或免疫技术检测目的核酸片段。

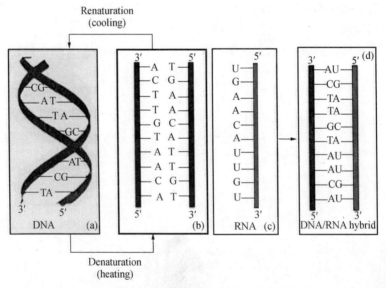

图 31-1 核酸分子杂交原理示意图

随着基因工程技术及核酸标记技术的发展，新的核酸分子杂交方法在不断涌现和完善。根据作用环境，核酸分子杂交大致分为固相杂交和液相杂交两种类型。固相杂交是将一条核苷酸链固定在固体支持物上，检测溶液中的核酸。常见的类型包括斑点杂交、Southern 印迹杂交、Northern 印迹杂交、核酸原位杂交等。液相杂交则是指所参加反应的两条核苷酸链都游离在溶液中。液相杂交是一种研究最早且操作复杂的杂交类型，应用不如固相杂交那样普遍。其主要原因是杂交后过量的未杂交探针在溶液中除去较为困难和误差较高。

本实验以核酸原位杂交技术中地高辛的碱性磷酸酶检测反应为例进行介绍。地高辛(Dig)是一种半抗原,并可与单链核苷酸结合形成标记的核酸探针,用该核酸探针与样品进行反应,反应结束后,加入碱性磷酸酶标记的 Dig 抗体,碱性磷酸酶标记的 Dig 抗体与 Dig 结合,在支持物上的杂交位点形成酶标抗体 Dig 复合物,再加入酶底物如氮蓝四唑盐(NBT)和 5-溴-4-氯-3-吲哚酚磷酸甲苯胺盐(BCIP),在酶促作用下,底物开始显蓝紫色。通过底物显色程度的深浅,达到对样品中的核酸检测的目的,其反应过程见图 31-2。

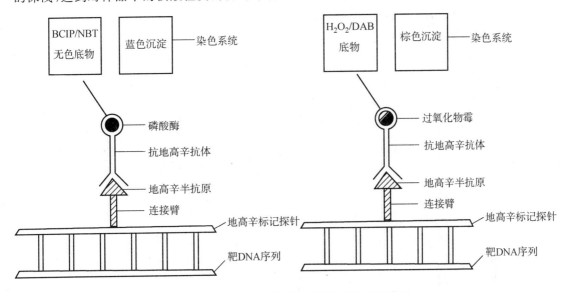

图 31-2　地高辛标记探针的核酸原位杂交示意图

【实验材料】

(1)新鲜动物组织样品。

(2)0.1 mol/L PBS(pH 7.2)和 0.2 mol/L PBS(pH 7.2),高压灭菌。

(3)0.1 mol/L 甘氨酸:0.75 g 甘氨酸溶于 0.1 mol/L PBS,定容至 100 mL,高压灭菌。

(4)4% 多聚甲醛:多聚甲醛 40 g 加 ddH_2O 400 mL,加热至 70℃ 左右,用 1 mol/L NaOH 调 pH 至 7.0,用 ddH_2O 定容至 500 mL,再加 0.2 mol/L PBS 500 mL,总体积为 1 000 mL。

(5)16×Denhardt 溶液:聚乙烯吡咯酮 0.4 g、小牛血清白蛋白(BSA)0.4 g、聚蔗糖 0.4 g,加 ddH_2O 至 10 mL,无菌抽滤、分装,−20℃ 保存备用。

(6)预杂交液:去离子甲酰胺 10 mL、50% 硫酸葡聚糖 4 mL,于 50℃ 促溶后,再依次加入 16×Denhardt 液 0.2 mL、1 mol/L Tris-HCl(pH 8.0)0.2 mL、5 mol/L NaCl 1.2 mL、0.5 mol/L EDTA(pH 8.0)0.04 mL、0.1 mol/L 二硫苏糖醇 2 mL、ddH_2O 2.21 mL,总体积为 10 mL。无菌抽滤、分装,−20℃ 保存备用。临用前加入 50 mg/mL 变性鲑鱼精 DNA 75 μL/mL。

(7)20×SSC:NaCl 175.3 g、柠檬酸三钠 88.2 g,加水至 800 mL,用 2 mol/L NaOH 调 pH 至 7.0,再用 ddH_2O 定容至 1 000 mL。

(8)抗体稀释液:TritonX-100 80 μL、BSA 0.2 g,以 0.05 mol/L PBS 定容至 20 mL。

(9) TSM1:1 mol/L Tris-HCl(pH 8.0)10 mL、5 mol/L NaCl 2 mL、1 mol/L

MgCl₂1 mL，加 ddH₂O 100 mL。TSM2（新鲜配制）：1 mol/L Tris-HCl（pH 9.5）10 mL、5 mol/L NaCl 2 mL、1 mol/L MgCl₂ 1 mL，加 ddH₂O 至 100 mL。

（10）显色液（临用前现配）：5 mL TSM2 加显色液原液（NBT/BCIP）150 μL，并加适量左旋咪唑，使其终浓度为 0.24 μg/mL，避光。

【操作方法】

1. 冰冻切片

对冰冻后的组织块进行切片，将切片裱贴于杂交专用玻片上，切片厚度为 15～20 μm。

2. 探针制备与检测（定量）

（1）PCR 法制备 cDNA 核酸探针：以 PCR DIG Probe Synthesis Kit 为例，在 0.5 mL 离心管中，按表 31-1 依次加入各组分。

表 31-1　PCR 法制备 cDNA 核酸探针

成分	体积/μL	成分	体积/μL
PCR 引物 1（10 pM）	2.0	10×PCR buffer	5.0
PCR 引物 1（10 pM）	2.0	Taq 酶（2 U/μL）	1.0
质粒 DNA 模板（10～100 pg）	2.0	ddH₂O	34.0
PCR DIG mix（含 dNTP 和 DIG-11-dUTP）	2.0	总体积	50.0
dNTPmix	2.0		

①将上述混合液稍加离心，置 PCR 仪上，进行扩增。反应程序为：在 93℃预变性 3～5 min，进入循环扩增阶段后，93℃保持 45 s → 58℃保持 45 s → 72℃保持 60 s，循环 30～35 次，最后在 72℃保温 7 min。

②PCR 完成后，在上述 PCR 产物中加入 4 mol/L LiCl 12.5 μL、预冷无水乙醇 375 μL，轻轻混合后置−20℃，离心，弃上清液。用 70％乙醇（预冷）120 μL 洗涤沉淀，离心，弃上清，沉淀干燥，加 TE 50 μL 溶解，−20℃保存备用。

（2）探针检测：探针进行琼脂糖凝胶电泳，紫外灯下观察 DIG-DNA 探针含量（采用目测法）。

3. 核酸杂交反应（以 DIG-cDNA 探针为例）

（1）将组织切片放入 0.1 mol/L PBS（pH 7.2）中，浸 5～10 min。

（2）取出组织切片，放入 0.1 mol/L 甘氨酸/0.1 mol/L PBS 中，浸 5 min。

（3）取出组织切片，放入 0.3％ TritonX-100/0.1 mol/L PBS 中，浸 10～15 min。

（4）取出组织切片，用 0.1 mol/L PBS 洗 5 min×3 次，加蛋白酶 K（1 μg/mL），37℃孵育 30 min。

（5）孵育完成之后，用 4％多聚甲醛浸 5 min。

（6）取出切片，用 0.1 mol/L PBS 洗 5 min×2 次，浸入新鲜配制的含 0.25％乙酸酐/0.1 mol/L 三乙醇胺中 10 min。

（7）预杂交：滴加适量预杂交液，42℃ 30 min。

（8）杂交：倾去预杂交液，在每张切片上滴加 10～20 μL 杂交液（将探针变性后稀释在预杂交液中,0.5 ng/μL),覆以盖玻片或蜡膜,42℃过夜。

(9)洗片:先用 4×SSC、2×SSC、1×SSC、0.5×SSC 37℃各洗 20 min;再用 0.2×SSC 37℃洗 10 min;0.2×SSC 与 0.1 mol/L PBS 各洗 10 min;最后,用 0.05 mol/L PBS 洗 5 min× 2 次。

(10)用 3% BSA/0.05 mol/L PBS 进行包被,37℃ 30 min。

(11)滴加抗地高辛-抗血清碱性磷酸酶复合物(以抗体稀释液 1∶5 000 稀释)4℃孵育 过夜。

(12)0.05 mol/L PBS 洗 15 min×4 次;TSM1 洗 10 min×2 次;新鲜配制 TSM2 洗 10 min×2 次。

(13)显色:在玻片上滴加适量 BCIP/NBT 显色液,4℃避光过夜。

(14)将玻片置于 TE 中 10～30 min 以终止反应。酒精梯度脱水、二甲苯脱脂,中性树胶 封片。

(15)显微镜下观察结果。

【结果判定】

在阴、阳对照正常的情况下,阳性标本玻片点样处呈紫色。可与同时杂交的已知的靶 DNA 样品显色强度相比较,进行样品中靶 DNA 的定量检测。

【注意事项】

(1)实验要设立各种对照(阳性对照、阴性对照与空白对照)。

(2)非特异显色的排除。非特异显色是核酸分子杂交常遇到的问题,指标记 DNA 结合到 非特异性位点上而显色,即本底。使用标记效率高、高纯度的核酸制品和充分严格的杂交条 件,以及选择合格的杂交反应液充分封闭非特异结合位点,即可降低非特异性显色。

(3)cDNA 探针在杂交时必须变性解链。具体方法是:将探针置 100℃加热 5 min,冰浴 骤冷。

(4)注意控制杂交时间。在条件都得到满足的情况下,杂交的成败就取决于杂交时间。一 般杂交反应要进行 20 h 左右。

(5)使用过的二甲苯,应相应延长脱蜡时间,以保证脱蜡完全。

(6)严禁让切片在杂交和染色过程中出现干涸现象。

(7)杂交液用量务必与盖玻片规格匹配,否则容易出现非特异背景。

【临床应用】

鉴于核酸探针技术具有敏感性高和特异性强等优点,此方法已应用于遗传性疾病、病原体 和内源性基因的检测,如血红蛋白病的诊断、先天性遗传病的产前诊断,病原如病毒、细菌、原 虫等的检测,人类基因识别及其生理功能和衰老有关研究,以及性别鉴别和 DNA 指纹谱的鉴 定等。

【思考题】

1. 常见的探针标记方法有哪些？
2. 请阐述原位杂交法的主要步骤。
3. 在原位杂交实验中造成非特异性染色的主要因素有哪些？应如何解决？

（陈金项）

实验三十二　免疫电镜技术

　　免疫电镜技术（immunoelectron microscopy，IEM）是免疫组织化学技术（immunohisto-chemistry）和电镜技术（microscopy）相结合的产物，是在超微结构水平上研究和观察抗原抗体结合、定位的一种方法。免疫电镜技术主要分为两大类：一类是免疫凝集电镜技术，即抗原抗体凝集反应后，经负染色直接在电镜下观察抗原或抗体；另一类则是免疫电镜定位技术，该技术是利用带有特殊标记的抗体与相应抗原相结合，在电子显微镜下观察，由于标准物形成一定的电子密度而指示出相应抗原所在的部位。免疫电镜技术的应用，使得抗原和抗体定位的研究进入到亚细胞水平。

　　免疫电镜技术发展主要经历了铁蛋白标记技术、酶标记技术以及免疫胶体金标记技术 3 个主要阶段。铁蛋白标记技术适用于细胞膜表面抗原的定位，由于其分子量较大，不易穿透细胞膜，定位细胞内抗原较为困难。铁蛋白对电镜包埋剂的非特异性吸附很强，不适用于包埋后免疫标记，使其应用受到一定限制。酶标记免疫电镜技术是将酶（主要是过氧化物酶）与抗体相偶联，标记抗体与抗原反应后加酶的底物，酶反应产物经四氧化锇（OsO_4）处理变为具有一定电子密度的锇黑，在电镜下对抗原进行观察。过氧化物酶的相对分子量较小，与其交联的抗体较易穿透经处理的细胞膜，可用于细胞内抗原的定位。由于酶促反应产物比较弥散，因此分辨率不如颗粒性标记物高。胶体金标记免疫电镜技术是目前应用最广的免疫电镜标记技术，该技术是将胶体金作为抗体的标记物，用于细胞表面和细胞内多种抗原的精确定位。下面将分别介绍 3 种免疫标记电镜技术，其中对胶体金免疫电镜技术稍加重点介绍。

一、胶体金免疫电镜技术

【实验目的和要求】

　　以新城疫病毒检测为例，掌握胶体金免疫电镜技术试验的原理、操作方法及结果的判定。

【实验原理】

　　胶体金作为标记物，能与许多生物大分子（如抗体）进行非共价结合，形成胶体金标记物，而该胶体金标记物仍保持生物大分子原有的生物学特性。如用胶体金对抗体进行标记，形成的标记抗体可与相应病毒反应，反应后可在病毒粒子周围形成胶体金颗粒附着，金颗粒呈现强烈的反差，很容易观察到病毒粒子。

【实验材料】

　　（1）新城疫病毒。

　　（2）10～11 d SPF 鸡胚。

　　（3）健康雄性青年家兔。

　　（4）四氯金酸（$HAuCl_4$）。

　　（5）柠檬酸三钠。

　　（6）三羟甲基氨基甲烷。

【操作方法】

1. NDV 抗原纯化及 NDV 抗体制备

(1)NDV 抗原纯化:10~11 d 的 SPF 鸡胚尿囊腔接种 NDV,37℃ 孵育,96 h 后收取尿囊液。尿囊液反复冻融 3 次,于 50 mL 离心管中差速离心,4℃ 5 000 r/min 15 min、8 000 r/min 15 min、10 000 r/min 15 min。取上清液,4℃ 27 000 r/min 1 h,弃上清液,沉淀用 STE 悬浮,然后用 40% 的蔗糖垫在 4℃ 27 000 r/min 3 h,最后沉淀悬浮于适量 NTE 中,分装后－70℃保存。

(2)NDV 抗血清制备及抗体纯化:将纯化的 NDV 与弗氏完全佐剂混合,制成弗氏完全佐剂抗原,抗原含量为 100 μg/mL。皮内多点注射法免疫雄性健康青年兔 2 只,每只注射 1.0 mL 佐剂抗原。用 NDV 纯化抗原与弗氏不完全佐剂混合,制成弗氏不完全佐剂抗原,作为加强免疫的抗原。每隔 3 周弗氏不完全佐剂抗原加强免疫 1 次,共进行 3 次。最后 1 次免疫后 10 d 采血,分离血清,测试抗体效价。免疫血清用辛酸-硫酸铵盐析法纯化 IgG,测定蛋白含量、分装,－20℃保存备用。

2. 胶体金的制备

用三蒸馏水配制 0.01% 的 $HAuCl_4$ 溶液,取 100 mL $HAuCl_4$ 溶液加热至沸腾,迅速加入 2.5 mL 新配制的 1% 柠檬酸三钠,加热煮沸 7~10 min,直至溶液变成葡萄酒红色。

3. 胶体金标记 NDV 抗体

(1)胶体金标记抗体最适稳定量:将纯化的 NDV 抗体梯度稀释后(由 50 μg 稀释剂 5 μg,另设未加抗体对照管),各取等体积稀释的抗体,依次加入装有 1 mL 胶体金的试管中,5 min 后,在上述各试管内依次分别加入 0.1 mL 10%氯化钠,混匀静置 2 h 以上,观察。

未加抗体及加入的抗体量不足以稳定胶体金的试管,即呈现由红变蓝的聚沉现象,而加入抗体量达到或超过最低稳定量的试管则胶体金的红颜色不变。其中含抗体量最低的试管即为含有可使 1 mL 胶体金稳定必需的抗体量,在此基础上,再增加 20% 抗体量即为稳定胶体金所需抗体的实际用量。

(2)胶体金标记抗体的制备:在胶体金标记抗体最适稳定量确定的基础上,取需制备相应体积的胶体金溶液,用 0.1 mol/L K_2CO_3 和 0.1 mol/L 的 HCl 调其 pH 至 9.0。然后在磁力搅拌下逐滴加入抗体(抗体最适稳定量),磁力搅拌 30 min 后加入 5% PEG 6 000 至终浓度为 0.1%,再继续搅拌 15 min,最后放置 4℃冰箱,静置过夜。次日将标记好的抗体胶体金 4 000 r/min 离心 10 min,取上清液 12 000 r/min 离心 30 min,小心吸弃上清液。沉淀用重悬缓冲液(含 1%酪蛋白、0.05% PEG6 000、0.05% Tween-20、0.01 mol/L pH 7.2 的 PBS 缓冲液)恢复至原体积。12 000 r/min 离心 30 min,弃上清液。沉淀用胶体金稀释液(含 1% 酪蛋白、0.05% PEG 6 000、5%蔗糖、0.05% Tween-20、0.01 mol/L pH 7.2 的 PBS 缓冲液)恢复至原体积的 1/10,置 4℃冰箱备用。

4. 制片、负染、电镜观察

取纯化的 NDV 溶液 1 滴,滴加于铜网上,室温吸附 15 min;锇酸对样品进行固定,然后用 0.1% 的 PBS 漂洗 3 次,每次 5 min,吸去余液;添加 1 滴胶体金标的 NDV 抗体于铜网上,37℃条件下作用 20 min,PBS 洗 3 次,每次 5 min,吸去余液;铜网用磷钨酸负染 5 min,干燥后电镜观察。

【结果判定】

在阴、阳性对照成立的前提下,电镜下呈现胶体金颗粒,同时观察到病毒样颗粒的存在,判为阳性(＋),否则为阴性(－)。

【注意事项】

(1)制备的胶体金颗粒(18～20 nm)大小应较均匀、分散良好,应无成团和成堆的现象。

(2)在胶体金的制备过程中,使用的器皿需硅化,试剂要用分析纯,需使用三蒸馏水配制溶液。

(3)在胶体金的制备过程中,还原剂应一次迅速加入,搅拌应均匀,一次制备的量不应太大,加入还原剂后颜色变至所需颜色后应及时停止加热。

(4)制备好的胶体金最好在 4℃保存,及早进行标记等。

(5)所有溶液均须经加有微孔滤纸(0.45 μm 孔,国内外现均有商品提供)的注射器过滤,过滤后直接以注射器冲洗。

(6)冲洗在胶金标记技术上非常重要,仅次于抗体血清的纯度。一般应漂洗 3×5 min,以注射器喷水漂洗效果优于杯漂洗法,但漂洗水流需与网面平行,勿使水压破坏样品片。

(7)样品的固定对抗体抗原的结合有干扰,因此应采取较为温和的样品制备方法。

【临床应用】

在电镜水平,金颗粒具有较高的电子密度,清晰可辨,胶体金免疫电镜技术除用于病毒样颗粒的观察外,还可以用于透射电镜的超薄切片观察,也可以用于扫描电镜对细胞表抗原、受体进行标记、定位观察。

【思考题】

1. 胶体金作为标记物具有哪些优点?

2. 胶体金制备过程中的影响因素有哪些?

二、铁蛋白免疫电镜技术

【实验原理】

免疫铁蛋白技术是以铁蛋白标记抗体,再以铁蛋白标记抗体与待检抗原反应。通过电镜观察铁蛋白所在的位置,以达到检测抗原的目的。

【实验材料】

(1)马脾铁蛋白。

(2)2％硫酸铵溶液。

(3)20％硫酸镉溶液。

(4)双异氰酸镉二甲苯(metaxylene dlisocyante XC)溶液:用 0.30 mol/L pH 9.5 硼酸盐缓冲液将 XC 配制成 1％溶液。注意配制的水及容器必须特别清洁,配制后放置 4℃数天,以不出现沉淀为准。如出现沉淀多聚体形成,应重配。

(5)0.30 mol/L pH 9.5 硼盐酸缓冲液。

(6)0.1 mol/L 硫酸铵溶液。

(7)0.05 mol/L pH 7.4 PBS 溶液。

【操作方法】

1. 铁蛋白制备

(1)配制 2％硫酸铵溶液,并以 1 mol/L 的 NaOH 或 HCl 调 pH 至 5.85。取 1 g 铁蛋白溶于 100 mL 2％硫酸铵液中。

(2)加 20％硫酸镉溶液,使最终浓度为 5％,混匀,4℃过夜。

(3)1 500 r/min 离心(4℃)2 h,去上清液。继续加 2％硫酸铵溶液至 100 mL,混匀,离心,除去沉淀。

(4)于上清液中加入 20％硫酸镉溶液,重复步骤(2)、(3),离心,去上清液。

(5)沉淀置显微镜下观察,结构应具有典型的黄褐色结晶,结晶为六角形,双一四点结构,如结晶不典型,应继续重复以上步骤。

(6)用少量的蒸馏水溶解沉淀,再加 50％饱和硫酸铵溶液,使之沉淀,离心,去上清液。

(7)重复步骤(6)一次。

(8)用少量蒸馏水溶解沉淀,蒸馏水水透析 24 h 后,再以 0.05 mol/L pH 7.5 PBS 透析 24 h。

(9)透析物 100 000 r/min 离心 2 h,去除上部无色上清液(约 3/4 总量),置 4℃过夜。

(10)用微孔滤膜(孔径 0.45 μm)过滤,使铁蛋白含量为 65～75 mg/mL,分装,4℃保存。溶液不要冻干保存,以免铁蛋白结构遭破坏。

2. 铁蛋白-抗体交联

(1)用 0.3 mol/L pH 9.5 硼酸盐缓冲液将铁蛋白稀释至 20～25 mg/mL。

(2)以 1∶1 000(W/W)的比例加入 XC 液,室温搅拌 45 min,离心去沉淀。

(3)用 0.3 mol/L pH 9.5 硼酸盐缓冲液将纯化的 IgG 稀释至 5 mg/mL,按 1∶4 的比例(V/V)加入 IgG 与铁蛋白-XC 液,4℃搅拌 48 h。

(4)用 0.1 mol/L 碳酸铵溶液透析过夜,以除去多余的异氰酸盐,再以 0.05 mol/L pH 7.5 PBS 透析,使 pH 恢复到生理水平。

(5)超速离心 5 h,去上清,沉淀用 0.05 mol/L PBS 悬浮,再次离心,除去未结合的 IgG。

(6)用免疫学方法检测铁蛋白-抗体结合物的特异性、免疫活性以及标记效应。将制备的铁蛋白-抗体交联物分装,4℃保存。

3. 铁蛋白-抗体结合物与样品免疫染色

分为包埋前染色、包埋后染色和超薄切片免疫染色 3 种。

包埋前染色法:即先行免疫染色。在解剖显微镜下将免疫反应阳性部位取出,修整成小块,按常规电镜方法处理,经锇酸固定、脱水、包埋。其优点是切片染色前不经过锇酸后固定、脱水及树脂包埋等过程,抗原未被破坏,易于获得良好的免疫反应。

(1)将检测组织用 5％福尔马林 pH 7.2 PBS 溶液 4℃固定 40～60 min。

(2)用冷的 PBS 液洗涤,除去余液。

(3)在解剖显微镜下将组织切成更小块,放入试管中,加入铁蛋白-抗体结合物,室温置 20 min,不时振荡。

(4)组织小块用冷 PBS 液洗涤 3 次,除去余液。

(5)用 2.5％戊二醛固定 20 min,PBS 洗涤。

(6)再用锇酸固定,脱水、包埋。

(7)切片、电镜观察。

包埋后染色法:组织样品经过固定、脱水及包埋、制成超薄切片后,再进行铁蛋白-抗体结合物染色。操作如下:

(1)将培养细胞用 1‰福尔马林 PBS 液固定(4℃)。

(2)PBS 液洗涤、离心。

(3)将细胞沉淀物用 0.5 mL 30％牛血清蛋白 PBS 液悬浮,置透析袋中,再将透析袋置于吸水粉末上,待透析液成胶状时,将透析袋移至 2％戊二醛 PBS 液(pH 7.5)中固定 3 h。

(4)取出透析物,切成小块,以 PBS 液洗涤。

(5)置干燥器中用硅胶干燥。

(6)包埋、切片:将制备的切片置于经 4％牛血清白蛋白 PBS 液处理的披有胶膜的载网上(牛血清白蛋白的处理在于减少铁蛋白结合物非特异性吸附于载网上)。

(7)取适量铁蛋白-抗体结合物,滴于载网-样品切片面上。

(8)5 min 后,载网-样品切片面向下,以除去多余的结合物。

(9)晾干后,加 1 滴乙酸双氧铀或氢氧化铅于载网-样品切片面,复染。

(10)水洗、晾干、电镜观察。

超薄冰冻切片法:将组织置于 2.3 mol/L 蔗糖液中,以液氮速冻,在冰冻超薄切片机上切片。冰冻超薄切片由于不需经固定、脱水、包埋等步骤,直接进行免疫染色,所以抗原性保存较好,兼有包埋前和包埋后染色的优点。其操作步骤与包埋后染色法基本相同,组织经在冰冻超薄切片后的操作方法参见包埋后染色法(7)、(8)、(9)、(10)。

【结果判定】

在阴、阳性对照成立的前提下,电镜下呈现黑色颗粒,即表示抗原的存在,判定为阳性(＋),否则为阴性(－)。

三、酶免疫电镜技术

【实验原理】

酶免疫电镜技术是用酶标记抗体,再以酶标记抗体与待检抗原反应。利用酶对其底物的高效催化作用,形成不同电子密度的复合物,借助于电子显微镜观察,证明酶反应复合物的存在,对抗原进行定位,以达到检测抗原的目的。

【实验材料】

(1)PBS 液:取 NaCl 8.5 g、Na_2HPO_4 0.85 g、KH_2PO_4 0.54 g,加水至 1 000 mL。

(2)DAB 溶液:取 5 mg DAB(3,3-二氨基联苯胺)加入 10 mL Tris-HCl 缓冲液(0.05 mmol/L pH 7.6)中,加 1％H_2O_2 0.5～1 mL。配制时,避光进行,现用现配。

(3)戊二醛固定液:取 50 mL 0.2 mol/L PBS 缓冲液与 25％戊二醛按以下比例配制:

0.2 mol/LPBS 液	50	50	50	50	50
25％戊二醛(mL)	4	6	8	10	12
重蒸馏水(mL)	46	44	42	40	28
固定液终浓度(％)	1.0	1.5	2.0	2.5	3.0

【操作方法】

(1)取材:将培养细胞或悬浮细胞离心沉淀后,用 0.1 mol/L PBS 液洗涤,立即转入 pH 7.2 固定液(2%甲醛液或 2%戊二醛液均可),4℃固定 5～30 min(依抗原性质所定)。如病料为组织块,则取适当大小,先固定 1 h 然后取出,以新的双面刀片切成 50～100 μm 的薄组织,再行固定 1～2 h。

(2)漂洗:以 PBS 液漂洗过夜,换液 3～4 次。

(3)血清孵育:血清与组织片 37℃ 1 h 或 4℃孵育过夜,孵育的组织片置于加盖的瓷盘内,底层垫数层纱布。防止抗血清干燥,不易洗脱,造成非特异性吸附。

(4)PBS 冲洗 3～4 次,每次 10 min。

(5)2.5%戊二醛固定 15～30 min。

(6)PBS 液冲洗 3～4 次,每次 10 min。

(7)酶标记抗体孵育:用适当稀释的酶标抗体(即工作浓度)于 37℃湿盒内与组织片孵育 1 h 或 4℃过夜。

(8)PBS 液冲洗 3～4 次,每次 10 min 或 4℃漂洗过夜。

(9)酶显色:将漂洗后的组织片浸入 DAB-H_2O_2 底物溶液中,20℃ 10～30 min。显色强弱与戊二醛的固定有关。若显色弱,则可减少戊二醛的固定时间或取消戊二醛的固定。

(10)常规包埋、切片、电镜观察:在经过脱水、包埋确定组织抗原性不致失活的前提下,可在包埋切片后进行染色,切片一般在 2～4 μm,切片后染色不存在通透困难的问题。无论在染色后切片还是在切片后染色,最好在光镜下定位选择后再做电镜定位包埋,这样目的性强,可减少工作量。

【结果判定】

在阴、阳性对照成立的前提下,电镜下呈现棕色颗粒,即表示抗原的存在,判定为阳性(+),否则为阴性(-)。

(陈金顶)

第五章

补体参与的实验

概　述

补体是存在于正常人和脊椎动物血清及组织液中,具有类似酶活性的一组蛋白质。利用补体能与抗原-抗体复合物结合的性质,建立检测抗原或抗体的免疫学试验,即所谓补体参与的检测技术,可用于人和动物一些传染病的诊断与流行病学调查。

补体参与的检测技术的基本原理是:抗体分子(IgG,IgM)的 Fc 段存在补体受体,当抗体没有与抗原结合时,抗体分子的 Fab 片段向后卷曲,掩盖 Fc 片段上的补体受体,因此不能结合补体。但当抗体与抗原结合时,两个 Fab 片段向前伸展,Fc 片段上的补体受体暴露,补体的各种成分相继与之结合使补体活化,从而导致一系列免疫学反应。即通过补体是否激活来证明抗原与抗体是否相对应,进而对抗原或抗体做出检测。

补体参与的检测技术可大致分为两类:一类是补体与细胞的免疫复合物结合后,直接引起溶细胞的可见反应,如溶血反应、溶菌反应、杀菌反应、免疫黏附反应、团集反应等;另一类是补体与抗原-抗体复合物结合后不引起可见反应(可溶性抗原与抗体),但可用指示系统如溶血反应来测定补体是否已被结合,从而间接地检测反应系统是否存在抗原-抗体复合物。本章主要介绍的是补体结合实验、溶血空斑实验和补体活性测定实验。

实验三十三　补体结合实验

【实验目的和要求】

以布氏杆菌病补体结合反应为例,掌握补体结合反应的原理、操作方法及结果的判定。

【实验原理】

由于抗体分子存在补体结合位点,故当一些可溶性抗原(蛋白质、多糖、类脂、病毒等)或者颗粒性抗原(细菌、红细胞等)与相应抗体发生特异性结合后,抗体分子结构由"T"字形变成"Y"字形,随即暴露补体结合位点。也就是说,抗体与抗体形成的复合物可以作为补体的激活物,与补体发生结合,但这一反应肉眼不能觉察。如再加入红细胞和溶血素,即可根据是否出现溶血反应来判定反应系统中是否存在相对应的抗原和抗体。此反应即为补体结合反应。补体结合反应中的抗体主要是 IgG 和 IgM。本试验包括 2 个反应系统,一为检测系统或称溶菌系统,即已知的抗原(或抗体)、被检的抗体(或抗原)和补体;另一为指示系统或称溶血系统,包括绵羊红细胞、溶血素(即绵羊红细胞多次免疫家兔采集血清,加入甘油制成)和补体。抗原与血清混合后,如果二者是对应的,则发生特异性结合,成为抗原抗体复合物,这时如果加入补体,由于补体能与各种抗原-抗体复合物结合(但不能单独和抗原或抗体结合)而被固定,不再游离存在。在溶血系统指示下,绵羊红细胞不出现溶血,故整个反应呈阳性。如果抗原-抗体不对应或没有抗体存在,则不能形成抗原-抗体复合物,加入补体后,补体不被固定,依然游离存在。在溶血系统指示下,补体会与绵羊红细胞和溶血素结合,促使绵羊红细胞溶血,故整个反应呈阴性。补体结合试验原理参见图 33-1。

【实验材料】

(1)布氏杆菌病补体结合抗原。

(2)溶血素。

(3)补体。

(4)3％绵羊红细胞悬液。

(5)标准阳性血清。

(6)标准阴性血清。

(7)被检血清。

(8)生理盐水。

【操作方法】

1. 预备试验

(1)3％绵羊红细胞悬浮液制备:由于健康成年公绵羊红细胞不易发生自溶而且还极易与溶血素结合,故通常用公绵羊红细胞。将绵羊血液采集于带有玻璃珠的无菌容器中,充分振摇,使脱去纤维,此时血液失去凝固性,称脱纤血。亦可用阿氏液保存血液,将绵羊血直接采入盛阿氏液瓶内,血量应大致与阿氏液量相等。摇匀,置 4℃保存,可保存 3 周左右。用时将血液移入离心管内,加 3～5 倍量生理盐水,离心沉淀洗涤 3 次,每次 2 000 r/min,离心 10 min,

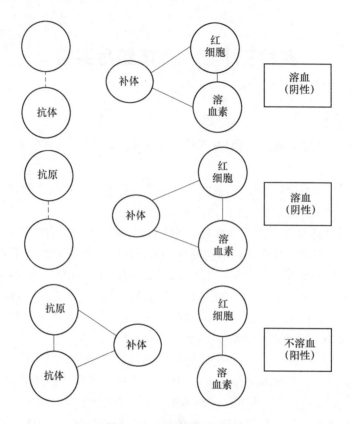

图 33-1   补体结合实验原理

然后去掉上清液,红细胞泥用生理盐水配成 3% 悬液,备用。

(2)溶血素效价测定:通常由洗涤过的绵羊红细胞免疫家兔制备,即抗红细胞的抗血清。抗血清经 56℃ 30 min 灭能除去补体,这过程是补反实验的关键。再加入等量甘油于 4℃ 保存,或不加甘油于 −20℃ 冻结保存。现也有商品化的溶血素出售,用前需测定溶血素效价。

溶血素效价测定方法:先将溶血素稀释成 100 倍,即 0.2 mL 的溶血素(其中含等量的甘油)加入 9.8 mL 生理盐水混合即可。再按表 33-1 配成不同稀释倍数的溶血素。

表 33-1   溶血素稀释表

mL

稀释倍数	1 000	1 200	1 500	1 800	2 000	2 500	3 000	3 500	4 000
1:100 溶血素	0.10	0.10	0.10	0.10	0.10	0.10	0.10	0.10	0.10
生理盐水	0.90	1.10	1.40	1.70	1.90	2.40	2.90	3.40	3.90
全量	1.00	1.20	1.50	1.80	2.00	2.50	3.00	3.50	4.00

另取小反应管一列,按次序从每一稀释液取 0.50 mL 分别加入各管中,添加时应由稀释度大的稀释液加起,这样可不必更换吸管。然后再加入生理盐水 1.00 mL,1:20 补体和 3% 红细胞悬液各 0.50 mL。在 37℃ 水浴槽中放 20 min 后判定结果。详细操作程序见表 33-2。

试验中发生全部溶血的溶血素最大稀释倍数(即 1:2 000),为溶血素的效价,亦称一个溶血单位。做正式试验时,溶血素按 2 个单位稀释使用。在本例中,其使用浓度应为 1:1 000。

表 33-2　溶血素效价测定示例

稀释倍数	1 000	1 200	1 500	1 800	2 000	2 500	3 000	3 500	4 000	溶血素对照	补体对照	血球对照
溶血素	0.50	0.50	0.50	0.50	0.50	0.50	0.50	0.50	0.50	0.50		
生理盐水	1.00	1.00	1.00	1.00	1.00	1.00	1.00	1.00	1.00	1.50	1.50	2.00
1：20 补体	0.50	0.50	0.50	0.50	0.50	0.50	0.50	0.50	0.50	—	0.50	—
3％红细胞	0.50	0.50	0.50	0.50	0.50	0.50	0.50	0.50	0.50	0.50	0.50	0.50
37℃水浴 20 min												
结果	全部溶血				部分溶血			不溶血				

（3）补体效价测定：取健康豚鼠 3 只以上，每只从心脏取血 8～15 mL，注入培养皿内，放入 37℃温箱内 30 min，取出置 4℃冰箱内，待血清析出后，吸入离心管中，3 000 r/min 离心 15 min，取上清趁新鲜稀释使用。如一次采取大量补体，可定量（1～2 mL）分装于青霉素瓶内，置低温冰箱冻存，避免反复冻融。也可直接购买补体冻干粉，使用前仅需用蒸馏水溶解至规定容积即可。冻干补体在 −20℃可保存数年，但要防止反复冻融，以免影响活性。测定和使用补体时，按表 33-3 进行。

表 33-3　补体效价测定表

试管号	1	2	3	4	5	6	7	8	9	10	11	对照
1：20 补体	0.10	0.13	0.16	0.19	0.22	0.25	0.28	0.31	0.34	0.37	0.40	—
生理盐水	0.90	0.87	0.84	0.81	0.78	0.75	0.72	0.69	0.66	0.63	0.60	1.00
1 个工作量抗原	0.50	0.50	0.50	0.50	0.50	0.50	0.50	0.50	0.50	0.50	0.50	0.50
37℃水浴 20 min												
致敏红细胞	1.00	1.00	1.00	1.00	1.00	1.00	1.00	1.00	1.00	1.00	1.00	1.00
结果	部分溶血				全部溶血				不溶血			

补体效价测完后，按表添加各种成分。所用的致敏红细胞是将 2 单位溶血素和 3％绵羊红细胞液等量混合后，置 37℃水浴中 15 min，即成为致敏红细胞。

在 2 单位溶血素的存在下，能使 0.50 mL 的 3％绵羊红细胞完全溶血的最小补体量，即为该补体的效价。在本例中，补体效价为 1：20，稀释液 0.25 mL。效价测完后，按下列计算原补体在使用时应稀释的倍数：

$$0.50/0.25 \times 20.0 = 40.00$$

即此补体应作 1：40 稀释使用，每管加入 0.50 mL，此即为 1 个单位补体。考虑到补体性质不稳定，在操作过程中效价会降低，故此使用浓度比原效价大 10％左右较为适宜。因此，本批补体应用 1：36 稀释使用，每管加入 0.50 mL。

（4）抗原效价测定：布氏杆菌病补体结合反应抗原是选用抗原性良好的猪源或牛源布鲁氏杆菌菌株，接种适宜培养基培养，收获菌体，经加热灭活、离心后悬浮于 0.5％苯酚生理盐水中，再经 108℃高压裂解处理后，置冷暗处浸泡，离心取上清液滤过制成。布氏杆菌病补反抗原可向直接购买，新购抗原可按使用说明书或标签标明的效价稀释应用。如因保存时间过久或其他原因,抗原效价可能发生变化,使用前需要重新测定。

①抗原稀释:用生理盐水将抗原原液做成 9 种稀释液,方法如表 33-4 所示。

表 33-4　抗原稀释表

项目	管号								
	1	2	3	4	5	6	7	8	9
稀释倍数	10	50	75	100	150	200	300	400	500
生理盐水/mL	9.00	4.00	6.50	13.5	1.50	2.00	3.00	3.00	4.00
抗原/mL	1.00	1.00	1.00	1.50	3.00	2.00	1.50	1.00	1.00
实存量/mL	6.50	5.00	7.50	6.50	4.50	4.00	4.50	4.00	5.00

②血清稀释:取标准阳性血清一份,用生理盐水按表 33-5 做成 5 种稀释液,在 60℃水浴中灭能 30 min。

表 33-5　标准阳性血清稀释表　　　　　　　　　　　　　　　　　　mL

项目	稀释倍数				
	10	25	50	75	100
生理盐水	9.00	9.60	9.80	7.40	9.90
血清	1.00	0.40	0.20	0.10	0.10

③操作法:按表 33-6 进行。摆 12 排反应管,由左向右加入不同稀释度的抗原 0.50 mL。然后再由上向下,第 1 排的 9 个试管各加入 1:10 灭能的阴性血清 0.50 mL。第 2 排的 9 个试管各加入生理盐水 0.50 mL。第 3 排至第 7 排试管分别加入不同稀释度的强阳性血清 0.50 mL。第 8 排到第 13 排再分别加入不同的稀释度弱阳性血清 0.50 mL。所有试管加入一个单位补体 0.50 mL,混匀后置 37℃水浴箱 20 min 取出,每管加致敏血球 1.00 mL,摇匀后,置 37℃水浴 20 min,取出,观察反应结果。

表 33-6　抗原效价测定表　　　　　　　　　　　　　　　　　　　mL

项目	抗原稀释倍数								
	10	50	75	100	150	200	300	400	500
抗原	0.50	0.50	0.50	0.50	0.50	0.50	0.50	0.50	0.50
稀释血清	0.50	0.50	0.50	0.50	0.50	0.50	0.50	0.50	0.50
补体	0.50	0.50	1.50	0.50	0.50	0.50	0.50	0.50	0.50
	37℃水浴 20 min								
致敏红细胞	1.00	1.00	1.00	1.00	1.00	1.00	1.00	1.00	1.00
	37℃水浴 20 min								

抗原效价测定的结果(表 33-7)根据溶血百分数来判定。

表 33-7　抗原效价测定结果示例

抗原稀释	10	50	75	100	150	200	300	400	500
1:10	0	0	0	0	0	10	30	30	500
1:25	0	0	0	0	0	20	40	40	100
阳性血清 1:50	10	0	0	0	10	30	50	50	100
1:75	50	20	10	0	20	50	70	70	100
1:100	80	80	70	60	90	100	100	100	100

注:表中 0~100 均为溶血的百分比。

表 33-7 是标准阳性血清测定结果的一个示例。按比例,抗原 1:100 稀释液与阳性血清的各稀释度所发生的抑制溶血现象最强,则此批抗原的效价为 1:100,这就是一个抗原工作量。应注意,测定抗原必须用患病的本属动物的阳性血清,不可使用注射布氏杆菌死菌免疫家兔的高免血清。

(5)待检血清:被检血清要求新鲜、清亮透明、无溶血、防止细菌污染,并且避免反复冻融。对于冰冻保存的血清融化后应充分混匀,可以采用上下颠倒的方式混匀,避免剧烈振荡。血清稀释的量必须准确,否则对于补体活性具有明显的影响。若血清近期内不能送到实验室进行检测,也可加入防腐剂。通常每毫升血清加入 5% 石炭酸生理盐水 1~2 滴,也可用干燥硼酸粉防腐,其在血清中的含量为 1%~2%。

待检血清采血时,最好在早饲前或在停食后 6 h,以免血清混浊。采血后,趁血未凝固,将试管斜置,使其凝成斜面。凝固后将试管置于温暖处,使血清析出,经过 10 余小时,将血清倾入另一干净无菌试管中。如血清析出不良时,可将血凝块划破,并使之从管壁脱离,放于冷暗处,使血清充分析出。

2. 预备实验完毕之后,即可进行本实验(参见表 33-8)

(1)反应系统作用阶段:待检血清作 1:10 稀释,分装两管,各 0.50 mL。其中一管加抗原,一管不加抗原,作为血清抗补体对照。对照血清用阳、阴性血清各一份。补体加一个单位 0.50 mL。混合后,置 37℃水浴中 20 min。

(2)溶血系统作用阶段:在上述管中加入致敏血细胞 1.00 mL,混匀,再于 37℃水浴中放 20 min。反应结束时,观察溶血程度。在对照组成立的前提下,即阳性血清对照管 100% 抑制溶血,其他对照组均为 100% 溶血,判定试验管。

表 33-8　布氏杆菌病补体结合反应本试验操作程序

试验管	待检血清		阳性血清对照	阴性血清对照	抗原对照	补体对照
	试验	对照				
1:10 血清	0.50	0.50	0.50	0.50	—	—
抗原(一个工作量)	0.50	—	0.50	0.50	0.50	—
补体(一个工作量)	0.50	0.50	0.50	0.50	0.50	0.5
生理盐水	—	0.50	—	—	0.50	1.00
			37℃水浴 20 min			
致敏血细胞	1.00	1.00	1.00	1.00	1.00	1.00
			37℃水浴 20 min			
结果(例)	+++	—	++++	—	—	—

【结果判定】

　　＋＋＋＋:90％～100％抑制溶血。

　　＋＋＋:50％～90％抑制溶血。

　　＋＋:30％～50％抑制溶血。

　　＋:10％～30％抑制溶血。

　　－:0～10％抑制溶血。

　　用该方法检测布氏杆菌病时,若反应为"＋＋＋＋"或"＋＋＋"时,可判为阳性;若为"＋＋"或"＋"时判为可疑;若为"－"时判为阴性。

　　为了判定上的方便,可制出标准溶血管。其制法为:取在本实验中使用的3％绵羊红细胞混悬液5 mL于离心管中,离心沉淀,去上清液,加入20 mL蒸馏水,用力振摇,使红细胞完全溶解,再加入5 mL 4.50％氯化钠溶液,此为100％溶血液。取本实验用的3％红细胞混悬液5 mL,于20 mL生理盐水混合,此为100％不溶血的红细胞混悬液。

　　取11支反应管,其管口粗细应与所用的反应管相一致。按表33-9加入上述2种成分。

表33-9   标准溶血管配制

项目	试管号										
	1	2	3	4	5	6	7	8	9	10	11
100％溶血液	2.00	1.80	1.60	1.40	1.20	1.00	0.80	0.60	0.40	0.2	—
100％不溶血混悬液	—	0.20	0.40	0.60	0.80	1.00	1.20	1.40	1.60	1.80	2.10
溶血的百分比	100	90	80	70	60	50	40	30	20	10	0
相当于抑制溶血的百分比	0	10	20	30	40	50	60	70	80	90	100

【注意事项】

　　(1)补体结合反应操作相当繁杂,且需十分细致,参与反应的各个因子的量必须有恰当的比例。特别是补体和溶血素的用量。在正式试验前,必须准确测定溶血素效价、溶血系统补体价、溶菌系统补体价等活性以确定其用量。参与试验的各项已知成分必须预先滴定其效价,配制成规定浓度后使用,方能保证结果的可靠性。

　　(2)补体结合试验中某些血清等有非特异性结合补体的作用,称抗补体作用。引起抗补体作用的原因很多,如血清中变性的球蛋白及某种脂类、陈旧血清或被细菌污染的血清、器皿不干净,带有酸、碱等。因此本试验要求血清等样本及诊断抗原、抗体应防止细菌污染。玻璃器皿必须洁净。如出现抗补体现象可采用增加补体用量、提高灭活温度和延长灭活时间等方法加以处理。

　　(3)试验用的红细胞最好是采自成年健康公绵羊,因为该红细胞不易自溶,同时红细胞可以更好地与溶血素结合。采血后按常规方法进行玻璃球脱纤、洗涤。洗涤红细胞时,以红细胞上清液透明为准,弃掉上清液。如果多次洗涤仍有溶血,则表示红细胞太脆或缓冲液有问题,应弃去不用。

　　(4)正式实验时应设立各种对照,包括补体对照、抗原对照、血清对照、稀释液对照、被检血清对照等,用以判断试验是否成立,是否有抗补体现象出现。

　　(5)不同动物的血清,补体浓度差异很大,甚至同种动物中不同的个体也有差异。动物中以豚鼠的补体浓度最高,一般采血前停食 12 h,用干燥注射器自心脏采血,立即放于 4℃冰箱,在 2～3 h 内分离血清,小量分装后,－20℃冻结保存,冻干后可保存数年。要防止反复冻融,以免影响其活性。

　　(6)整个实验均用 0.85％生理盐水作为抗原、补体、溶血素、抗体的稀释液及反应液。如果生理盐水的 pH 过高或过低都会影响抗原和抗体的理化性质,所以要求生理盐水酸碱度的适宜范围在 pH 7.0～8.0。同时,要避免含有硫酸或盐酸的钙盐或钾盐。此外,血清学反应一般在 15～40℃范围内进行。温度越高反应进行得越快,但最适温度为 37℃。

【临床应用】

　　补体结合反应是诊断人、畜传染病常用的血清学诊断方法之一,其不仅可用于诊断传染病,如布氏杆菌病、鼻疽、牛肺疫、马传染性贫血、乙型脑炎、钩端螺旋体病、血锥虫病等,也可用于鉴定病原体,如对马流行性乙型脑炎病毒的鉴定和口蹄疫病毒的定型等。

【思考题】

　　1. 试述补体结合试验的原理和用途。

　　2. 影响补体结合试验结果的因素有哪些?

(闫芳)

实验三十四　溶血空斑实验

【实验目的和要求】

以琼脂平板溶血空斑试验反应为例,掌握溶血空斑试验反应的原理、操作方法及结果的判定。

【实验原理】

溶血空斑试验(plaque forming cell assay,PFC)是 Jerne 于 1963 年设计的用于体外检查和计数某种抗体(IgM 及其他类型 Ig)形成细胞的一种方法。该方法是将一定量绵羊红细胞(SRBC)免疫动物,随后取其脾制成淋巴细胞悬液与高浓度的 SRBC 混合后加入琼脂凝胶中,其中每个释放溶血性抗体的细胞可致敏其周围的 SRBC,当加入补体时,致敏的 SRBC 被溶解而形成了局部的溶血空斑,每一个空斑代表一个抗体形成细胞。溶血空斑实验具有特异性高、检测力强、直观等特点,故空斑数目多少反映抗体产生能力的强弱,可作为判断机体免疫功能的指标。此外,该实验还可以观察免疫应答的动力学变化,除适用于免疫学基础理论研究外,也可用以寻找抗肿瘤而不抑制机体免疫功能的新抗癌药。

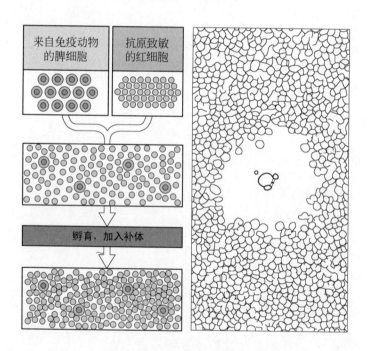

图 34-1　溶血空斑实验

【实验材料】

(1)培养皿、温箱、水浴锅、离心机、显微镜及细胞计数器。

(2)18～25 g 昆明系小鼠。

(3)2.00×10^9 个/mL 绵羊红细胞(SRBC)悬液。

(4)0.1 mol/L pH 7.2 PBS(含 Ca^{2+}、Mg^{2+})。

(5)琼脂糖。

(6)1% DEAE-右旋糖酐。

(7)补体。

【操作方法】

1. 绵羊红细胞(SRBC)悬液的制备

取无菌脱纤绵羊血(或阿氏液保存的血液),用灭菌生理盐水或磷酸盐缓冲盐水(PBS)洗3次,每次 2 000 r/min 离心 5 min,最后取压积红细胞(红细胞泥),悬于灭菌 pH 7.2 PBS(含 Ca^{2+}、Mg^{2+})中,使成为 20% 浓度,经细胞计数后,调整细胞浓度为 2.00×10^9 个/mL。

2. 补体的准备

采集 3 只以上豚鼠血清,应用时用 PBS 稀释成 1∶30 浓度(如不加 DEAE-右旋糖酐,可采用原补体或做 1∶5 稀释)。另外,也可直接购买补体冻干粉,使用前仅需用蒸馏水溶解至规定容积即可。冻干补体在−20℃可保存数年,但要防止反复冻融,以免影响活性。

3. 免疫脾细胞悬液制备

(1)小鼠免疫:每只小鼠经尾静脉或腹腔注入上述 SRBC 悬液 0.2 mL。

(2)脾细胞悬液的制备:将免疫后第 4 天的小鼠采取颈椎脱臼法处死小鼠,无菌解剖取出脾脏,放入含 Ca^{2+}、Mg^{2+}冷的 pH 7.2 的 PBS 中漂洗,去掉结缔组织,加入适量的 PBS,用弯头镊子(与脾细胞接部位越钝越好)反复轻刮脾细胞表面。用 PBS 反复冲洗脾脏静置 5 min,吸上清液至离心管中,1 500 r/min 离心 5 min,弃上清液后,定量加入 PBS,混匀,按细胞计数法计算脾细胞数,最后用 PBS 调整细胞数至 1.00×10^7 个/mL,一般每只鼠脾脏细胞数为(1~1.5)×10^8。

4. 注底层琼脂糖

将 1.4% 琼脂糖凝胶加热融化后,倾注于水平位置的平皿内,每皿 2~3 mL,凝固后,置 37℃温箱,平皿反扣,开盖 1 h 后备用。

5. 顶层琼脂的制备

将 0.7% 的琼脂融化后,置于 45℃恒温水浴锅中,依次加入以下试剂:

(1)2.00×10^9/mL SRBC 悬液 0.1 mL。

(2)1% DEAE-右旋糖酐 0.05 mL。

(3)1.00×10^7/mL 脾细胞悬液 0.1 mL。迅速混匀后,倾注于已铺好底层琼脂糖的培养皿内,使之均匀铺平凝固后,静置约 15 min,放置 37℃温育 1~1.5 h。

6. 加补体

从温箱中取出培养皿,每皿加入 1∶30 稀释的新鲜豚鼠血清 1.5 mL(如未加 DEAE-右旋糖酐,则加原血清或 1∶5 稀释的新鲜血清 1.5 mL),继续放 37℃温箱中温育 30 min 后取出,观察溶血空斑。也可在室温下放置 1 h,4℃冰箱过夜,次日观察结果。如需保存,可加入用生理盐水或 PBS 配制的 0.25% 戊二醛 6 mL 进行固定。

【结果判定】

观察时,将培养皿对着光亮处,用肉眼或放大镜观察每个溶血空斑的溶血状况,并记录整个平皿中的空斑数,同时求出每百万个脾细胞内含空斑形成细胞的平均数。

【注意事项】

(1)对 SRBC 的要求:因为 SRBC 既是免疫原,也是靶细胞和指示细胞,故要求 SRBC 应新鲜,洗涤不超过 3 次,每次 2 000 r/min 离心 5 min,细胞变形或脆性增大者均不能使用。阿氏液保存的血液可用两周。

(2)免疫所用 SRBC 的数量:尾静脉注射以 2.00×10^4 个/0.2 mL 为宜。腹腔注射为 4.00×10^8 个/mL,用量小,如低于 1.00×10^7 个/mL 注射 0.5 mL,空斑形成极少;用量过大,超过 2.50×10^9 个/mL,多不能形成空斑。

(3)采取免疫脾的时间:无论是经尾静脉还是腹腔免疫,均以免疫后第 4 天取脾为宜,过早或过晚空斑都形成极少。

(4)脾细胞的活力:为了保证脾细胞的活力,制备脾细胞过程中所用 PBS(或 Hank's 液),最好临用时方从 4℃ 冰箱中取出,或整个操作过程应在冰浴中进行。脾细胞计数时,如若细胞浓度过高需作适量稀释,力求细胞数量级正确。

(5)倾注平板的要求:底层要平,上层要把握好温度。

(6)补体的活力:补体活力的大小,对溶血空斑的形成关系很大。如出现抗体或补体的活力低下,将不能形成空斑。所以补体要新鲜,并宜将 3 只以上豚鼠血清混合。试验中加入 Ca^{2+}、Mg^{2+} 是为了活化补体。DEAE-右旋糖酐是一种多盐的水溶性物质,由于琼脂的半乳糖链上含有抗补体的硫酸酯基团,DEAE-右旋糖酐能与它形成不可置换的结合,而使之沉淀,从而消除琼脂的抗补体作用。

(7)空斑计数:要求判读准确,避免辨认造成的误差。遇可疑空斑时,应镜检,对肉眼结果进行核对。

【临床应用】

溶血空斑试验具有特异性高,筛选力强,可直接观察等优点,故可用做判定免疫功能的指标,观察免疫应答的动力学变化,并可进行抗体种类及亚类的研究。

【思考题】

1. 试述溶血空斑试验的原理和用途。
2. 影响溶血空斑试验结果的因素有哪些?

(闫芳,郭鑫)

实验三十五 补体活性测定实验

【实验目的和要求】

以补体 CH 50 反应为例,掌握动物血清中补体活性测定的原理、操作方法及结果的判定。

【实验原理】

补体最主要的活性是溶细胞作用,这种活性很容易通过溶血反应进行检测。在一个适当的、稳定的反应系统中,溶血反应对补体的剂量依赖呈一个特殊的"S"形曲线。如以溶血百分率为纵坐标,相应血清量为横坐标,可见在轻微溶血和接近完全溶血处,对补体量的变化不敏感。S 形曲线在 30%~70% 最陡,几乎呈直线,补体量的少许变动,也会造成溶血程度的较大改变,即曲线此阶段对补体量的变化非常敏感。因此,实验常以 50% 溶血作为终点指标,它比 100% 溶血更为敏感,这一方法称为补体 50% 溶血(complement hemolysis 50%),常简称为 CH 50。因此,本实验将新鲜待检血清做不同稀释后,与致敏的绵羊红细胞(SRBC)发生溶血反应,测定溶血程度,以 50% 溶血时的最小血清量判定终点,可测知补体总溶血活性。以 50% 溶血判断结果比 100% 溶血敏感、准确。

【实验材料】

(1)被检动物血清。

(2)巴比妥缓冲溶液。

(3)溶血素。

(4)2% 绵羊红细胞悬液。

【操作方法】

(1)2% 绵羊红细胞悬浮液制备:将绵羊血直接采入盛阿氏液瓶内,血量应大致与阿氏液量相等。摇匀,置 4℃ 保存,可保存 3 周左右。用时将血液移入离心管内,加 3~5 倍量生理盐水,离心沉淀洗涤 3 次,每次 2 000 r/min 离心 10 min,然后去掉上清液,红细胞泥用生理盐水配成 2% 悬液,备用。

(2)全溶血实验:用 pH 7.4 的巴比妥缓冲液按 1:50、1:30、1:20、1:10、1:5、1:1 的比例稀释被检动物血液。取无菌干燥的试管分别加入稀释后血液、巴比妥缓冲液、溶血素(2 单位)、2% 绵羊红细胞悬液(5×10^8 个/mL)各 0.5 mL,未加补体的(由巴比妥缓冲液将量补足)作为阴性对照。每种稀释比例的被检动物血液做 5 个平行管,3 次重复。摇匀,置 37℃ 水浴 30 min,显微镜下观察其溶血情况,以期确定补体的稳定性。

(3)50% 溶血的标准管配制:做 CH 50 试验时,应同时配制 50% 溶血的标准管。取 2% SRBC 悬液 0.5 mL,加 2.0 mL 蒸馏水,使 SRBC 全部溶解。再加入 2.0 mL 1.8%NaCl 溶液校正为等渗溶液。最后加入 2%SRBC 悬液 0.5 mL,即成为 50% 溶血状态。混匀后取该悬液 2.5 mL,随试验管一起进行温育,便是 50% 溶血标准管。

(4)CH 50 实验测定:血清用 pH 7.4 巴比妥缓冲液稀释成不同浓度,各血清分别按表 35-1 加样,37℃ 水浴 30 min,2 500 r/min 离心 5 min。

表 35-1　总补体溶血活性测定

试管号	1:20 稀释血清/mL	巴比妥缓冲液/mL	2 U 溶血素/mL	2% 红细胞/mL	结果/(U/mL)
1	0.10	1.40	0.5	0.5	200
2	0.15	1.35	0.5	0.5	133
3	0.20	1.30	0.5	0.5	100
4	0.25	1.25	0.5	0.5	80
5	0.30	1.20	0.5	0.5	66.6
6	0.35	1.15	0.5	0.5	57.1
7	0.40	1.10	0.5	0.5	52
8	0.45	1.05	0.5	0.5	44.4
9	0.50	1.00	0.5	0.5	40
10	0.00	1.50	0.5	0.5	—

温育后将所有试管离心 2 500 r/min 5 min,通过观察比较,选择溶血程度与标准管相近的两管在分光光度计上分别读取吸光度,以最接近标准管的那一管定为最高有效反应管,取其稀释倍数代入下列公式,求得 CH 50 的测定值(单位 U)。

$$每毫升血清总补体活性(单位) = \frac{1}{血清用量} \times 稀释倍数$$

【结果判定】

用 CH 50 法测定总补体溶血活性时,所测得的值与反应体积成反比例关系,上例采用的液体总量为 2.5 mL,测得的总补体活性的参考范围为 50~100 U/mL。

【注意事项】

(1)CH 50 法主要检测补体经典途径的溶血活性,所反映的主要是 9 种补体成分的综合水平。如果测定值过低或者完全无活性,首先考虑补体缺陷,可分别检测 C4、C2、C3 和 C5 等成分的血清含量;严重肝病时血浆蛋白合成能力受损,营养不良时蛋白合成原料不足,这些也都可以不同程度地引起血清补体水平下降。

(2)补体的溶血活性除与试验中反应体积成反比外,还与反应所用缓冲液的 pH、离子强度、钙镁浓度、绵羊红细胞数量和反应温度有一定关系。缓冲液 pH 和离子强度增高,补体活性下降,虽可稳定溶血系统,但过量则反而抑制溶血反应,故实验时对反应的各个环节应严加控制,统一步骤。

【临床应用】

在发生自身免疫疾病时,血清补体水平随病情发生变化。疾病活动期补体活化过度,血清补体水平下降;病情稳定后补体水平又反应性增高。另外,补体各成分在不同的自身免疫病时可有特征性的表现,因此补体检测常可作为自身免疫病诊断或是否有疾病活动的参考指标。细菌感染、特别是革兰阴性细菌感染时,常因补体旁路途径的活化过度引起血清补体水平降低。因此,不同动物体内补体水平的不同反映了对病原微生物,特别是细菌性病原体的抵抗水平。

【思考题】

1. 补体的 MBL 途径是如何发生的？
2. 为什么不同动物体内的补体水平可反映出对病原微生物的抵抗水平？

（李影）

第六章

中 和 实 验

概　述

　　动物机体受到某些病毒或细菌毒素感染后,体内产生特异性的抗体,该抗体能与相应的病毒粒子或毒素呈现特异性结合,有效阻止病毒或毒素对敏感细胞的吸附,或抑制其侵入,从而使病毒失去感染能力,这一抗体被称为中和抗体。因此,根据抗体能否中和病毒的感染性而建立起的免疫学实验就称为中和实验(neutralization test)。中和实验不仅可以在易感的实验动物体内进行,也可以在鸡胚或细胞上进行,以比较病毒受免疫血清中和后的残存感染力为依据,来判定免疫血清中和病毒的能力。最早的病毒中和实验采用动物接种,测定血清病毒感染后残存的病毒感染力。目前这一方法基本上全部被细胞水平的中和实验取代。中和实验极为特异和敏感,在病毒学研究中是一项十分重要的技术手段,主要用于病毒感染的血清学诊断、病毒分离株鉴定、不同病毒株抗原关系分析、疫苗免疫效力与免疫血清质量评价和测定动物血清中是否存在抗体等。

　　根据测定方法的不同,中和实验主要分为 2 种,一是测定能使动物或细胞死亡数目减少至 50%(半数保护率,PD_{50})的血清稀释度,即终点法中和实验。二是测定使病毒在细胞上形成的空斑数目减少至 50%的血清稀释度,即空斑减少法中和实验。另外,测定血清每分钟能使病毒感染价下降多少,即血清的病毒灭活率(K),可表示血清的中和效价,称为动态中和实验,但该方法不常用。

　　毒素和抗毒素的检测亦可通过中和实验进行,其方法与病毒中和实验基本相同。

实验三十六　终点法中和实验

【实验目的和要求】

本实验以测定鸡新城疫病毒中和抗体效价为例,要求掌握终点法中和实验的原理、操作方法及结果判定。并且还掌握 ELD_{50}、中和指数的求法及其所表示的意义。

【实验原理】

终点法中和实验(endpoint neutralization test)是滴定使病毒感染力减少至50%的血清中和效价或中和指数。病毒或毒素与相对应的抗体结合后,可使其失去对宿主系统(易感动物、细胞、鸡胚等)的致病性,通过测定使病毒感染力减少至50%的血清中和效价或中和指数,进而确定病原或中和抗体水平,从而达到诊断疾病、确立未知病原以及评价疫苗免疫原性等目的。

终点法中和实验主要包括固定病毒稀释血清及固定血清稀释病毒两种方法。前一种方法是将已知病毒量固定而血清作倍比稀释,常用于测定抗血清的中和效价,将病毒原液稀释成每一单位剂量含 200 LD_{50}(或 EID_{50},$TCID_{50}$),与等量的递进稀释的待检血清混合,置37℃感作1 h。每一稀释度接种3~6只实验动物(或鸡胚、培养细胞),记录每组动物的存活数和死亡数,按 Reed 和 Muench 法或 Karber 法,计算该血清的中和价;后一种方法是将病毒原液作10倍递进稀释,分装两列无菌试管,第一列加等量正常血清(对照组);第二列加待检血清(中和组),混合后置37℃感作1 h,分别接种实验动物(或鸡胚、细胞培养),记录每组死亡数、累积死亡数和累积存活数,用 Reed 和 Muench 法或 Karber 法计算 LD_{50},然后计算中和指数。

本实验以固定病毒稀释血清法测定鸡新城疫病毒中和抗体效价为例。

【实验材料】

(1)9~10 日龄 SPF 鸡胚。

(2)鸡新城疫病毒(NDV)。

(3)待检鸡新城疫抗血清。

(4)鸡新城疫病毒阳性血清。

(5)鸡新城疫病毒阴性血清。

【操作方法】

(1)病毒毒价的测定:将病毒作10倍递增稀释,选择4~6个稀释度接种鸡胚,每组3~6只,每只接种 0.1 mL。接种后观察一定时间内鸡胚的死亡数和生存数,24 h 之内死亡的鸡胚弃掉,24 h 之后死亡的鸡胚置4℃保存,连续培养5 d。根据累计死亡数和生存数,计算致死百分率,然后按 Reed-Muench 法或 Karber 法计算病毒的鸡胚半数致死量(ELD_{50})。

例如,若按 Karber 法计算,其公式为 lg $ELD_{50}=L+d(S-0.5)$,其中 L 为病毒最低稀释度的对数;d 为组距,即稀释系数,以 10 倍系列稀释时,d 为 -1;S 为死亡比值之和,即各组的死亡数/实验数之和。那么,根据表 37-1 所列数据,则 $S=6/6+5/6+2/6+0/6=2.16$,代入公式,则 lg $ELD_{50}=-4+(-1)(2.16-0.5)=-5.66$,即 $ELD_{50}=10^{-5.66}$。因此确定病毒的

毒价为 $10^{5.66}ELD_{50}/0.1$ mL,即表示该病毒经稀释至 $10^{-5.66}$ 倍时,每个鸡胚接种 0.1 mL,可使 50%的鸡胚死亡。表 36-1 为鸡胚存活情况。

表 36-1 鸡胚存活情况

病毒稀释度	鸡胚		
	生存数	死亡数	致死百分率%
10^4	0	6	100
10^5	1	5	83
10^6	4	2	33
10^7	6	0	0

(2)根据上述计算结果,将病毒原液稀释成含 $100 \sim 200$ ELD_{50} 的病毒液,然后与经 10 倍系列稀释的待检血清等体积混合,摇匀,37℃感作 1 h。

(3)取 0.1 mL 每一稀释度的待检血清与病毒的混合液,分别接种 $3 \sim 6$ 只鸡胚,鸡胚必须来自健康母鸡,并且没有新城疫抗体。接种后的鸡胚以石蜡封口,置 $37 \sim 38$℃培养,每天照蛋 2 次,24 h 之内死亡的鸡胚弃掉,24 h 之后死亡的鸡胚置 4℃保存,连续培养 5 d。每天记录各组鸡胚存活数和死亡数,同样按操作方法(1),计算待检血清中和抗体效价或中和指数。

(4)同时设标准阳性血清与病毒抗原混合及标准阴性血清与病毒抗原对照组,其操作程序同实验组。

【结果判定】

中和指数=中和组 ELD_{50}/对照组 ELD_{50}。如实验组的 ELD_{50} 为 $10^{-2.2}$,阴性血清 ELD_{50} 为 $10^{-5.5}$,那么根据公式,则中和指数为 $10^{-2.2}/10^{-5.5}=10^{3.3}$,查反对数为 1995,表明待检血清中和病毒的能力比阴性血清大 1 995 倍。本法多用以检出待检血清的中和抗体。对病毒而言,通常中和指数>50 者为阳性,$10 \sim 49$ 者判为可疑,<10 为阴性。

【注意事项】

(1)实验用病毒液需要进行无菌抽滤、加入双抗及超速离心等前处理。

(2)待检血清需要经灭能处理。动物血清中,含有多种蛋白质成分对抗体中和病毒有辅助作用,如补体、免疫球蛋白和抗补体抗体等。为排除这些不耐热的非特异性反应因素,用于中和实验的血清须经加热灭活处理。各种不同来源的血清,须采用不同温度处理,猪、牛、猴、猫及小鼠血清为 60℃;水牛、狗及地鼠血清为 62℃;马兔血清为 65℃;人和豚鼠血清为 56℃。加热时间为 $20 \sim 30$ min,60℃以上加热时,为防止蛋白质凝固,应先以生理盐水作适当稀释。

(3)选用 SPF 鸡胚用于本实验,同时每天两次照蛋观察,及时记录鸡胚的死亡情况。

(4)为保证实验结果的准确性,每次实验都必须设置对照,特别是在初次进行该种病毒的中和实验时,尤为重要。

①阳性和阴性血清对照:阳性和阴性血清与待检血清进行平行实验,阳性血清对照应不出现细胞病变,而阴性血清对照应出现细胞病变。

②病毒回归实验:每次实验都设立病毒对照。

③血清毒性对照:为检查被检血清本身对鸡胚有无任何毒性作用,设立被检血清毒性对照是必要的。即在鸡胚中加入低倍稀释的待检血清(相当于中和实验中被检血清的最低

稀释度）。

④正常鸡胚对照：即不接种病毒和待检血清的鸡胚。正常鸡胚对照应在整个中和实验中一直保持良好的形态和生活特征，为避免外界环境引起实验误差。

【临床应用】

中和实验极为特异和敏感，用组织细胞进行中和实验，有常量法和微量法两种，因微量法简便，结果易于判定，适于作大批量实验，所以近来得到了广泛的应用。中和实验在临床中应用较广泛，主要用于以下几个方面：

(1)病毒性传染病的诊断：利用已知抗体从病料中检测病毒抗原或从待检血清中检出抗体。

(2)病毒株的种型鉴定：中和实验具有较高的特异性，利用同一病毒的不同型的毒株或不同型标准血清，即可测知相应血清或病毒的型，故中和实验可以定属及定型。

(3)抗病毒血清或抗毒素效价的测定：中和抗体出现于病毒感染的较早期，在体内的维持时间较长。动物体内中和抗体水平的高低，可显示动物抵抗病毒的能力。

(4)鉴定细菌毒素类型或分析病毒和细菌毒素的抗原性。

(5)评价疫苗：疫苗研制的首要问题是如何评价其所产生的抗体的中和保护作用。中和抗体对有效的抗病毒体液免疫反应、有效地阻断初始感染和细胞间扩散很重要，很多疫苗都依赖中和抗体来发挥保护作用。对于疫苗而言，保护作用与抗体反应之间有关系，血清学方法的可靠性是由体液抗体与保护性之间的关联度决定的。

【思考题】

1. 如何利用中和实验评价疫苗的免疫原性？
2. 如何根据中和实验结果判定或诊断某种病毒性传染病？

(李影，郭鑫)

实验三十七 空斑减少法中和实验

【实验目的和要求】

掌握空斑减少法中和实验的原理、操作方法及结果判定。

【实验原理】

空斑减少法中和实验(plague reduction neutralization test)是应用病毒空斑技术,以使空斑数减少 50％的血清量作为中和滴度而建立起来的免疫学实验方法。该方法是近年来在培养细胞上进行病毒中和实验的常用方法之一。实验时,将已知空斑单位的病毒稀释到每一接种剂量含 100 空斑形成单位(PFU),加等量递进稀释的血清,37℃感作 1 h。每一稀释度接种 3 个已长成单层细胞的容器,每容器接种 0.2～0.5 mL。置 37℃感作 1 h,使病毒充分吸附,再在其上覆盖低融点营养琼脂,待琼脂凝固后置 37℃的 CO_2 温箱中培养。同时用同一稀释度的病毒加等量 Hank's 液同样处理作对照。数天后分别计算空斑数,用 Reed 和 Muench 法或 Karber 法计算血清的中和滴度。

【实验材料】

(1)24 孔培养板。

(2)无菌培养皿。

(3)9～10 日龄 SPF 鸡胚。

(4)含中性红的营养琼脂糖。

(5)Hank's 液。

(6)传染性法氏囊炎病毒(IBDV)。

(7)待检鸡血清。

【操作方法】

1. 鸡胚原代细胞的制备

在无菌条件下取 9～10 日龄 SPF 鸡胚,置灭菌培养皿中,除去头、爪和内脏,并剪成小块,用 Hank's 液等充分冲洗后移入青霉素瓶内,并剪成 1 mm^3 碎块,然后按常规胰蛋白酶消化法制备鸡胚成纤维细胞。在 37℃ CO_2 温箱内培养,长成良好单层细胞后备用。一般在 24～48 h 长成单层即可接种病毒。

2. 病毒空斑形成单位(PFU)的测定

(1)用不含血清的维持液将待检病毒作 10 倍系列稀释,选择适当稀释度的病毒悬液接到培养瓶内,接种量约为原营养液的 1/20～1/10,每个稀释度至少接种 3 瓶。置 37℃感作 1～2 h,使病毒充分吸附,吸附完毕后,吸出病毒液。

(2)取适量的含中性红的营养琼脂糖培养基,融化后降温至 42℃,注入细胞培养瓶内无细胞的一面,再将培养瓶慢慢翻转,使营养琼脂均匀地覆盖在细胞表面,厚度以不超过 3 mm 为宜。随后立即用黑纸或黑布盖住,平置 30～60 min,待琼脂糖凝固,置于暗箱内,37℃培养。每天观察细胞形态及出斑情况。

(3)病毒 PFU 值的计算：例如将 10^4 倍稀释的病毒悬液 0.2 mL 接种到细胞培养瓶中，若出现 40 个空斑，则每毫升病毒悬液的空斑形成单位为 $1/0.2 \times 40 \times 10^4 = 2 \times 10^6$（PFU/mL），即为原病毒悬液中感染病毒的浓度。

3. 待检血清中和滴度的测定

另取病毒悬液，将其浓度稀释调整为每 0.2 mL 含 80～100 个 PFU，然后与 10 系列稀释的待检血清等量混合，37℃感作 1～2 h。按照实验操作步骤 2，分别测定 PFU。同时用调整后的病毒液加入等量的 Hank's 液，经同样处理后，作为病毒对照组。数天后分别计算空斑数，用 Reed-Muench 法或 Karber 法计算待检血清的中和滴度，计算方法参照终点法中和实验。

【结果判定】

当空斑长到 1 mm 直径以上时，可在白色衬底上清楚看到红色背景中不着色的斑点，即定为一个空斑。以使空斑数减少 50% 的血清量作为该待检血清的中和滴度，其算法同终点法中和实验。

【注意事项】

(1)中性红是光动力活性染料，遇光时产生对病毒呈现毒性作用的物质，故将中性红营养琼脂糖注入细胞培养瓶后，应立即用黑纸或锡纸盖住，37℃培养时也要放在暗匣内避光。

(2)对出斑时间较迟和对中性红敏感的病毒，覆盖层中不应加中性红，但可根据病毒出斑时间选择适当时机单独加入中性红。

(3)实验用病毒液需要无菌处理，如抽滤、加入双抗、超速离心等。

(4)待检血清需要经灭能处理。

【临床应用】

空斑减少法中和实验是近年来在培养细胞上进行病毒中和实验常采用的方法。本法主要用于抗病毒血清或抗毒素效价的测定、病原检测等。

【思考题】

1. 影响空斑减少中和实验结果的因素主要有哪些？

2. 应用空斑减少中和实验可为生产和科学研究解决哪些问题？

3. 空斑减少法中和实验与终点法中和实验有何不同？

（李影）

实验三十八　细菌毒素中和实验

【实验目的和要求】

本实验以肉毒梭菌毒素中和实验为例,要求掌握细菌毒素中和实验的原理、操作方法及结果判定。

【实验原理】

细菌毒素中和实验是指应用中和抗体使相应毒素的毒性或致病性消失的实验。细菌毒素抗原与其中和抗体结合后,可形成免疫复合物而被巨噬细胞吞噬清除。同时还可以激活补体,促使毒素成分溶解。抗毒素亦可进行中和实验。

【实验材料】

(1)肉毒梭菌。

(2)厌气肉肝胃酶消化培养基。

(3)小鼠(体重 18～22 g)。

(4)家兔(体重 1 500～2 000 g)。

(5)透析袋(可透过物的分子量在 700 以下)。

【操作方法】

(1)厌气肉肝胃酶消化培养基制备:将绞好的牛肉和猪肝加入到含水的罐体内,然后加入盐酸,充分搅匀,再加入胃蛋白酶,充分搅拌,置 53～55℃ 消化 22～24 h,搅拌 10 h 后静止 12～14 h,取上清,加热至 80℃,然后加入蛋白胨、糊精煮开,调 pH,冷沉后即可使用。

(2)肉毒梭菌透析培养:将培养 24 h 的肉毒梭菌菌液装入透析袋内,封口,将袋置于厌气肉肝胃酶消化培养中。置 37℃ 再培养 3 d,然后无菌吸出菌液备用。培养基中的低分子营养物会穿过透析膜供细菌利用,而细菌的大分子产物则不能透出,从而得到了较纯净的菌体及代谢产物。

(3)肉毒梭菌毒素测定:将培养 3 d 后的肉毒梭菌透析菌液离心,取上清液用于毒价测定。上清液用无菌明胶缓冲液作 10 倍递减稀释,经静脉注射小白鼠,连续观察 5 d,记录小鼠死亡情况,计算最小致死量 MLD 值。一般而言,透析培养可获得 2 000 万～6 000 万 MLD/mL(小鼠静注),使用前将此毒素稀释成 2 000 万 MLD/mL(小鼠静注)的制品,经检验合格后备用。

(4)免疫用肉毒梭菌菌苗的制备:肉毒梭菌菌液用无菌生理盐水作 2∶1 的稀释,即 600 mL 盐水加 300 mL 菌液,按 0.6% 比例加入甲醛溶液,在 37℃ 条件下脱毒 10 d 后,取上清液 0.2 mL,分别给两只小白鼠静脉注射,无肉毒中毒症状,说明脱毒完全。取脱毒菌液 900 mL,加磷酸铝胶 2 100 mL(含磷酸铝 36 g、菌苗含磷酸铝 12 mg/mL),同时加入 0.01% 的硫柳汞,充分混合后,分装,无菌及安检后备用。

(5)肉毒梭菌毒素高免血清的制备:取家兔 4 只,首免用 1 000 倍稀释的菌苗皮下注射 2 mL,21 d 后,静脉注射 500 MLD/mL(小鼠静注)毒素加强免疫,间隔 8 d,静脉注射 1 万 MLD/mL(小鼠静注)毒素。4 d 后,再次静脉注射 100 万 MLD/mL(小鼠静注)毒素。10 d 后采血,测定抗毒素效价。

(6)肉毒梭菌毒素中和实验:取抗毒素血清 0.2 mL,加入 1.8 mL 盐水中,混匀(已 10 倍稀释)。再从 10 倍稀释液中移出 0.2 mL 加入 1.8 mL 盐水中,混匀(原血清已稀释 100 倍)。原血清的稀释梯度为 10^{-1}、10^{-2}、10^{-3}、10^{-4}、10^{-5}、10^{-6}。抗毒素血清效价测定可按表 38-1 进行。

表 38-1 抗毒素血清效价测定

血清稀释度	10^{-1}	10^{-2}	10^{-3}	10^{-4}	10^{-5}	10^{-6}
血清用量/mL	1	1	1	1	1	1
毒素效价			100 MLD/mL(小鼠静脉注射)			
			37℃,中和 30 min			
静注小鼠数量	1	1	1	1	1	1
注射剂量/mL	0.4	0.4	0.4	0.4	0.4	0.4

肉毒梭菌毒素亦按 10 倍稀释即可。毒素与抗毒素血清中和按等体积进行即可。同时设标准抗毒素血清与细菌毒素混合及标准阴性抗毒素血清与细菌毒素对照组,其操作程序同实验组。

【结果判定】

肉毒梭菌抗毒素血清效价或中和滴度,其计算方法同终点法中和实验。

【注意事项】

(1)经透析培养的肉毒梭菌在 12 h 开始生长,24 h 产生气休,并散发臭味,48 h 生长减弱,72 h 停止生长。培养物浓稠。涂片镜检,可见大量芽孢及菌影。毒素毒力极易达 2 000 万 MLD/mL(小鼠静脉注射)。

(2)本实验操作比较复杂,特别是制备肉毒梭菌毒素及毒价测定过程。因而,可以用某些细菌毒素的标准品或商品制剂来替代自备制品。

【临床应用】

本实验主要用于由各类产毒素细菌生产而来的抗毒素高免血清效价的测定。

【思考题】

1. 简述细菌毒素中和实验的操作流程。

2. 如何评估抗毒素制品的效果。

(李影)

第七章

细胞免疫检测技术

概　　述

　　细胞免疫检测技术主要用于评价机体的细胞免疫功能,包括免疫细胞数量、T 细胞亚群、免疫细胞活性、细胞因子检测技术(细胞因子检测内容丰富,另设第八章进行介绍)等。该技术通常用于 4 个方面:一是测定患病个体的细胞免疫状态及水平,以分析其发病机制,特别是对免疫缺陷、自身免疫病、肿瘤免疫以及细胞内病原感染等疾病过程中免疫水平评价具有重要意义;二是测定动物疫苗免疫或抗原注射后机体的细胞免疫反应,以分析疫苗免疫效果和抗原刺激 T 细胞免疫的表位,以及分析病原微生物的细胞免疫机制,在研究能刺激 T 细胞免疫的疫苗方面具有重要的意义;三是筛选免疫增强剂或免疫抑制剂,或研究化学药物、营养成分以及物理疗法对机体免疫功能的影响;四是在研制细胞因子制剂过程中,测定其活性及效价。

　　细胞免疫检测技术主要用于检测人和动物体内相关免疫细胞及其产生的免疫活性物质,它不及免疫血清学技术应用广泛。之前,细胞免疫检测技术在医学领域应用较广,而在动物方面应用较少,近年来随着研究工作的深入,细胞免疫检测技术在动物疾病的免疫与致病机理、动物营养与免疫等研究领域得到越来越多的应用。

实验三十九　E-玫瑰花环形成实验

【实验目的和要求】

掌握 E-玫瑰花环形成实验的原理;熟悉该实验的操作步骤;学会在普通光学显微镜下利用结合红细胞能力的不同区分淋巴细胞中的 T、B 淋巴细胞。

【实验原理】

淋巴细胞是动物体内最主要的免疫细胞,由于其表面标志和功能不同,可将其分为 T 淋巴细胞和 B 淋巴细胞两大主要类型。人和动物 T 淋巴细胞表面有红细胞受体(即 CD2 分子),将异种或同种动物的红细胞与之混合,在一定条件下,T 细胞能与不同数量的红细胞相结合,形成以 T 细胞为中心,红细胞环绕在周围,宛如一朵玫瑰花样的花环,故称为 E-玫瑰花环实验(erythocyte rosette test)。由于 B 淋巴细胞表面没有红细胞受体,因此可利用 E-玫瑰花环形成实验将 T 淋巴细胞和 B 淋巴细胞区分开来。

T 淋巴细胞的 E-玫瑰花环实验在不同实验条件下(孵育的温度和时间)形成的 E 花环,代表不同性质和状态的 T 细胞。4℃条件下作用 2 h 形成的花环,代表 T 细胞总数,称为 Et-花环(Erythrocyte total rosette);不经过 4℃作用,细胞混合后立即反应生成的花环代表 T 细胞的一个亚群,对 SRBC 的亲和性高,称为活性 E-花环实验(Erythrocyte active rosette)或早期 E 花环;在 37℃下孵育 30 min 形成的花环代表未成熟的稳定 T 细胞,称为稳定 Es 花环(Erythrocyte stable rosette)。早期玫瑰花环形成的 T 淋巴细胞是对 SRBC 具有高度亲和力的 T 细胞亚群,它与 T 细胞的体内外功能活性密切相关,能更敏感地反映机体细胞免疫的水平和动态变化,是目前检测细胞免疫水平最为简便快速的方法之一。在 Et-花环实验中,静止期和活动期的 T 淋巴细胞,均能与不同数量的 SRBC 自发形成 E-花环,所得 E 花环的百分率和绝对数可代表被检标本中全部 T 淋巴细胞的百分率和总数。是目前鉴定和计算外周血液和各种淋巴样组织中 T 淋巴细胞的最常用方法之一。

B 细胞表面没有红细胞受体,但具有免疫球蛋白 Fc 受体和补体 C3 受体,基于 E-玫瑰花环实验的原理,可以抗红细胞抗体(A)搭桥,将红细胞(E)连接于 B 细胞表面,或以补体(C)搭桥,将红细胞(E)与红细胞抗体(A)复合物连接于 B 细胞表面,分别称为 EA 玫瑰花环实验和 EAC 玫瑰花环实验。

【实验材料】

(1)抗凝剂:200 U/mL 肝素生理盐水溶液或 3.8%柠檬酸钠液。

(2)阿氏液(Alsever's solution),是一种红细胞保存液,含有抗凝剂柠檬酸钠和细胞需要的养分葡萄糖。配方:葡萄糖 2.05 g,柠檬酸钠 0.8 g,柠檬酸 0.055 g,氯化钠 0.42 g,加蒸馏水至 100 mL,pH 至 6.8,110℃ 10 min 灭菌,4℃保存。

(3)Hank's 液(无 Ca^{2+}、Mg^{2+})pH 7.2,配制见附录。

(4)淋巴细胞分离液:比重为 1.077~1.078 g/mL(或 1.082~1.084 g/mL)。

(5)绵羊红细胞悬液。

(6)固定剂:0.8%戊二醛,用 Hank's 液稀释。

(7)瑞氏染液、姬姆萨染液配制见操作方法(3)。

(8)离心机、水浴箱、显微镜等。

【操作方法】

1．绵羊红细胞悬液的制备

无菌颈静脉采取绵羊血,置于阿氏液中,也可用肝素抗凝,吸取红细胞,用 3～5 倍量的 Hank's 液洗涤 3 次,最后按红细胞压积用 Hank's 配成 1% 红细胞悬液。

2．淋巴细胞悬液的制备

(1)取灭菌试管,加入肝素,从待检动物采血 5～10 mL,摇动静置 1 h;

(2)另取离心管或小试管,加淋巴细胞分层液 1.5～2 mL,吸取富含白细胞的血浆约 1 mL,沿管壁徐徐重叠于分层液上,以 2 000 r/min 离心 20 min,离心完毕后,吸取血浆与分层液之间乳白色细胞层,即为淋巴细胞,粒细胞及红细胞沉于管底;

(3)将淋巴细胞移入加有 3～5 mL Hank's 液离心液的小试管中,1 500 r/min 离心 10 min,弃去上清液,轻轻使细胞悬浮,再用 Hank's 离心洗涤,重复 3 次,最后弃去上清液;

(4)用含 10% 小牛血清的 Hank's 液稀释淋巴细胞,使细胞数为 5×10^{6} 个/mL,即制成淋巴细胞悬液。

3．染液配制方法

(1)瑞氏染液:瑞氏粉 0.1 g,甲醇 60 mL,研碎混匀。

(2)姬姆萨染液:姬姆萨氏粉 0.5 g,纯甘油 33 mL,甲醇 33 mL,先将姬姆萨氏粉溶于甘油中,并置 60℃ 温箱中(或水浴中保温 1.5～2 h),最后加甲醇即可。

使用时,分别将(1)和(2)用 pH 6.4 PBS 稀释 1 倍。

4．Et 实验

将淋巴细胞悬液 0.1 mL 和绵羊红细胞 0.1 mL 混匀(细胞数合适比例为 1∶100),37℃ 水浴 10 min,500 r/min 离心 5 min,再置 4℃ 2 h 或过夜。取出后弃去大部分上清液,轻轻摇匀,加 0.8% 戊二醛 2 滴固定数分钟后,涂片,自然干燥后加 1 滴姬姆萨染液,覆以盖玻片,高倍镜观察。凡淋巴细胞周围吸附 3 个或以上绵羊红细胞者为阳性花环细胞。

5．Ea 实验

将淋巴细胞悬液 0.1 mL 和绵羊红细胞 0.02 mL 混匀(两者比例为 1∶20),500 r/min 离心 5 min,弃去大部分上清液,轻轻摇匀,加 0.8% 戊二醛 2 滴固定数分钟后涂片,其余程序同 Et 实验。

【结果判定】

凡一个淋巴细胞结合 3 个或 3 个以上的红细胞者为 1 个 E-玫瑰环。随机计数 200 个淋巴细胞,记录其中形成花结的和未形成花结的淋巴细胞数,然后根据下列公式计算 E-花环形成百分率:

$$E\text{-花环形成百分率} = \frac{形成花环细胞数}{计数的淋巴细胞总数} \times 100\%$$

一般正常值 Et 为 50%～70%,Ea 正常值为 25%～35%。

【注意事项】

(1)一定要用新鲜血液,无菌,否则会影响细胞活性,且绵羊红细胞受体会从 T 细胞表面脱落。红细胞用阿氏液保存最多不要超过 3 周,且不应溶血。

(2)反应条件对玫瑰花环形成率有较大的影响。一般 37℃作用 10 min,低速离心 5 min,置 4℃ 2～4 h,其结果稳定性较好,结合率较高。如若作用时间过长,则使花环变形,结合部位松弛甚至解离。在计数前,重悬和混匀细胞要轻柔,否则花环会散开消失。

(3)添加小牛血清有利于增加玫瑰花环形成细胞的稳定性,增强与指示红细胞结合的牢固性。此外,指示红细胞的动物种类也与玫瑰花环的形成率有关。如马淋巴细胞与豚鼠红细胞结合较好,而驴淋巴细胞则与绵羊红细胞结合较好。

【临床应用】

(1)通过 E 玫瑰花环实验,可了解机体 T 细胞总数及百分率,正常人的 ERFC 平均值为 50%～69%。在动物方面,由于实验条件不同,加之动物个体差异,测得的正常值范围较宽,差异较大。另外,日龄与 ERFC%也有密切关系,日龄越小,E-玫瑰花环形成率越高。根据资料报道,马的 ERFC%为 38%～66%、牛为 32%～62%、绵羊为 28%～80%、猪为 30%～46%、鸡约为 45%。

(2)分析某些疾病的发病机理,推测某些疾病的预后,如结核病、病毒性疾病、恶性肿瘤等疾病过程中,ERFC 百分率均降低。

(3)E-玫瑰花环实验在研究化学药物、物理疗法等对机体免疫功能的影响及筛选免疫抑制性和免疫增强性药物等方面也有重要意义,如免疫缺陷病人经转移因子治疗后,麻风病人经砜类药物治疗后,ERFC 百分率升高,表示疗效良好。

【思考题】

1. E-玫瑰花环形成的原理是什么?
2. 为什么测 Ea 比 Et 更有意义?

(郭鑫,刘大程)

实验四十　T 淋巴细胞亚群检测技术

T 淋巴细胞是机体免疫应答的核心细胞之一,CD3 抗原为外周血所有成熟 T 细胞共有的标志。据 T 淋巴细胞表面 CD4 分子和 CD8 分子的有无,T 细胞可分为两大类,即 $CD4^+$ T 细胞和 $CD8^+$ T 细胞。$CD4^+$ T 细胞包括 T_{DTH} 和 T_H 细胞亚群,$CD8^+$ T 细胞包括 Treg 和 Tc 亚群。各亚群细胞分工合作,共同协调完成机体的细胞免疫功能,如 T_H 细胞是机体免疫应答的启动细胞,它可促进 T,B 细胞免疫应答,活化的 T_H 可释放 IL-2 及 IFN-γ;T_C 有 T_H 辅助才能特异性杀伤或溶解靶细胞。利用抗 CD 抗原与外周血淋巴细胞反应的百分率,可以确定不同种类动物 T 细胞亚群的正常值范围,以及了解 T 细胞亚群在生理和病理状态下的变化规律,为疾病诊断和防控提供依据。

【实验目的和要求】

掌握流式细胞术的原理及其用途,并了解其操作过程。

一、流式细胞仪术

【实验原理】

流式细胞术(flow cytometry,FCM)是一种综合应用光学、机械学、流体力学、电子计算机、细胞生物学、分子免疫学等学科技术,对高速流动的细胞或亚细胞进行快速定量测定和分析的方法。以高能量激光照射高速流动状态下被荧光色素染色的单细胞或微粒,测量其产生的散射光和发射荧光的强度,从而对细胞(或微粒)的物理、生理、生化、免疫、遗传、分子生物学性状及功能状态等进行定性或定量检测的一种现代细胞分析技术,它具有如下几个特点:

(1)单细胞分析:标本(如血液等)只要是单细胞即可用于分析,而实体组织(如整块癌组织)只要经处理后制成单细胞悬液也能分析。

(2)速度快:流式细胞仪(flow cytometer)可以每秒钟数十、数百、数千个细胞的速率进行测量。

(3)同时多参数分析:可同时分析单个细胞的多种特征,获得单细胞的多种信息,使细胞亚群的识别、计数更为准确。

(4)定性或定量分析细胞:通过荧光染色对单细胞的某些成分如 DNA 含量、抗原或受体表达量、Ca^{2+} 浓度、酶活性、细胞的功能等均可进行单细胞水平的定性或定量分析。

(5)分选感兴趣的细胞:可根据所规定的参数把指定的细胞亚群从整个群体中分选出来,以便对它们进行进一步的培养或其他的研究处理。

【实验材料】

(1)抗凝剂:200 U/mL 肝素生理盐水溶液或 3.8% 柠檬酸钠液。

(2)Hank's 液(无 Ca^{2+}、Mg^{2+})pH 7.2。

(3)淋巴细胞分离液:比重为 1.077~1.078 g/mL(或 1.082~1.084 g/mL)。

(4)洗涤液:PBS。

(5)一抗:抗 CD 抗原的 McAb。

(6)二抗:荧光标记羊抗鼠 IgG 抗体。

(7)其他用具:流式细胞仪、灭菌试管,96 孔 V 形微量滴定板、微量加样器等。

【操作方法】

(一)单细胞悬液的制备

(1)取灭菌试管,加入肝素,从待检动物采血 5~10 mL,摇动混匀后静置 1 h。

(2)另取离心管或小试管,加淋巴细胞分层液 1.5~2 mL,吸取富含白细胞的血浆约 1 mL,沿管壁徐徐重叠于分层液上,以 2 000 r/min 离心 20 min,离心完毕后,吸取血浆与分层液之间乳白色细胞层,即为淋巴细胞,粒细胞及红细胞沉于管底。

(3)将淋巴细胞移入加有 3~5 mL Hank's 液离心液的小试管中,1 500 r/min 离心 10 min,弃去上清液,轻轻使细胞悬浮,再用 Hank's 离心洗涤,重复 3 次,最后弃去上清液。

(4)用含 10% 小牛血清的 Hank's 液稀释淋巴细胞,细胞密度为(0.5~1.5)×10^6 个/mL。

(二)检测细胞的标记

采用全血经淋巴细胞分离液的淋巴细胞、骨髓细胞、培养细胞,或从新鲜淋巴组织样本获得的细胞,制成单细胞悬液,调整细胞数量为 $1×10^6$/mL。细胞标记可采用免疫荧光抗体直接染色法和间接染色法,现在多采用后者。

1. 直接免疫荧光染色法

(1)将细胞悬液加入 96 孔 V 形底的微量滴定板的小孔中,每孔 $1×10^5$ 细胞加入体积较小的锥形底试管中,每管约需 $5×10^5$ 个细胞,1 400 r/min 离心 5 min,轻轻倾斜试管或滴定板将上清液吸除。

(2)加入 4℃ 预冷 PBS(含 25%BSA 和 0.1% 叠氮钠)200 µL,离心洗涤,弃去上清液。

(3)一组加入用 PBS 稀释的荧光素标记的抗细胞表面抗原的 McAb 200 µL,用微量加液器轻轻吹打混匀,4℃ 或冰浴孵育 30 min。另一组试管或孔中,加入用同样量的荧光素标记小鼠 IgG 或 IgM 作为对照。

(4)离心,弃去上清液。

(5)加入预冷的 PBS 200 µL,离心洗涤 2 次,以除去未结合的荧光抗体。

(6)再加入预冷的 PBS 200 µL,吹打混匀,置入 FACS 测试管中进行测定。

2. 间接免疫荧光染色法

(1)将细胞悬液加入 96 孔 V 形底的微量滴定板的小孔中,每孔 $1×10^5$ 细胞加入体积较小的锥形底试管中,每管约需 $5×10^5$ 细胞,1 400 r/min 离心 5 min,轻轻倾斜试管或滴定板将上清液吸除。

(2)加入 4℃ 预冷 PBS(含 25%BSA 盒 0.1% 叠氮钠)200 µL,离心洗涤,弃去上清液。

(3)加入 100 µL(滴定板法)或 200 µL(试管法)PBS 适当稀释的各种抗细胞表面抗原的 McAb(一抗)及小鼠 IgG(对照),轻轻吹打混匀,4℃ 或冰浴孵育 30 min,离心后弃上清液。

(4)加入预冷的 PBS,离心洗涤 1 次,以除去未结合的 McAb。

(5)加入用 PBS 适当稀释的荧光素标记的二抗(通常为荧光素标记的羊抗鼠 IgG GAM-FITC)100 µL(滴定板法)或 200 µL(试管法),吹打混匀,4℃ 或冰浴上孵育 30 min,避光。

(6)加入预冷的 PBS 离心洗涤 2 次。

(7)将细胞用 200 µL PBS 重新悬浮,混匀,置 FACS 测试管中进行测定,或放入 4℃ 冰箱避光保存待测。

【结果判定】

流式细胞仪的检测指标可由计算机自动算出,如带有各种不同表面抗原的阳性细胞的百分率。此外,流式细胞仪还可将不同表面抗原的阳性细胞分离并收集到不同试管中。

【注意事项】

(1)抗凝剂通常采用 100 U/mL 肝素,也可用 2 g/L EDTA 或 3.13% 枸橼酸钠。用 EDTA 时,可能使荧光强度增高,但非特异性荧光强度也增高。

(2)全血标本或单个核细胞应立即检验,于室温下最多不可超过 12 h。从淋巴结制备的淋巴细胞需保存时,应加 10% BSA,于 4℃ 可保存 24 h。

(3)细胞悬液注入仪器时,细胞数应在 5×10^{11} 个/L。细胞含量少,会影响结果。

(4)细胞悬液中如含细胞团块,应预先通过尼龙网,过滤后注入,以免阻塞管道。

(5)全部操作尽可能避光,以免荧光衰减。

【临床应用】

随着对流式细胞术研究的日益深入,其价值已经从科学研究走入了临床应用阶段,在我国临床医学领域里已有着广泛的应用。

(1)在肿瘤学中的应用:这是流式细胞术在临床医学中应用最早的一个领域。首先需要把实体瘤组织解聚、分散制备成单细胞悬液,用荧光染料染色后对细胞的 DNA 含量进行分析,将不易区分的群体细胞分成 3 个亚群(G1 期,S 期和 G2 期),DNA 含量直接代表细胞的倍体状态,非倍体细胞与肿瘤恶性程度有关。利用该法可发现癌前病变,协助肿瘤早期诊断。

(2)在临床细胞免疫中的作用:流式细胞术通过荧光抗原抗体检测技术对细胞表面抗原分析,进行细胞分类和亚群分析。这一技术对于人体细胞免疫功能的评估以及各种血液病及肿瘤的诊断和治疗有重要作用。目前流式细胞术用的各种单克隆抗体试剂已经发展到了百余种,可以对各种血细胞和组织细胞的表型进行测定分析。

(3)在血液病诊断和治疗中的应用:流式细胞术通过对外周血细胞或骨髓细胞表面抗原和 DNA 的检测分析,对各种血液病的诊断、预后判断和治疗起着举足轻重的作用,如白血病的诊断和治疗等。

(4)在血栓与出血性疾病中的应用:包括血小板功能的测定、血小板相关抗体的测定。

二、间接免疫荧光法检测淋巴细胞 CD 抗原

【实验原理】

检测淋巴细胞表面的 CD 抗原,可以根据各类 T 细胞亚群特有的 CD 抗原标志,对 T 细胞亚群定性和定量分析,并且还可以进行组织中的定位,间接免疫荧光染色法是最常用的方法。此法利用抗 CD 抗原的 McAb 作为一抗,它所针对的是某一 T 细胞亚群特有的 CD 抗原,并且对于 T 细胞亚群具有鉴别意义。利用荧光标记的羊抗鼠 IgG 抗体作为标记的二抗,借助抗原抗体的特异性结合于抗原存在部位呈现荧光,从而可以检测标本内具有特定的 CD 抗原的 T 细胞。

【实验材料】

(1)抗凝剂:200 U/mL 肝素生理盐水溶液或 3.8% 柠檬酸钠液。

(2)Hank's 液(无 Ca^{2+}、Mg^{2+})pH 7.4~7.6。

(3)淋巴细胞分离液:比重为 1.077~1.078(或 1.082~1.084)。

(4)固定液:—20℃预冷的甲醇:丙酮(1:1)。

(5)洗涤液:PBS。

(6)一抗:抗 CD 抗原的 McAb。

(7)二抗:荧光标记羊抗鼠 IgG 抗体。

【操作方法】

(1)淋巴细胞悬液的制备

①取灭菌试管,加入肝素,从待检动物采血 5~10 mL,摇动静置 1 h。

②另取离心管或小试管,加淋巴细胞分层液 1.5~2 mL,吸取富含白细胞的血浆约 1 mL,沿管壁徐徐重叠于分层液上,以 2 000 r/min 离心 20 min,离心完毕后,吸取血浆与分层液之间乳白色细胞层,即为淋巴细胞,粒细胞及红细胞沉于管底。

③将淋巴细胞移入加有 3~5 mL Hank's 液离心液的小试管中,1 500 r/min 离心 10 min,弃去上清液,轻轻使细胞悬浮,再用 Hank's 离心洗涤,重复 3 次,最后弃去上清液。

④用含 10%小牛血清的 Hank's 液稀释淋巴细胞,即制成淋巴细胞悬液。

(2)将分离的淋巴细胞均匀地涂抹到载玻片上或特殊处理的石蜡切片,用预冷的固定液固定细胞 10 min,自然干燥。

(3)在 PBS 中浸洗玻片 10 min,将玻片置于 20%正常兔血清(PBS 配制)中 30 min,以阻断非特异性染色。

(4)用毛细滴管吸取经适当稀释的 CD 抗原 McAb 滴加在玻片的细胞或组织上,置于染色盒中,37℃作用 45 min。然后用 PBS 洗涤 3 次,10 min/次,用吸水纸吸去或者吹干残留液体。

(5)滴加荧光标记二抗,同上步骤,37℃染色 30 min,洗涤后用缓冲甘油封片,镜检。

【结果判定】

在荧光显微镜下观察特异性荧光,判定标准如下:

—:细胞暗淡,轮廓不清楚。

±:细胞轮廓有较弱的荧光。

++:细胞轮廓有较强的荧光,可以确定未染荧光的细胞中心,但界限不清。

+++:细胞轮廓有强的荧光,可以确定未染荧光的细胞中心,界限清楚。

++++:细胞轮廓有很强的荧光,可以确定未染荧光的细胞中心,界限清楚。

间接免疫荧光是检测 T 细胞亚群常用方法之一,主要缺点是标本不易保存,需要荧光显微镜,结果判定时易受主观因素影响。

【思考题】

1. 建立流式细胞术的原理是什么?

2. 简述流式细胞术的优缺点。

(郭鑫,盖新娜)

实验四十一　淋巴细胞转化实验

淋巴细胞转化实验(lymphocyte transformation test)是体外检测 T 淋巴细胞功能的一种方法。淋巴细胞在体外培养时,如受到特异性抗原或非特异性抗原的刺激,可使小的淋巴细胞转化为体积较大,代谢旺盛,且能进行有丝分裂的淋巴母细胞。转化的淋巴细胞不仅呈现成熟的母细胞形态以及蛋白质和核酸合成增加,而且还能合成和释放淋巴毒素、移动抑制因子等细胞因子,因此可用淋巴细胞转化实验,通过形态学或同位素掺入法检测淋巴细胞的增殖程度,来反映淋巴细胞对抗原的反应能力,从而评价细胞免疫功能。

引起 T 淋巴细转化的刺激物大致分为非特异性与特异性两类:一类是非特异性刺激因子,如植物血凝素(PHA)、刀豆素 A(ConA)、美洲商陆(PWM)、黄豆凝集素、花生凝集素、胃蛋白酶及胰蛋白酶等;另一类是特异性刺激因子(抗原),如结核菌纯化蛋白衍生物(PPD)、细菌类毒素(白喉、破伤风)、菌苗、疫苗、组织抗原、抗血清等。其中以 PHA 应用最广。

目前该技术已广泛应用于免疫缺陷病、白血病、肿瘤、传染性单核细胞增多症等的研究。利用淋巴母细胞的不同特点,目前有多种实验方法可用于淋巴细胞转化程度的检测。根据其形态学改变,可通过体内法和体外法检测,此法适用于一般实验室,但由于受培养、制片、镜检等操作的影响,其结果容易出现偏差。如果培养条件固定,技术又比较熟练,亦可得到准确结果;根据细胞内核酸和蛋白质合成增加的特点,可通过 ^{3}H-TdR 掺入法检测,此法较客观、准确,但需要一定的设备,一般研究室难以进行;根据细胞代谢功能旺盛的特点,可通过 MTT 法进行检测,此方法比形态学方法的客观、准确和重复性好,并且没有放射性污染的危险,但是该法较烦琐,也较易出现误差。B 细胞转化实验的方法同上述的 T 细胞,常用的刺激物为 EB 病毒、LPS 和葡萄球菌 A 蛋白(SAC)等。

【实验目的和要求】

结合细胞分离和培养技术,掌握体外检测动物机体 T 细胞免疫应答水平的方法,熟悉细胞计数方法。

一、PHA 淋转实验形态学检查法(体内法)

【实验原理】

在体内,当外周血 T 淋巴细胞遇到 PHA 或 ConA 后可发生转化形成淋巴母细胞,通过采集外周血涂片染色,镜下计数 100~200 个淋巴细胞,计算其转化率。转化率高低可反映机体细胞免疫水平,因此常作为检测细胞免疫功能的指标之一。形态学方法简便易行,但结果受操作和主观因素影响较大。也可以应用 PHA 在体外刺激淋巴细胞进行淋巴细胞转化实验,在显微镜下观察计数一定数量的淋巴细胞转变为原始母细胞的转化率。

【实验材料】

(1)10 mg/mL PHA 溶液。

(2)RPMI-1640。

(3)灭活的小牛血清。

(4)双抗($1.0×10^4$/U 青霉素和 $1.0×10^4$/U 链霉素的混合液配成)。

(5)姬姆萨染液或瑞氏染液。

(6)7.5%$NaHCO_3$ 水溶液。

【操作方法】

(1)细胞培养液的配置:用滤器过滤 RPMI-1640,取 40 mL 加入 10 mL 灭活的小牛血清,加入双抗 5 000 U,混合后用 7.5%碳酸氢钠调节至 pH 至 7.2,于 4℃保存待用。

(2)白细胞培养法:取肝素抗凝血,让其自然下沉或用明胶沉淀法分离白细胞,离心沉淀后加入 3 mL 培养液瓶中,使白细胞数为 $3×10^6$ 个/mL,每一样本分两瓶,实验瓶加入 1% PHA 0.2 mL,对照瓶加 0.2 mL 培养液。置 37℃培养 72 h,每天悬摇两次。培养后,经 1 000 r/min 离心 10 min,弃去上清液,用毛细管吹打沉淀,使细胞分散,吸取 2 滴细胞悬液,在载玻片上做成推片,干燥,用姬姆萨染色液染色,于油镜下观察。

(3)全血培养法:取肝素抗凝血,分别加入 2 只盛有 3 mL 培养液的小瓶中,一瓶加入 PHA,另一瓶不加作为对照。培养后离心沉淀,弃去上清液,沉淀物中加入 0.075 mol/L KCl 溶液 3 mL,置于 37℃作用 30 min,使红细胞裂解,再离心取沉淀做成涂片、染色、镜检。

【结果判定】

在油镜下,观察淋巴细胞的形态变化,至少计算 200 个淋巴细胞,然后按下列公式计算出淋巴细胞形态转化率。

$$转化率=\frac{过渡型淋巴细胞+转化型淋巴细胞}{未转化型淋巴细胞+过渡型淋巴细胞+转化型淋巴细胞}×100\%$$

转化过程中,淋巴细胞的形态特征主要有以下几种:

(1)过渡型淋巴细胞:大小 12~16 μm,胞核增大,位于细胞中央或稍偏一侧,一般无核仁。

(2)原始型淋巴母细胞:大小 12~25 μm,胞核增大,偏一侧或位于中央,核仁 2~3 个明显可见。

(3)分裂型淋巴母细胞:大小 12~25 μm,胞核染色质分裂呈条状排布于细胞浆内。

以上 3 类转化淋巴细胞很容易与未转化的小淋巴细胞(大小 7 μm 左右)相区别。

【注意事项】

(1)严格的无菌操作是淋巴细胞转化实验成功的关键。

(2)培养液的 pH 在 7.2~7.4,过酸过碱都会影响细胞的生长,从而降低转化率;培养时间控制在 72~120 h,此时间内的转化率最高。

(3)PHA 用量对实验结果有一定影响,过低或过高时均可使转化率降低,因此需要预先滴定 PHA 效价,以每毫升培养液加入 50 U 为宜。

(4)吞噬细胞有时在形态上易与过渡型混淆。吞噬细胞固有的特点为核体积占细胞体积较小且偏向一边,核染色质浓集,细胞浆呈蓝灰色或红褐色,细胞浆内有大小不等的颗粒或吞噬物,且含有大小不等的气泡。

(5)涂片过程中要少蘸些细胞,尽量推出尾部来,因为淋巴细胞较大,易于集中在尾部及边缘。

(6)染色不要太浓,以便观察核仁。

二、淋转实验^{3}H-TdR 掺入法

【实验原理】

T 淋巴细胞受 ConA 或 PHA 激活后,进入细胞周期有丝分裂。当进入细胞周期 S 期时,细胞合成 DNA 量明显增加,在培养基中加入氚(^{3}H)标记的 DNA 前身物质胸腺嘧啶核苷(TdR),则^{3}H-TdR 被作为合成 DNA 的原料被摄入细胞,掺入到新合成的 DNA 中。根据同位素掺入细胞的量可推测淋巴细胞对刺激物的应答水平。测定细胞内放射性物质的相对数量(以脉冲数表示),就能客观地反映淋巴细胞对刺激物的应答水平。^{3}H-TdR 掺入法最初是利用分离纯的淋巴细胞进行实验,近年来逐渐推广采用微量全血法,该法具有采样少,操作简便,并能较正确地反映整个机体免疫状态等优点。

【实验材料】

(1)RPMI-1640 培养液。

(2)10 mg/mL PHA 溶液。

(3)脂溶形闪烁液:

POPOP[1,4-双(5-苯基恶唑基-2 苯)]0.4 g;

PPO[2,5-二苯基恶唑]5 g;

无水乙醇 200 mL;

二甲苯 800 mL;

POPOP 先用少量二甲苯置 37℃水浴溶解后,再补足其他成分即可。

(4)^{3}H-TdR。

(5)多头细胞收集仪、玻璃纤维滤纸、样品杯、液体闪烁计数器等。

【操作方法】

(1)无菌分离淋巴细胞,用 RPMI-1640 培养液调制成 1×10^6/mL,加入 96 孔板,每孔 100 μL。

(2)每孔加 ConA 100 μL,每个样品加 3 孔,另 3 孔不加 ConA 作对照。37℃培养约 56 h。

(3)^{3}H-TdR 的稀释:最好选用比活性为 2~10 mci/mg 分子的制品,将 1 mci/mL 溶液用生理盐水稀释为 100 μci/mL,于 4℃冰箱保存,临用时,再用培养液稀释成 10 μci/mL 溶液。

(4)结束培养前加入^{3}H-TdR 0.5~1.0 μL/孔。

(5)继续培养 6~12 h 后,用多头细胞收集仪将细胞收集于玻璃纤维滤纸上。

(6)烤干后,将滤纸放入闪烁杯中,每杯加闪烁液 5 mL,液闪仪测定各管 cpm。

【结果判定】

以液体闪烁计数器测定每分的脉冲数 cpm,按下述公式进行计算:

(1)cpm 绝对值 $= \dfrac{(测定管\ cpm - 本底\ cpm) \times 10^6}{淋巴细胞总数 \times 血量 \times 100\%}$

即为每 1×10^6 个淋巴细胞掺入 3H-TdR 量。

(2)刺激指数(SI) $= \dfrac{实验组\ cpm\ 均值}{对照组\ cpm\ 均值}$,通常 SI$\geqslant$2.0 为阳性。

可任选以上一个公式计算。

【注意事项】

(1)血样与培养基比例控制在 1:(10~30)。

(2)以 SI 表示结果时,一定要设置相同数量培养管的对照。而以 cpm 绝对值表示时则可以不用设对照管。因为对照 cpm 与本底相近,不同样品之间的差别不明显。

(3)由于闪烁液的容水量较低,所以在加入闪烁液之前必须烘干。但加入一定量的醇类可容纳少量残留水分,但也需烘干到近干燥程度,否则易发生混浊而无法测定。

(4)制备闪烁测定样品的方法大体有均相法(或称溶解法)和滤膜法两类。

①均相法:是使培养物经过红细胞溶解,洗脱未被摄入的放射性物,沉淀大分子物质,并使之消化溶解,以便于使其均匀分布在闪烁液中。上述方法即为均相法的一种。不同实验室的具体操作法和应用的试剂常有不同,溶解红细胞多用 1%~3%醋酸,但也有使用蒸馏水。许多实验室多用 5%~10%三氯醋酸(TCA)沉淀大分子物质,使洗液不致流失,消化溶解,最后沉淀物多采用强酸和氢氧化钠。

②滤膜法:均相法处理样品须反复多次离心沉淀,操作烦琐,耗费时间,因此有逐渐被滤膜法取代的趋势。滤膜有玻璃纤维和微孔滤膜两种,直径 2~2.5 cm,孔径 0.3~0.45 μm。处理方法是先使培养物的红细胞溶解(加 3%醋酸或蒸馏水),移于滤膜上减压抽滤,再依次使约 10 mL 生理盐水,5~10 mL 的 5%~10%三氯醋酸溶液,3~5 mL 无水乙醇通过滤膜,最后将滤膜移于测样杯内,加 5 mL 闪烁液测定。

三、淋转实验 MTT 法

【实验原理】

MTT 法(四甲基偶氮唑盐微量酶反应比色法)是 Mosmann 1983 年报道的。原理是活细胞内线粒体脱氢酶能将四氮唑化物(MTT)由黄色还原为蓝色的甲𫐓,后者溶于有机溶剂(如二甲基亚枫、酸化异丙醇等),甲𫐓产量与细胞活性成正比,死细胞和不能进行线粒体能量代谢的细胞(如红细胞)等均不能使 MTT 代谢生成甲𫐓。甲𫐓溶于有机溶剂(如二甲基亚砜、无水乙醇等)后,并可在 560 nm 波长处用酶联检测仪进行检测。

【实验材料】

(1)无菌 5 mg/mL 四甲基偶氮唑盐(MTT)。

(2)二甲基亚砜(DMSO)。

(3)无水乙醇、50%异丙醇(含 10%Triton X-100)或酸化异丙醇(含 0.04 mol/L HCl)。

(4)10% SDS(含 0.01 mol/L HCl)。

(5)酶标仪。

【操作方法】

(1)无菌分离淋巴细胞,用 1640 培养液调制成 1×10^6/mL,加入 96 孔板,每孔 100 μL。

(2)每孔加 ConA 100 μL,每个样品加 3 孔,另 3 孔不加 ConA 作对照。37℃培养约 56 h。

(3)结束培养前加入 MTT 20 μL/孔,继续培养 4~6 h。

(4)每孔加 100 μL 溶剂,轻微震荡使甲𫐓产物充分溶解。

【结果判定】

在酶标仪上波长 560 nm 测定 OD 值,刺激指数(SI)=ConA 刺激管 OD 均值/对照管 OD

均值。

【注意事项】

(1)如果细胞培养液在 100 μL 以内，可以不吸出培养液，直接将 MTT 加入培养液中孵育；如若培养液较多，为避免稀释 MTT，应吸出培养液。

(2)一般 MTT 的终浓度在 0.5～1 mg/mL 就可以获得满意的结果。

(3)研究表明，有机溶剂用 DMSO、SDS、50%异丙醇（含 10% Triton X-100）或无水乙醇比酸化异丙醇更为理想。但在室温偏低的条件下，DMSO 易结冰（其溶点为 18～20℃），从而影响 MTT 的溶解，使检测的光吸收度降低，此时应选择乙醇替代 DMSO。SDS 也有同样的缺陷，有报道用 SDS 作溶剂可以使所测光吸收度数日不变。但对于 DMSO 等有机溶剂溶解的时间不能过长，如 10 min 就可以获得结果。

(4)96 孔细胞培养板接种细胞数应在$(0.5～2)×10^6$范围，细胞过多，会使 MTT 完全降解或细胞拥挤不能单层生长，使光吸收度减低，影响结果。

(5)常规 MTT 法中，最终形成的甲胺产物不溶于培养基，加入有机溶剂酸化异丙醇溶解甲月替颗粒，往往溶解不完全，且加入的酸化异丙醇可使培养体系中的小牛血清蛋白形成沉淀，影响检测结果。虽然目前 MTT 法做了很多改良，如有机溶剂用 SDS 等，省略了去除培养上清的步骤，但是重复性较差。

【临床应用】

淋巴细胞转化能力的高低可反映出机体的免疫功能状态，如果用某种特异性的抗原作刺激物，则能反映机体的免疫状况，又可表示被检动物对该抗原的特异性免疫水平。淋巴细胞转化实验已广泛应用于动物机体细胞免疫功能测定。细胞免疫缺陷时，转化率显著降低，甚至看不到转化现象，患有恶性肿瘤或其他疾病时，这种转化功能也降低。

【思考题】

1. 淋巴细胞转化实验有哪些方法？
2. 淋巴细胞转化实验与 E-花环实验的原理有何不同？

（郭鑫，姜世金）

实验四十二 酸性 α-醋酸萘酯酶的测定

【实验目的和要求】

掌握酸性 α-醋酸萘酯酶测定法的原理,染色程序及结果观察与辨认方法。

【实验原理】

T 淋巴细胞内含有各种酶类,如酸性磷酸酶,碱性磷酸酶,酸性 α-醋酸萘酯酶(acid α-naphthyl acetate esterase,ANAE),β-葡糖苷酸酶,核苷酸酶和转肽酶等。1975 年,Mueller 首次报道 ANAE 活性是小鼠 T 细胞的特征,其在 B 细胞则为阴性。ANAE 属溶酶体酶系,参与淋巴细胞吞噬消化作用,同时也参与对靶细胞的杀伤作用,并能强化 T 细胞的免疫功能。成熟的 T 淋巴细胞可显示 ANAE 活性,这种活性被认为是人和其他哺乳类动物成熟 T 细胞的一种特征。

存在于 T 淋巴细胞浆中的 ANAE 在弱酸性条件下,能使底物醋酸萘酯水解,产生醋酸离子和 α 萘酚,α 萘酚与六偶氮副品红偶连,生成不溶性的红色沉淀物,沉积在 ANAE 所在的部位。经甲基绿复染后,反应颗粒变暗而呈深紫红色。B 淋巴细胞则无此种反应。因此 ANAE 染色法可作为鉴别 T 淋巴细胞的一种非特异性方法。此外,单核细胞、中性粒细胞、酸性粒细胞及血小板等也可呈现酯酶染色阳性反应,应当注意区分。

【实验材料】

(1)固定液:2.5%戊二醛溶液。

(2)副品红液。

(3)4%亚硝酸钠溶液。

(4)六偶氮副品红溶液。

(5)α-醋酸萘酯溶液。

(6)0.067 mol/L pH 7.6 磷酸盐缓冲液。

(7)甲基绿染色液。

【操作方法】

(1)各种反应液的配制

①固定液(2.5%戊二醛溶液):在 0.1 mol/L pH 7.4 磷酸盐缓冲液 9 mL 中加入 25%戊二醛溶液 1 mL,混合,置 4℃冰箱保存备用。

②副品红液:将副品红 4 g 加入 2 mol/L 盐酸 100 mL 中,37℃溶解过滤,4℃冰箱保存备用。

③六偶氮副品红溶液:取新配制的亚硝酸钠溶液 3 mL,慢慢滴入副品红溶液 3 mL 中,边滴边搅拌,此时有刺激性气体产生,充分混合,1 min 后备用。

④α-醋酸萘酯溶液:α-醋酸萘酯 2 g,乙二醇单甲醚 100 mL。也可用丙酮 100 mL 代替乙二醇单甲醚。

⑤反应液:0.067 mol/L pH 7.6 磷酸盐缓冲液 89 mL,六偶氮副品红 6 mL(缓慢加入),

α-醋酸萘酯液 2.5 mL(缓慢加入)。

⑥甲基绿染色液:甲基绿 1 g,蒸馏水 100 mL,充分混匀,置 37℃溶解,调 pH 5.8~6.0,临用前配制。

(2)分离单个核细胞:取家兔肝素抗凝血 1 mL 加入 Hank's 液 1 mL,加入到含有 2 mL 淋巴细胞分层液(比重 1.077±0.001)的离心管中,以 2 000 r/min 离心 30 min。洗涤后,加少量Hank's 液,摇匀。

(3)制片:取上述细胞悬液 1 滴,加到洁净玻片上,涂片,自然干燥。

(4)固定和染色:将制备的细胞涂片用 2.5%戊二醛液 4℃固定 10 min,流水冲洗,待干。将玻片置于反应液内,37℃孵育 1 h,取出用水冲洗,待干。

(5)复染:用甲基绿染色液染 1 min(或瞬时染色),水洗,吹干。油浸镜下观察计数。

【结果判定】

镜检时,首先要判定是否为淋巴细胞。淋巴细胞经 ANAE 染色后,可区分为两大类:一类淋巴细胞的胞浆内不见呈色物质,为 ANAE 阴性细胞;另一类在胞浆中出现棕红色物质,为ANAE 阳性细胞。根据呈色物质的形态和分布又分为块状 ANAE 阳性淋巴细胞和点状ANAE 阳性淋巴细胞。ANAE 阴性淋巴细胞呈黄绿色,胞浆内无明显呈色颗粒。

一般而言,在胞浆内出现大小不一、数量不等的棕红色颗粒的细胞为 T 淋巴细胞,无此颗粒的为 B 淋巴细胞。同时计数淋巴细胞 100~200 个。求出它们各占的百分比。表 42-1 为几种动物的 T 淋巴细胞正常值。

表 42-1　几种动物的 T 淋巴细胞正常值

动物	马	小白鼠	豚鼠	兔	人
T 淋巴细胞百分比/%	57.8±2.009	76.42±4.44	73.43±8.04	77.0±2.79	62.3±8.62

【注意事项】

(1)不同质量的试剂,尤其是偶氮染料对反应产物的颜色、鲜艳程度、颗粒粗细和定位清晰程度等影响很大,应加注意。最好是 A. R. 级。

(2)由于本反应为酶化学反应,反应非常灵敏,各种条件应严格掌握。尤其是试剂的 pH要求准确,因为合适的 pH,酶的活性才最旺盛。一般在 1 h 以上,T 细胞才能出现明显颗粒,而嗜中性粒细胞的 ANAE 阳性需要更长的时间才能显示出来。染色时间在各动物并不一致,见表 42-2。

表 42-2　人与几种动物酯酶染色的最适 pH 与染色时间　　　　　　　　　　　　　　　h

动物	最适 pH	最适染色时间	动物	最适 pH	最适染色时间
人	6.5	1	小白鼠	6.5	1
猫	5.5	6	猪	7.0	4
犬	6.0	1	绵羊	6.0	1
兔	5.5	6	山羊	6.5	1
豚鼠	6.0	5	马	6.1	2
大鼠	6.5	1			

（3）染色液要现用现配,长时间放置的染色也易出现沉淀,影响染色效果。另外,配制反应液时,各溶液混合,必须边摇边缓慢加入,若滴入过快,可出现沉淀,影响染色结果。

（4）制片过程中,标本要求尽快固定、干燥和冲洗。若时间过长,可影响酯酶活性。但也不可过分固定而影响酶的活性。

（5）涂片插入染色缸时,要注意必须将标本面与反应液接触,切勿将标本面紧贴缸壁,以免影响染色反应。如片子较多,反应液相对减少,会使阳性率减低。染色后冲洗不宜过久,防止酶反应产物的红色消减,造成标本观察困难。

【临床应用】

正常机体中各淋巴细胞亚群相互作用,维持着机体正常的免疫功能,当不同淋巴细胞的数量和功能发生异常时,就可导致免疫功能紊乱,并可发生一系列的病理变化。越来越多的研究表明,T淋巴细胞的数量在各类临床疾病如自身免疫性疾病、免疫缺陷病、再生障碍性贫血、病毒感染、恶性肿瘤等中都有异常改变。因此,T淋巴细胞数量的检测对了解疾病的发生发展及指导临床治疗都具有极其重要的意义。

【思考题】

1. 试述酸性α-醋酸萘酯酶测定的原理。
2. 分析α-醋酸萘酯酶测定与E-玫瑰花环测定结果的相关性。

（郭鑫）

实验四十三　白细胞移动抑制实验

【实验目的和要求】

(1)掌握白细胞移行抑制实验(MIT)的原理、方法与实践意义。

(2)熟悉移行抑制实验的操作程序与结果观察。探讨本实验在兽医临床诊断,免疫监测等方面的应有价值。

【实验原理】

白细胞能自由游走,将白细胞装入毛细玻管内培养时,白细胞可移动至管口外,或在含有营养液的琼脂糖内培养时,白细胞可在琼脂糖内移动扩散。

致敏淋巴细胞在体外培养时,如再次接触相应 Ag,可产生白细胞移动抑制因子(leuco-cyte migration inhibitory factor,LIF)。非特异性有丝分裂因子,如 PHA、PWM、ConA 等亦可激发淋巴细胞产生 LIF。LIF 能抑制白细胞的正常移动。移动抑制实验有 3 个关键的成分:①被检测的淋巴细胞;②特异性抗原;③指示细胞(一般采用豚鼠的吞噬细胞或被检动物的白细胞)。移动抑制实验的具体方法很多,有毛细管法、琼脂糖悬滴法、琼脂平板法、组织培养挖沟法等,以毛细管法较为常用。本实验仅介绍毛细管法。

将特异抗原免疫(致敏)动物的白细胞(包括淋巴细胞)装入毛细玻璃管中培养,24 h 后白细胞从管口向外移动呈扇面状,若培养液加入相应的抗原,能使致敏 T 细胞释放出 MIF,白细胞就不能充分地从管口向外移动,与不加抗原的对照组比较,显示出白细胞移动抑制现象。正常动物白细胞与抗原相遇不出现移动抑制现象。

【实验材料】

(1)细胞培养液:含 20%～30%犊牛血清的 0.5%水解乳蛋白 Hank's 液、199 液、RPMI-1640 等培养液均可。

(2)3%明胶 Hank's 液或淋巴细胞分离液(市售或自制)。

(3)砂轮、眼科小镊、凡士林或硅脂、蜡烛、盖玻片等。

(4)肝素溶液(1 000 U/mL)。

(5)液体石蜡(灭菌)。

(6)抗原:根据实验目的不同而选定,用细胞培养液配成一定浓度使用。

(7)青霉素、链霉素。

(8)5.6%碳酸氢钠液(滤过除菌)。

(9)毛细玻璃管:内径 1 mm 左右,两端口径一致,为 7～8 cm。

(10)平底凹孔玻璃,凹孔直径 2 cm 左右,亦可用青(链)霉素小瓶,切断,留底部高约 1 cm 左右,口部磨平作为培养小池。

(11)水平离心机。

(12)砂轮、眼科镊、凡士林或硅脂、蜡烛、盖玻片等。

【操作方法】

(1)巨噬细胞制备:给健康豚鼠腹腔注入灭菌液体石蜡 20 mL,经 72 h 后,心脏放血致死,腹腔注入 Hank's 液 100 mL,用手指按摩腹部 1~2 min,打开腹腔吸出液体,2 000 r/min 离心 10 min;弃去上层液体,经 Hank's 液洗两次后,用培养液配成 8×10^7/mL 细胞悬液。

(2)致敏淋巴细胞制备:由被检动物或人工免疫的动物静脉采血 5 mL,置于含有 0.5 mL 肝素的试管中,加 3% 明胶 Hank's 液 2.5 mL 混匀,静置于 37℃温箱中 45 min,然后吸取上层血浆于含 5 mL Hank's 液离心管(或小试管中)。如用分离液制备淋巴细胞的方法是按血:分离液为 3:2 的比例加入分离液中,先将抗凝血加等量的 Hank's 液,混匀后用毛细管缓慢加于 2 mL 分离液表面后,置水平离心机 2 000 r/min 离心 20 min 可出现分层,再用毛细管仔细将血浆和分层液之间的乳白色细胞层吸出,放入含有 5 mL Hank's 液的试管中,将上述两法制备的细胞液与 Hank's 液混匀后,2 000 r/min 离心 10 min,弃上清液后,再用 Hank's 洗 2 次,最后一次用培养液配成 8×10^7/mL 淋巴细胞悬液。

(3)抗原制备:如被检动物疑似结核则选用 OT 或 PPD,用培养液配成 OT 3.5 mg/mL、PPD 300 μg/min。

(4)将 4 份巨噬细胞与 1 份致敏淋巴细胞放入试管内混匀。

(5)将两头开口的毛细管斜置于装有细胞悬液的试管中,细胞悬液因虹吸作用而进入毛细管。取出毛细管用石蜡或火焰封闭毛细管的一端,置无菌试管内,开口端向上,1 500~2 000 r/min 水平离心 10~20 min,使管内细胞压缩到毛细管的一端,在细胞和上层液分界处用小砂轮沿白细胞层打磨,截断毛细管,使细胞露于管口,毛细管断端一定要平整,以利于细胞移出。

也可将致敏 T 细胞和抗原浸于培养液中,而仅把指示细胞(巨噬细胞)装管,其效果也一样。

(6)将制好的毛细管用无菌凡士林贴在培养小池中,使管口与池底密切接触。

(7)实验组于小池中灌满含有抗原的培养液,对照组只加培养液不加抗原,加盖,将玻璃培养小池置于干燥器(烛缸法)中,37℃培养 18~24 h,观察结果。

【结果判定】

培养结束,取出小皿(池),置载物台上,用低倍显微镜观察,可见白细胞从毛细管口移行的情况,通常形成扇形、圆形或椭圆形的细胞层。抗原刺激组白细胞移出的面积小,或不移行出管口,无抗原刺激的对照组,则细胞移出的面积大,两者差异明显。

观察后进行描绘,将移行范围画在纸上,可用求积仪求出面积,或者借助显微镜描绘器,将白细胞移动区半圆形图像描绘在白纸上,用纸格计算法算出移行面积,根据以下公式算出抑制指数(MII):

$$MII = \frac{加抗原管的细胞移行面积平均值}{未加抗原管的细胞移行面积平均值} \times 100\%$$

结果分析时,由于所用方法不同,阳、阴性界线不同,每种方法阳、阴性界线,应以一定数量健康动物及用此抗原检测为阳性者做实验得出的 MII 值,经过统计学处理分析制定出来,一般 MII 小于 40% 者为阳性。

移出的细胞主要是多形核白细胞(嗜中性粒细胞)和单核细胞。多形核白细胞移行最远,靠近毛细管的主要是单核细胞,而淋巴细胞则很少移出。

【注意事项】

(1)采血、离心和培养等过程均需无菌操作,无菌是本实验成功的关键。

（2）毛细管内径的大小一致是本实验准确性的一个重要因素。

（3）向毛细管内灌注细胞前，要充分混匀细胞悬液，以免因白细胞浓度的差异造成人为白细胞移动面积差异。

【临床应用】

致敏 T 细胞在体外与相应抗原再次接触，可产生多种细胞因子，如巨噬细胞移动抑制因子（macrophage migration inhibitory factor，MIF）和白细胞移动抑制因子（LIF），可分别抑制巨噬细胞和白细胞的移动。据细胞因子作用的对象不同，可分为巨噬细胞移动抑制实验和白细胞移动抑制实验，以后者较为常用。原因是 T 细胞与其他白细胞可同时从外周血中获得，二者不需分离，操作简便。

根据白细胞的移动受 LIF 抑制的程度，可以判定受检者的细胞免疫功能。例如，如果被检动物已被致敏或感染过该抗原相应的疾病，则被检动物的白细胞在移动抑制实验中，就会表现白细胞移动抑制现象，否则白细胞移动正常，与对照组的移动状况一样。

【思考题】

影响白细胞移行抑制实验结果的因素有哪些？

（石德时）

实验四十四　混合淋巴细胞实验

混合淋巴细胞培养(mixed lymphocyte culture，MLC)又可称混合淋巴细胞反应(mixed lymphocyte reaction，MLR)，是人 HLA 分型方法之一，对于寻找合适的移植器官供者、分析疾病易感基因、进行亲子鉴定、研究种族差异、种族起源与进化等均有重要意义。在兽医上可利用人 HLA 分型的原理，检测免疫细胞(如树突状细胞)的主要组织相容性抗原的相似性及表达丰度，或分析同种动物不同品种之间或同一品种不同个体之间的遗传差异。MLC 法又分为单向 MLC 法和双向 MLC 法。

一、双向 MLC 法

【实验目的和要求】

了解双向 MLC 法的原理和实验方法。

【实验原理】

遗传型不同的两个个体的淋巴细胞表面的主要组织相容性抗原不同，因此在体外混合培养时，能相互刺激，使彼此增殖，故称双向 MLC。二者的主要组织相容性抗原越相似，相互刺激作用越小，如果完全相同，则不会刺激彼此增殖。二者的差异越大，则相互刺激作用越大，细胞被活化并增殖，形态上呈现细胞转化和分裂现象，可通过计数转化细胞百分比或测算^{3}H-TdR 掺入量来反映淋巴细胞的增殖强度。在 MLC 中，双方的淋巴细胞既是刺激细胞，又是反应细胞。

本法不能判断淋巴细胞主要相容性抗原的型别，只能说明两者主要相容性抗原的相似程度。

【实验材料】

(1)淋巴细胞分离液、肝素、瑞氏染液。

(2)含 20%血清的 RPMI-1640 培养液：加 20%灭活的血清、1%双抗(青霉素、链霉素各 10 000 U/100 mL)。

(3)^{3}H-TdR、闪烁液、5%三氯醋酸。

(4)注射器、吸管、血球计数板、细胞收集器、毛细滴管、微量移液器、水平离心机、超净工作台、CO_2 培养箱、倒置显微镜、48 孔细胞培养板、培养管(11 mm×60 mm 玻璃小试管，用橡皮塞塞紧)、β 液体闪烁计数器、孔径为 0.3 μm 的玻璃纤维滤纸。

【操作方法】

1. 形态学计数法

(1)静脉采血：无菌采集静脉血 10～20 mL 于加肝素的无菌瓶中(每毫升全血需 30～50 U 肝素抗凝)。

(2)分离 PBMC：按常规法用淋巴细胞分离液分离外周血单个核细胞(PBMC)，用含 20%

血清的 RPMI-1640 培养液调整细胞浓度至 $1 \times 10^6/\text{mL}$（注 PBMC 中主要的是淋巴细胞，还有微量单核细胞，因为单核细胞的量少，对实验无明显影响）。

（3）细胞培养：在培养管中进行。实验分反应管和自身对照管。反应管中加上述浓度的双方 PBMC 各 0.2 mL，对照管中加单方 PBMC 0.4 mL，用橡皮塞塞紧，置 37℃ 培养箱中培养 6 d。每个实验组设 3 个平行管。

（4）涂片：用毛细滴管吸弃上清液，沉淀物涂片。涂片时推片头尾不宜过长，一个标本涂 2 张，一厚一薄。

（5）染色观察：涂片自然干燥，将瑞氏染液滴加于细胞涂层上染 1 min，加等量蒸馏水摇匀后再染 8～10 min，用蒸馏水洗去染液，晾干后高倍镜或油镜下观察计数，分别取推片头、中、尾 3 段计算细胞转化率，计数 200 个淋巴细胞，包括转化和未转化的淋巴细胞。以下 3 种均可作为转化的淋巴细胞：

①淋巴母细胞：体积为成熟淋巴细胞的 3～4 倍；核膜清晰、核染色质疏松呈细网状；核内见明显核仁 1～4 个；胞质丰富，嗜碱性，有时可见小空泡；胞膜上有伪足样突起。

②过渡型淋巴细胞：具有上述淋巴母细胞的某些特征；核质疏松，可见核仁，胞质增多，嗜碱性强；比静止淋巴细胞大。

③核分裂细胞：核呈有丝分裂，可见许多成堆或散在的染色体。

2. ^{3}H-胸腺嘧啶（^{3}H-TdR）掺入法

（1）在上述培养 5 d 的培养物中，每管分别加入浓度为 25 μCi/mL 的 ^{3}H-TdR 20 μL，轻轻摇匀后培养 18 h。

（2）终止培养，用多头细胞收集器收集细胞于玻璃纤维滤纸上。用生理盐水充分洗涤，以洗除游离的 ^{3}H-TdR。

（3）加 5% 三氯醋酸 5 mL 固定细胞。

（4）加无水乙醇 2 mL 脱水、脱色。

（5）将玻璃纤维滤膜置 60～80℃ 烤箱烘干，顺次放入测量瓶内，加 5 mL 闪烁液，置 β 液体闪烁计数器中测量样品的放射性，换算成每分钟脉冲数（counts per minute，CPM）。

【结果判定】

1. 形态学计数法

根据上述形态学指标，计算出淋巴细胞转化的百分率

$$淋巴细胞转化率(\%) = \frac{转化的淋巴细胞数}{转化和未转化的淋巴细胞总数} \times 100\%$$

2. ^{3}H_胸腺嘧啶（^{3}H-TdR）掺入法

MLC 的结果可用刺激指数（stimulation index，SI）表示。

$$SI = \frac{反应管 \text{ cpm} \times 2}{2 \text{ 个对照反应管 cpm 之和}} \times 100\%$$

【临床应用】

MLC 在医学方面主要用于 HLA 分型，在兽医方面多用于基础研究，如体外培养树状细胞成熟度的鉴定，实验动物（如小鼠）移植免疫学研究。

【注意事项】

(1)细胞形态学计数法不需特殊设备,没有放射性污染,一般实验室均可采用。但结果判定受主观因素影响较大,重现性较差,测定效率低,已逐渐被同位素掺入等方法所取代。

(2)在测定样品的放射性之前,一定要用生理盐水彻底清洗细胞,以除去游离的^{3}H-TdR。

(3)因整个实验过程中细胞培养时间长达 6 d,故每一步骤都要严格无菌操作,所有器材和试剂都必须经高压灭菌或过滤除菌。

(4)实验过程中使用的同位素,须严格按照同位素操作规则进行操作,以防污染环境。

(5)同位素掺入法的影响因素较多,如细胞浓度、培养时间、培养液成分及^{3}H-TdR 的活性等,故应严格控制实验条件。

【思考题】

1. 双向 MLC 法中的形态学计数法和^{3}H-TdR 掺入法,各有何优缺点?

2. 在器官或细胞移植时,供、受者需采血进行双向 MLC,为什么选择 MLC 最弱者作为供体?

二、单向 MLC 法

单向 MLC 原理基本同双向 MLR,只是在两个不同个体的淋巴细胞混合之前,将已知主要组织相容性抗原型别的分型细胞通过丝裂霉素 C 或 X 线照射预处理,使其失去增殖能力而成为刺激细胞;受检者的外周血单个核细胞(PBMC)仍具有增殖能力,作为反应细胞。二者混合培养时,若反应细胞与分型细胞(即刺激细胞)的主要组织相容性抗原相不同,反应细胞受刺激细胞表面的主要组织相容性抗原的刺激而增殖,用^{3}H-TdR 掺入法测定细胞的增殖强度,以判断受检者的主要组织相容性抗原型别。根据选用的刺激细胞类型不同,单向 MLC 法可分为阳性分型法和阴性分型法两种。由于刺激细胞来源困难、制备烦琐,且实验耗时较长,不适合医学 HLA 分型的临床常规检验,已逐步被分子生物学分型法所取代,该法在兽医方面的应用更是有限,因此,单向 MLC 法的操作步骤在此不再赘述。

【思考题】

1. 混合淋巴细胞实验在兽医中有何应用?

2. 单向 MLC 法和双向 MLC 法有何异同?

（石德时）

实验四十五 B淋巴细胞功能检测

B淋巴细胞表面具有多种表面标志和受体,据此建立了多种体外检测方法,可对外周血和淋巴组织中的B细胞进行鉴定和计数。

B淋巴细胞膜表面免疫球蛋白(surface membrane immunoglobulin,SmIg)是B淋巴细胞特有的标志,因此可通过检测B细胞特有的标志来鉴定和计数B细胞。检测该标志的方法有多种,常用荧光素标记的抗Ig作免疫荧光染色,也可用荧光标记的葡萄球菌蛋白A(FITC-SPA)作为标示物,进行B淋巴细胞SmIg的检测。

B淋巴细胞表面有补体受体、Fc受体等。由于T淋巴细胞无补体受体,因此补体受体是B淋巴细胞区别于T淋巴细胞的一种膜标志。常用的检测方法有EAC花环、FBC花环以及酵母多糖-补体复合物花环实验等。

一、淋巴细胞SmIg检测(荧光标记-SPA菌体法)

【实验目的和要求】

理解B淋巴细胞SmIg检测的原理,掌握荧光标记-SPA菌体法的操作要领和结果判定标准。

【实验原理】

B淋巴细胞表面有SmIg,它能与相应的特异性抗体结合,故可用荧光标记的抗Ig抗体检测。由于在各种成熟程度的B淋巴细胞表面均存在SmIg,因此,用荧光素标记的抗Ig抗体可检出全部B淋巴细胞。B淋巴细胞表面最先出现IgM,以后相继出现IgG、IgD、IgA等表面免疫球蛋白。而葡萄球菌A蛋白(SPA)能与许多哺乳动物IgG的Fc段发生非特异性结合,并且这种结合也可发生于膜表面的IgG,所以可用荧光素标记的SPA菌体(FITC-SPA)替代FITC-抗IgG检测SmIg阳性B淋巴细胞。在荧光显微镜下,阳性细胞周围布满许多黄绿色菌体,此阳性细胞就是B淋巴细胞。

【实验材料】

(1)冻干FITC-SPA菌体试剂,使用时作适当稀释。

(2)pH 7.2的Hank's液,含5%小牛血清。

(3)聚蔗糖-影葡胺淋巴细胞分离液。

【操作方法】

(1)取肝素抗凝血2 mL,用淋巴细胞分离液进行密度梯度离心,获取单个核细胞。

(2)用pH 7.2 Hank's液洗涤细胞,配成$(2\sim2.5)\times10^6/mL$的淋巴细胞悬液。

(3)用pH 7.2 Hank's液稀释FITC-SPA菌体试剂。

(4)将淋巴细胞悬液与FITC-SPA菌体悬液等体积混合,混匀后置4℃冰箱30 min,然后用经37℃预热的5%小牛血清-Hank's液洗涤,离心取沉淀细胞滴加于载玻片上,覆以盖玻片,置荧光显微镜下观察。

【结果判定】

　　凡细胞表面黏附5个以上菌体的淋巴细胞即为SmIg阳性细胞。先用暗视野计算阳性细胞数,再用明视野计算同一视野中淋巴细胞总数。每份样品计算至少200个淋巴细胞,算出阳性细胞百分率,按样品中淋巴细胞的总数计算单位体积血液中B淋巴细胞的绝对数量。

【注意事项】

　　(1)FITC-SPA菌体染色法进行SmIg阳性细胞的检测,与其他方法相比具有良好的一致性,特异性强、荧光亮度明显、操作简便。加之目前已有商品供应,可使本方法标准化。

　　(2)被检淋巴细胞数量的多少会影响淋巴细胞的检出率。除细胞过多或过少难以计算外,染色背景明暗不均,着染与不着染的细胞有时难以区别。一般以$(2\sim 2.5)\times 10^{6}/mL$细胞浓度较为适宜,用台盼蓝排除实验,活细胞数应不少于95%。

【思考题】

　　1.被检淋巴细胞数量的多少对阳性细胞检出率的影响如何?

　　2.用淋巴细胞分离液分离获得的单个核细胞是否是纯的淋巴细胞? 如何计算单位体积血液中B淋巴细胞的绝对数量?

二、EAC花环实验

【实验目的和要求】

　　理解EAC花环形成的原理,掌握EAC花环实验的操作方法与判定标准。

【实验原理】

　　B淋巴细胞上有补体受体(C3-R),当红细胞(erythrocyte,E)与相应抗体(antibody,A)结合形成抗原-抗体复合物(EA),就可激活补体的经典途径,产生活化的C3(C3b),活化的C3与EA结合形成EAC,当EAC与B淋巴细胞相遇,EAC通过C与B淋巴细胞上的补体受体结合,形成以B细胞为中心、EAC环绕周围的花环,此花环称为EAC花环。淋巴细胞中,B淋巴细胞有补体受体,而T淋巴细胞则无补体受体,因此EAC花环实验可将形态上非常相似的T、B淋巴细胞区分开来。

【实验材料】

　　(1)鸡红细胞悬液:取肝素抗凝新鲜鸡血液,用生理盐水(或Hank's液)洗涤3次,最后用无钙、镁的Hank's液配成4%的红细胞悬液。

　　(2)抗鸡红细胞抗体(溶血素):可从生物制品厂购买,也可以自己制备,应用时采用其凝血效价的1/2即可,如其凝血效价为$1:2\ 000$,则工作浓度为$1:8\ 000$。

　　(3)补体:取3只健康雄性成年豚鼠,心脏采血,待血液凝后,37℃放置30 min,再放冰箱2 h,离心分离血清,混合后用无钙、镁的Hank's液稀释成$1:100$的浓度置4℃保存备用。

　　(4)淋巴细胞分离液(比重$1.075\sim 1.080$)、姬姆萨染液或美兰染液、1%戊二醛(无钙、镁的Hank's液配制)、无钙、镁的Hank's液、肝素、1% HCl、95%酒精。

【操作方法】

　　(1)EAC悬液的制备:取4%鸡红细胞悬液1 mL,加等体积的Hank's液稀释抗鸡红细胞抗体至工作浓度,混匀,37℃水浴 15 min 或 37℃温箱 30 min,离心弃上清液,用 Hank's 液将沉淀(EA)恢复为 1 mL,加入等体积工作浓度的豚鼠血清(补体),37℃水浴 15 min 或 38℃温箱 30 min,即为 EAC 悬液。

(2)单个核细胞的制备:用淋巴细胞分离液按常规方法分离单个核细胞,用 Hank's 液配成 1×10^7/mL 的细胞悬液。

(3)花环形成:取上述淋巴细胞悬液 0.2 mL,加入 EAC 悬液 0.2 mL,混匀,37℃水浴或温箱 30 min,500 r/min 离心 5 min,弃上清液。加入 1% 戊二醛 0.1 mL,混匀后置 4℃固定 30 min。

(4)制片:以悬液制片,自然干燥,用姬姆萨染液或美兰染液进行染色,用 95% 酒精脱色 15 s、0.33% HCl 脱色 10 s。

【结果判定】

用高倍镜检查 200 个淋巴细胞,凡吸附 3 个以上红细胞的淋巴细胞为 EAC 花环形成细胞,计算花环形成率。

【注意事项】

(1)EAC 花环实验应选用细胞膜上无补体受体的红细胞,如绵羊、牛、豚鼠、鸡或鸽子的红细胞。有补体受体的红细胞制备的 EAC 易互相自凝,不宜采用。绵羊红细胞是目前应用最广的一种红细胞,虽然它有和人及某些动物的 T 淋巴细胞形成 E 花环的特性、抗绵羊红细胞抗体也不能阻断绵羊红细胞与 T 细胞的结合,但只要将反应温度控制在 37℃,并用胰酶对绵羊红细胞进行预处理,T 细胞 E 花环的形成是可以避免的。

(2)EAC 花环实验的抗体是 IgM 类,如其中混杂有 IgG 类抗体,则 EA 容易和带有 Fc 受体的细胞形成 EA 玫瑰花环,影响实验的精确性。因此最好将抗红细胞抗体血清进一步纯化,从中提取 IgM 类抗体。

(3)EAC 花环形成受所用抗血清和补体浓度的影响。正式实验前,要用不同稀释度的补体作方阵滴定实验,以选择抗血清和补体的最适稀释度。

(4)加入淋巴细胞与红细胞的比例一般以 1:40 为宜,淋巴细胞过少,花环形成率明显降低。

(5)淋巴细胞、红细胞、补体均须新鲜,否则花环形成率明显下降,血液保存 4 h 以上,淋巴细胞的活力下降,花环阳性率也会明显下降。

【临床应用】

在病理情况下,花环形成率出现异常,可为临床诊断、治疗等提供参考。EAC 花环形成细胞百分率显著下降,多见于体液免疫缺陷者;EAC 花环形成细胞百分率显著升高,多见于慢性淋巴细胞白血病、某些自身免疫病患者。人正常值为 15%~30%。

【思考题】

区分 B 淋巴细胞与多形核白细胞及单核细胞形成的 EAC 花环的必要性。

(石德时)

实验四十六 细胞毒性 T 淋巴细胞活性测定

【实验目的和要求】

理解和掌握细胞毒性 T 淋巴细胞(CTL)活性测定的原理、操作方法及结果的判定方法。

【实验原理】

细胞毒性 T 淋巴细胞(CTL)是 T 淋巴细胞的重要组成部分,也是特异性细胞免疫的主要效应细胞之一,它可通过与带有特异抗原的靶细胞的直接接触,高效杀死靶细胞。CTL 细胞主要识别存在于靶细胞表面的与 MHC-I 类分子相结合的抗原,被病毒感染的靶细胞、癌细胞、移植物的细胞上就存在这种抗原。

测定 CTL 功能活性的传统方法有非同位素法和同位素法。非同位素法有单层细胞破坏法、细胞计数法、克隆形成抑制法等,其缺点是敏感性差,难以准确反映靶细胞的损伤和死亡,同位素法有 ^{3}H-TdR、^{125}I-UdR 掺入法(靶细胞的后标记法)和同位素释放法。同位素释放法常选用高质量的 ^{51}Cr 于实验前标记靶细胞,若待检细胞能杀伤靶细胞,则 ^{51}Cr 从靶细胞内释放出来,用 γ 计数仪测定靶细胞释放的 ^{51}Cr 放射活性。靶细胞溶解破坏越多,^{51}Cr 释放越多,上清液的放射活性越强,通过计算 ^{51}Cr 特异释放率,判断 CTL 的杀伤活性。该法可确切、客观地反映靶细胞损伤和死亡的情况。

本实验重点介绍 MHC 限制性小鼠 CTL 的细胞毒活性的测定。

【实验材料】

(1)RPMI-1640 完全培养基。

(2)含 2% 小牛血清的 RPMI-1640 培养基。

(3)1% Triton X-100。

(4)IL-2、$Na^{51}CrO_4$。

(5)靶细胞是与实验小鼠来源于同一品系、经多肽刺激、病毒感染或修饰的小鼠肿瘤细胞系。

(6)效应细胞和刺激细胞为实验鼠脾单细胞悬液(为 B 细胞、巨噬细胞、树突状细胞及 CTL 细胞等细胞的混合物)。

【操作方法】

1. **鼠 CTL 效应细胞和刺激细胞的制备**

(1)制备病毒感染或免疫后小鼠的脾单细胞,用完全培养液,调整细胞浓度为 2×10^6 细胞/mL。

(2)根据实验目的,分别用活病毒(用量因病毒而异,如痘苗病毒重组体的用量为 1～5 PFU/细胞)或特异性多肽(应为与免疫鼠时相同的多肽,1 μg/mL),在 50 mL 烧瓶(直立)中与脾单细胞一起于 37℃ CO_2 培养箱中共同孵育,反应体积 10～20 mL。

(3)培养 3～4 d 后,向反应体系中加入 IL-2 至 5 U/mL,继续培养 4～5 d,如换液及补充 IL-2 后,可延长培养时间。

(4)培养结束后,以 200 r/min 离心 5 min,进行活细胞计数。

(5)用完全培养液,调整细胞浓度为$(2\sim4)\times10^6$ 个/mL。

2. 制备^{51}Cr 标记的靶细胞

(1)取 5×10^6 个靶细胞,离心,重悬于 0.2～0.3 mL 无血清的培养液中。

(2)每 5×10^6 个靶细胞加入 100 μ Ci^{51}Cr,于 37℃温箱孵育 60 min。

(3)加入 10 mL RPMI-1640,以 200 r/min 离心 5 min,弃上清至放射性物质废物容器内。重复 2 次。

(4)用 RPMI-1640 完全培养液重悬细胞,计数活细胞数。

(5)调整细胞浓度为 2×10^5 个/mL。

3. CTL 活性分析

(1)加入抗原(用量因抗原而异)到靶细胞中,共同孵育 2 h,洗两次,调整细胞浓度为 2×10^5 个/mL。

(2)用完全培养液,按 2 倍稀释法,制备效应细胞,用多通道加样器加入到 96 孔培养板中,每个稀释度做 3 个重复。

(3)加入 100 μL 靶细胞到相应的效应细胞孔及另外的 12 个不含有效应细胞的孔中,其中的 6 个孔加入 100 μL 完全培养液,用以测定靶细胞^{51}Cr 自发释放,另外的 6 个孔加入 100 μL 1%(V/V)的 Triton X-100,用以测定靶细胞的^{51}Cr 最大释放。

(4)将 96 孔板置于专用离心机中,以 200 r/min 离心 1 min,聚集效应细胞、靶细胞于孔底,利于互相作用。

(5)37℃,孵育 4～6 h,以 250 r/min 离心 5 min。

(6)用多通道加样器,收集各孔上清液 100 μL,置于新的培养板中,以测定上清液 cpm 值。

【结果判定】

用 γ 计数仪分别测试各管上清及沉淀中的 cpm。

$$对照淋巴细胞 ^{51}Cr 释放率 = \frac{对照组 cpm 均值 - 自然释放 cpm 均值}{最大释放组 cpm 均值 - 自然释放 cpm 均值} \times 100\%$$

$$^{51}Cr 特异释放率 = \frac{实验组 cpm 均值 - 对照组 cpm 均值}{最大释放组 cpm 均值 - 对照组 cpm 均值} \times 100\%$$

【临床应用】

CTL 实验已成为医学体外测定肿瘤等患者细胞免疫反应的一种常用方法,例如利用靶细胞与淋巴细胞的相互关系来证明靶细胞的抗原性,可证明肿瘤抗原的存在。也用来直接测定机体免疫活性细胞直接杀伤肿瘤细胞的能力,判断肿瘤患者的预后。本实验还可以用于鉴定 CTL 细胞亚群,以评价机体的特异性细胞免疫。

此外,CTL 实验已应用于抗病毒免疫的研究,例如用病毒感染细胞或用病毒核酸转染细胞,然后分析同种病毒抗原致敏的 CTL 对感染细胞或转染细胞的杀伤作用,用以寻找病毒刺激 CTL 反应的抗原表位。

【注意事项】

一般自然释放率>15%、对照释放率<5%,而特异性释放率>10%才有意义。如果自然释放率>20%,则该次实验结果无效。

【思考题】

1. 试述细胞毒性 T 细胞实验的基本原理。

2. 本实验所用的效应细胞为脾脏单细胞悬液,如用脾脏单细胞悬液制备的淋巴细胞作为效应细胞,该实验应如何进行?

（石德时）

实验四十七　巨噬细胞吞噬功能和杀伤功能检测

病原微生物一旦突破体表防御屏障侵入机体,首先接触的是遍布全身的大、小吞噬细胞。吞噬细胞分布于血液和组织中,并可在某些趋化因子的作用下移行至微生物所在部位。依据其形态大小可将吞噬细胞分为两大类:一类是血液中的单核细胞及从血液游走到血管外并定居于各种组织中的巨噬细胞,称为大吞噬细胞;另一类是血液中的嗜中性粒细胞,称为小吞噬细胞。这两类吞噬细胞从相同的干细胞分化而来,外形上差异较大,在吞噬消灭入侵病原微生物的免疫学功能方面具有互补的特性,小吞噬细胞移动和吞噬快速,但不能持久,大吞噬细胞移动慢但可高效持久多次吞噬。它们两者互相配合,在机体非特异性免疫中发挥重要作用。溶菌酶主要是由吞噬细胞合成并分泌的一种碱性蛋白质,可水解革兰氏阳性菌细胞壁的 β-1,4 糖苷键。以下只介绍巨噬细胞吞噬功能和溶菌酶的功能检测实验。

一、巨噬细胞吞噬功能检测

【实验目的和要求】

掌握巨噬细胞吞噬功能实验的原理、操作方法和结果观察方法。

【实验原理】

当鸡红细胞注入小鼠腹腔内,巨噬细胞可借助其表面的模式识别受体识别其为异物,将鸡红细胞吞噬消化,通过显微镜观察该吞噬现象,可了解机体巨噬细胞的吞噬功能。

【实验材料】

(1)25 g 左右的小鼠。

(2)灭菌 2% 淀粉(不溶性)、2% 肉汤、0.5% 鸡红血球。

(3)1 mL 无菌注射器、6 号和 9 号针头、清净载玻片、10 mL 离心管、解剖剪、眼科镊、解剖板、图钉。

(4)瑞氏染液(配制方法见附录)。

(5)显微镜。

【操作方法】

(1)取灭菌 2% 淀粉 2 mL 注射小鼠腹腔,16~18 h 后,取灭菌 2% 淀粉 2 mL 再次注入小鼠腹腔,1~2 h 后腹腔再注射 0.5% 鸡红血球 1 mL。

(2)注射鸡红细胞 10~15 min 以后,颈椎脱臼处死小鼠。

(3)将小鼠固定在解剖板上,消毒后,避开血管打开腹腔,取腹腔液滴于载玻片上做成涂片。

(4)涂片自然干燥后用瑞氏染液染色:加瑞氏染液覆盖涂片,染色 1 min,滴加相当于染液 1.5 倍的蒸馏水于涂片上,轻轻混匀,染 8~10 min,流水轻洗,印干。

(5)油镜观察结果。

【结果判定】

经瑞氏染液染色后,镜下可见巨噬细胞核被染成淡紫蓝色、呈椭圆形、肾形或马蹄形。如有吞噬作用发生,可见巨噬细胞胞质中有一个以上的有核鸡红细胞(图 47-1),计算吞噬百分比,即每 100 个吞噬细胞吞噬有鸡红血球的吞噬细胞数。亦可用吞噬指数表示,即将 100 个吞噬细胞吞噬鸡红血球的总数除以 100,即得吞噬指数,吞噬百分比和吞噬指数一般是平行的。

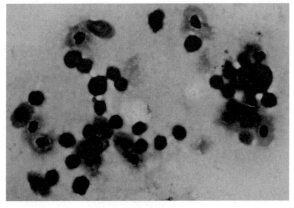

图 47-1　小鼠腹腔巨噬细胞对鸡红血球的吞噬现象

(图片来源:编者实验教学结果)

【注意事项】

(1)越接近涂片末尾的部分,细胞数越多,因此计数时应取前、中、后 3 段计数,以提高准确性。

(2)涂片要趁新鲜染色观察,否则影响观察效果。

【临床应用】

巨噬细胞与嗜中性粒细胞一起发挥吞噬作用对机体免疫具有非常重要的作用,而该细胞还可以作为抗原提呈细胞,激发机体的特异性免疫;另外,巨噬细胞在机体消灭异物后的损伤修复中也发挥着最初的推动作用。

越来越多的研究表明,巨噬细胞的吞噬功能与受试者的免疫状态有关。因此,检测巨噬细胞吞噬活性可为受试者的细胞免疫水平评估或评价外源性物质(如益生菌)对机体细胞免疫水平的影响提供参考。

【思考题】

1. 为什么采用鸡的红细胞作为被吞噬物?
2. 为什么涂片必须在空气中自然干燥再染色,加热干燥涂片对实验结果有何影响?

二、溶菌酶的溶菌作用实验

【实验目的和要求】

掌握溶菌酶杀菌的机制,了解溶菌酶的来源及杀菌实验方法。

【实验原理】

溶菌酶主要是由吞噬细胞合成和分泌的一种分子量为 14.7 kDa 的碱性蛋白质,属乙酰氨基多糖酶,不耐热。溶菌酶能与细菌牢固结合,水解细菌细胞壁肽聚糖,使细菌裂解,主要作用于革兰氏阳性细菌。溶菌酶还有激活补体和促吞噬作用。溶菌酶广泛存在于机体的泪液、唾液、痰、鼻腔分泌物及血清等体液中,体液溶菌酶水平在一定程度上反映单核巨噬细胞系统的功能状态。

溶菌酶的溶菌活性可通过对革兰氏阳性微球菌的裂解作用进行测定。本实验介绍纸片法测定唾液溶菌酶的溶菌活性。

【实验材料】

(1)无菌 pH 6.4 1/15 mol/L PBS、5 mol/L KOH 溶液、溶菌酶标准品。

(2)微球菌普通琼脂斜面 26～36 h 培养物。

(3)受检者唾液。

(4)3% 琼脂(用 pH 6.4 1/15 mol/L PBS 配制)。

(5)1 mL、5 mL 无菌吸管、无菌毛细吸管、平皿、无菌滤纸片(直径)、塑料小杯、小镊子等。

【操作方法】

(1)含微球菌琼脂平板的制备:取无菌溶化的 3% 琼脂 10 mL,待冷至 60～70℃ 时加入 5 mL 预热的微球菌菌液,迅速混匀,倾注于无菌平皿内,平放待凝固。

(2)收集受检者唾液样品,置于塑料小杯内。

(3)溶菌酶标准品的配制:称取溶菌酶干粉适量,用 pH 6.4 1/15 mol/L PBS 分别配成 200 μg/mL、100 μg/mL、50 μg/mL、25 μg/mL、12.5 μg/mL 的标准溶菌酶溶液。

(4)取滤纸片分别浸透于标准品溶液、待检唾液样品、pH 6.4 1/15 mol/L PBS 中。

(5)用小镊子取上述滤纸片,小心平贴于琼脂表面。每个样品作 3 个重复。

(6)将贴有上述滤纸片的琼脂平板,37℃ 温箱置 18～24 h 后观察结果。

【结果判定】

观察滤纸片周围是否出现透明的溶菌环。用游标卡尺测量溶菌环直径。以标准品溶菌酶的浓度为横坐标,相应的溶菌环直径为纵坐标,用 Excel 绘制标准曲线和得到定量方程,计算待检样品的溶菌酶浓度。

【注意事项】

(1)滤纸片应浸透,但贴放在琼脂之前,不能有成滴的液体溢出。

(2)最好每个琼脂平板上都放全标准品滤纸片,以减少平板之间的误差。

【临床应用】

溶菌酶广泛存在于机体各种体液中,由于唾液易得,且不伤害被检者,所以是检测溶菌酶水平最常用的样品。溶菌酶的活性可在一定程度上反映单核巨噬细胞系统的功能,与前述的巨噬细胞吞噬实验结果一起,可作为评价机体单核巨噬细胞系统功能是否正常的参考数据。

【思考题】

1. 为什么要对溶菌酶进行定量测定?

2. 为减少人为误差,在溶菌酶定量测定实验中应注意哪些问题?

(石德时)

实验四十八　细胞凋亡的检测技术

【实验目的和要求】

以地塞米松诱导的小鼠凋亡胸腺细胞的 DNA 琼脂糖凝胶电泳分析为例,掌握检测细胞凋亡的 DNA 琼脂糖凝胶电泳分析的原理、操作方法及结果的判定。

【实验原理】

细胞凋亡(apoptosis)是机体在生长发育、细胞分化和病理过程中由基因编码调控的细胞主动自杀过程。细胞凋亡和细胞坏死是两种截然不同的过程和生物学现象,在形态学、生物化学代谢改变、分子机制、结局和意义等方面都有本质的区别。目前,有关细胞凋亡的研究方法有很多,主要是从细胞凋亡的形态学和生物化学特征对其进行定性及定量研究,如用普通光学显微镜、透视电子显现微镜、荧光显微镜观察凋亡细胞形态学上的变化,用超速离心法、DNA琼脂糖凝胶电泳法、原位末端标记法和酶联免疫技术(ELISA)等方法进行生化指标的检测,用流式细胞术鉴别凋亡细胞与坏死细胞,检测细胞凋亡的细胞周期特异性,测定细胞凋亡时蛋白质的表达情况等。

细胞凋亡最重要的生化特征是凋亡细胞染色体的片段化,一般认为,细胞凋亡时 DNA 的降解主要分为 2 个步骤:第一步是 DNA 断裂成数十至数百 kb 碱基对不等的大分子 DNA 片段,第二步是 DNA 在核小体间被切断,降解成为 $180\sim200$ bp 及其倍数大小的一系列 DNA 片段,经琼脂糖凝胶电泳得到明显的 DNA 梯带,据此而设计的 DNA 琼脂糖凝胶电泳是检测细胞凋亡生物化学变化特性的传统方法。本实验重点介绍这种方法。

【实验材料】

(1)RPMI-1640 培养基、小牛血清。

(2)细胞裂解液、TE 缓冲液(pH 8.0)。

(3)水饱和的酚、氯仿、异丙醇、冷无水乙醇、3 mol/L 醋酸钠。

(4)10 mg/mL RNA 酶(无 DNA 酶活性)。

(5)50×TAE 电泳缓冲液。

(6)DNA Ladder 分子质量标准品。

(7)6×凝胶加样缓冲液。

(8)0.4 μg/mL 溴化乙锭。

(9)1%~2%的琼脂糖糖凝胶。

(10)台式高速离心机、水浴箱、真空干燥箱、全套琼脂糖凝胶电泳装置、凝胶电泳照相设备、1.5 mL 微量离心管、移液器,剪刀、针头、250 μm 尼龙网等。

【操作方法】

(1)待测细胞的制备:拉颈处死小鼠,无菌条件下取胸腺,去除小血管及结缔组织,浸入含 5%小牛血清的预冷 RPMI-1640,用 16 号针头拉开胸腺使细胞脱落,250 μm 尼龙网过滤,1 000 r/min 离心 4 min,调节细胞浓度为 2×10^{6}/mL,待用。

（2）诱导凋亡：取上述 2×10^{6}/mL 浓度的胸腺细胞加入终浓度 1×10^{-5} mol/L 的地塞米松，$37℃$ 5% CO_2 培养箱中培养 5 h 后，70% 乙醇－$20℃$ 定 2 h 即为凋亡阳性细胞。对照组不加地塞米松。

（3）裂解细胞：以 1 500 r/min 离心 5 min 后弃上清。加 400 μL 细胞裂解液，充分混匀，加蛋白酶 K（10 μg/mL），于 $65℃$ 水浴保温至少 2 h 或过夜。

（4）处理蛋白：加 80 μL 8 mol/L KAc，置 $4℃$ 15 min，再加 800 μL 氯仿，充分混匀后，以 5 000 r/min 离心 10 min 以后，将上清液转移至一洁净的微量离心管中。必要的时可再以等体积苯酚/氯仿（1∶1）、苯酚/氯仿/异丙醇（25∶24∶1）和氯仿各抽提一次。

（5）沉淀 DNA：上清液加入等体积无水乙醇，轻柔摇均即可见乳白色絮状沉淀物（若不明显可置－$20℃$ 过液），12 000 r/min －$10℃$ 离心 10 min，沉淀再用 70% 乙醇洗 2 次。

（6）溶解 DNA：真空干燥 DNA，加 50 μL TE 缓冲液溶解 DNA，加入 1 μL RNA 酶，$37℃$ 保温 1 h。

（7）DNA 琼脂糖凝胶电泳分析 取 20 μL 溶解 DNA，加入 4 μL 6×凝胶加样液，混匀后立即加到含有 0.4 μg/mL 溴化乙锭的 $1\%\sim2\%$ 的琼脂糖糖凝胶的点样孔中，室温下恒流 75 mA，于 1×TAE 缓冲液中电泳 1～2 h。

【结果观察】

紫外灯下观察结果。加地塞米松培养的胸腺细胞 DNA 电泳后呈典型的"阶梯状"条带，与标准分子量 DNA 参照物比较，为多倍的 180～200 bp DNA 片断（图 48-1）。未加地塞米松培养的胸腺细胞，DNA 无类似改变。

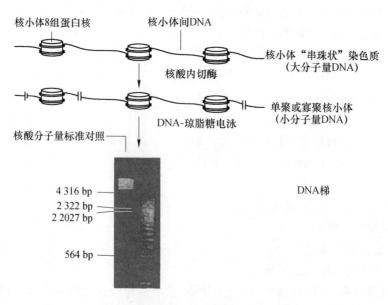

图 48-1　凋亡细胞 DNA 裂解、断裂示意图

【注意事项】

（1）实验过程中，关键要防止 DNA 酶的作用和剧烈震荡造成 DNA 断裂。

（2）虽然本方法是检测细胞凋亡的一种简单而可靠的定性方法，但梯状 DNA 条带的出现与样本中凋亡细胞数量密切相关,当凋亡细胞数量少于待检细胞的 10% 时,难以出现明显的 DNA 凋亡条带。

【思考题】

1. 为什么小鼠胞腺细胞用地塞米松诱导后易产生梯状 DNA 条带?

2. 还有哪些方法可用于凋亡细胞的检测? 各有何特点?

（石德时）

第八章

细胞因子及其受体检测技术

概　述

细胞因子是指由免疫细胞(如单核细胞、巨噬细胞、T 细胞、B 细胞、NK 细胞等)和某些非免疫细胞(如内皮细胞、表皮细胞、纤维母细胞等)经刺激而合成、分泌的一类具有广泛生物学活性的多肽和小分子蛋白质,具有调节固有免疫应答和获得性免疫应答、血细胞生成、细胞生长以及损伤组织修复等多种功能。20 世纪 90 年代以来,由于人类基因组计划和生物信息学研究的飞速发展,不仅克隆获得了众多已知的细胞因子的基因序列,而且发现了许多新的细胞因子,并对多种细胞因子的来源、分子结构、受体、信号转导以及生物学功能等进行了大量的研究。目前对于细胞因子及其相关领域的研究已经成为基础免疫学和临床免疫学研究中非常活跃的热点之一。

细胞因子发挥广泛多样的生物学功能是通过与靶细胞膜表面的受体相结合并将信号传递到细胞内部。在机体发生某些疾病或异常时,体内细胞因子及其受体的表达常常会发生变化,这往往与机体免疫功能低下或病理损伤有关。因此,通过检测细胞因子及其受体的变化可以反映机体的免疫功能状况。在临床上,对细胞因子的检测可用于疾病诊断、病程观察、疗效判断及细胞因子治疗监测等。作为一种非常有效的研究手段,细胞因子的检测在科研上也有极其广泛的用途,如检测不同实验条件下不同类型细胞产生的细胞因子的水平与活性,并探讨这些细胞因子产生水平与细胞表型、增殖、杀伤等功能的关系,对基础免疫学研究具有重要意义。由于体内天然产生的细胞因子含量甚微,目前临床或科研上应用的细胞因子主要是通过原核细胞和真核细胞中表达的重组细胞因子,在应用前对这些重组细胞因子往往要通过不同工艺流程进行纯化,对纯化产品的活性和含量检测在细胞因子研究中也占有重要的席位。

尽管细胞因子种类繁多,但只要获得了针对某一细胞因子(或受体)的特异性抗体(包括多克隆抗体或单克隆抗体),就可以采用免疫学方法进行检测。常用的方法包括酶联免疫吸附测定(enzyme-linked immuno sorbent assay,ELISA)、放射免疫法(radio immunity assay,RIA)以及近几年发展起来的酶联免疫斑点测定法(enzyme-linked immunospot assay,ELISPOT)等。免疫学检测法比较简单、迅速、重复性好,但所测定的结果只能代表相应细胞因子的含量而不代表活性,因此要了解细胞因子(或受体)的生物学效应,还必须结合生物学活性检测法。

实验四十九　细胞因子转录水平的 mRNA 检测

【实验目的和要求】

(1)掌握相对荧光定量 RT-PCR 方法检测细胞因子 mRNA 水平的原理、操作方法及结果判定。

(2)掌握相对荧光定量 PCR 结果的计算方法及其所表示的意义。

【实验原理】

基因表达是从 DNA 到 mRNA 再到蛋白的一个过程,基因表达水平的检测一般是通过衡量该基因转录的 mRNA 的多少实现的。每个基因转录产生的 mRNA 的量,往往受到多种因素调控。机体在不同的生理、病理状态下,不同的组织器官中基因转录出 mRNA 的量都是不一样的,因此可以通过检测细胞因子的 mRNA 水平反映细胞因子的变化。聚合酶链式反应(polymerase chain reaction,PCR)是通过体外酶促反应合成特异性 DNA 片段的一种方法,由高温变性、低温退火及适温延伸等步骤组成一个周期,循环进行,可以使目的 DNA 片段以指数形式迅速扩增,具有特异性强、敏感性高、操作简便、省时等特点。RT-PCR 是反转录(逆转录)-PCR(reverse transcription PCR)的缩写。RT-PCR 是 PCR 的一种广泛应用的变形,在 RT-PCR 中,一条 RNA 链被逆转录成为互补 DNA(complementary DNA,cDNA),再以此为模板通过 PCR 进行目的 DNA 片段的扩增。Real-time PCR,又称为 real-time quantitative PCR(qRT-PCR 或 Q-PCR),是指在 PCR 反应体系中加入荧光基团,利用荧光染料或荧光标记的特异性探针,对 PCR 产物进行标记跟踪,利用荧光信号累积实时监测整个 PCR 进程,最后通过标准曲线对未知模板进行总量分析或通过 Ct 值对模板进行相对定量的方法。

QRT-PCR 或 Q-PCR 检测目前常用的方法有相对定量(relative quantification)和绝对定量(absolute quantification)。相对定量用于检测一个待测样本中目标核酸序列与校正样本中同一序列表达的相对变化,校正样本可以是一个未经处理的对照或者是在一个研究中处于零时的样本。绝对定量用于确定未知样本中某个核酸序列的绝对量值,即通常所说的拷贝数。

本实验以 SYBR Green I 法检测 BSA 刺激前后小鼠淋巴细胞(lymphocyte)中 IFN-γ 和 IL-2 mRNA 表达的相对变化为例。

【实验材料】

(1)小鼠脾淋巴细胞。

(2)RNAiso Plus(Takara)。

(3)PrimeScript™ RT reagent Kit(Perfect Real Time)(TaKaRa)(TaKaRa)。

(4)FastStart Universal SYBR Green Master(Rox)(Roche)。

(5)无 RNA 酶枪头、无 RNA 酶 1.5 mL EP 管、EP 管架、一次性乳胶手套、Real-time PCR 反应板、微量分光光度计、定量 PCR 仪、离心机、超净台、CO_2 培养箱等。

【操作方法】

1. 引物设计与合成

参照 GenBank 中小鼠 IFN-γ 基因序列（NM_008337）、IL-2 基因序列（NM_008366）和 GAPDH（GU214026.1）基因序列按 Q-PCR 引物要求设计合成引物。引物序列如下：

IFN-γ-F：5′-TGTCATCCTGCTCTTCTTTCTC-3′

IFN-γ-R：5′-GACCTCAAACTTGGCAATACTC-3′

IL-2-F：5′-GGACCTCTGCGGCATGTTCT-3′

IL-2-R：5′-ACAGTTGCTGACTCATCATCGAATT-3′

GAPDH-F：5′-GCTCTCTGCTCCTCCTGTTC-3′

GAPDH-R：5′-GACTCCGACCTTCACCTTCC-3′

2. 样品处理

取正常分离的小鼠淋巴细胞，按 5×10^5 加入 24 孔细胞培养板，按图 49-1 所示加入终浓度为 10 mg/L LPS 或 5 mg/L、10 mg/L 的 BSA，继续培养 24 h 后收集细胞用于 RNA 提取。

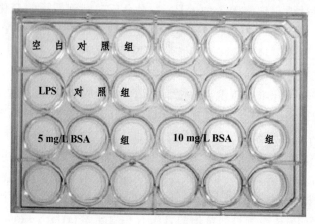

图 49-1　样品处理图示

3. 细胞总 RNA 提取与定量

参照 RNAiso Plus 操作说明书进行或相关的 RNA 提取试剂说明操作。

4. 反转录合成 cDNA

参照 PrimeScript™ RT reagent Kit（Perfect Real Time）操作说明书进行 cDNA 合成，每个样品取 500 ng RNA 进行反转录合成 cDNA 或参照相关的用于定量检测的 cDNA 合成试剂说明操作。

5. Q-PCR 检测样品中 IFN-γ 和 IL-2 mRNA 的相对表达

（1）反应体系（20 μL）：见表 49-1。

表 49-1　Real time PCR 反应体系

组分	用量/μL	组分	用量/μL
Template	5.0	SYBR Green Master	10.0
Forward primer(10 pmol/μL)	0.5	DEPC treated ddH$_2$O	4.0
reverse primer(10 pmol/μL)	0.5		

（2）反应条件

95℃	10 min	
95℃	15 s	$\Big\}\times 40$ cycles
60℃	1 min	

（3）引物特异性与扩增效率检测：取每个样品等量的 cDNA 混合，然后将混合的 cDNA 做 10 倍连续稀释，连同混合的 cDNA 原液共 7 个稀释度（10^0、10^1、10^2、10^3、10^4、10^5、10^6）作为模板，分别用引物 GAPDH-F 和 GAPDH-R、IFN-γ-F 和 IFN-γ-R、IL-2-F 和 IL-2-R 按表 50-2 布板，选择荧光定量 PCR 仪（ABI SteponePlus Real-time PCR system）的"Quantitation-Relative Standard Curve"方法进行 Q-PCR 扩增，反应体系如表 49-1 所示。检测每个基因扩增的溶解曲线是否为单峰以及内参基因和目的基因的扩增效率并确定模板的最佳稀释度。表 49-2 为样品稀释度确定布板格式。

表 49-2　样品稀释度确定布板格式

孔号		1	2	3	4	5	6	7	8	9
目的基因		GAPDH			IFN-γ			IL-2		
A	阴性对照	ddH$_2$O	ddH$_2$O	ddH$_2$O	ddH$_2$O	ddH$_2$O	ddH$_2$O	ddH$_2$O	ddH$_2$O	ddH$_2$O
B		10^0	10^0	10^0	10^0	10^0	10^0	10^0	10^0	10^0
C		10^1	10^1	10^1	10^1	10^1	10^1	10^1	10^1	10^1
D	diluted	10^2	10^2	10^2	10^2	10^2	10^2	10^2	10^2	10^2
E	cDNA	10^3	10^3	10^3	10^3	10^3	10^3	10^3	10^3	10^3
F	mix	10^4	10^4	10^4	10^4	10^4	10^4	10^4	10^4	10^4
G		10^5	10^5	10^5	10^5	10^5	10^5	10^5	10^5	10^5
H		10^6	10^6	10^6	10^6	10^6	10^6	10^6	10^6	10^6

（4）样品检测：在确定每个基因扩增时溶解曲线均为单峰，内参基因和目的基因的扩增效率均在 90%～110% 的前提下，以确定的稀释度稀释样品作为模版，按表 49-3 布板，选择荧光定量 PCR 仪（ABI SteponePlus Real-time PCR system）的"Quantitation-Comparative C_T（$\Delta\Delta C_T$）"方法进行 Q-PCR 扩增，并记录保存结果。

表 49-3　样品检测布板格式

	1	2	3	4	5
	空白对照组			10 mg/L BSA 组	
A	GAPDH	IFN-γ	IL-2	GAPDH	IFN-γ
B	GAPDH	IFN-γ	IL-2	GAPDH	IFN-γ
C	GAPDH	IFN-γ	IL-2	GAPDH	IFN-γ
	LPS 对照组			10 mg/L BSA 组	
D	GAPDH	IFN-γ	IL-2	IL-2	
E	GAPDH	IFN-γ	IL-2	IL-2	
F	GAPDH	IFN-γ	IL-2	IL-2	
	5 mg/L BSA 组				
G	GAPDH	GAPDH	GAPDH	IL-2	IL-2
H	IFN-γ	IFN-γ	IFN-γ	IL-2	

【结果处理与分析】

以 GAPDH 为内参基因,按下列公式计算小鼠处理后淋巴细胞中 IL-2 和 IFN-γ mRNA 表达的相对变化。

公式 1:$\Delta C_T(\text{control}) = C_T(\text{目的基因 control}) - C_T(\text{内参基因 control})$

公式 2:$\Delta C_T(\text{treated}) = C_T(\text{目的基因 treated}) - C_T(\text{内参基因 treated})$

公式 3:$\Delta\Delta C_T = \Delta C_T(\text{treated}) - \Delta C_T(\text{control})$

公式 4:目的基因表达量 $= 2^{-\Delta\Delta CT}$

运用 GraphPad 软件对处理数据进行统计,采用独立样本 T 检验(Independent-Sample T Test)对各组数据进行比较,$P < 0.05$ 为差异显著。

【注意事项】

(1)由于 SYBR Green I 是荧光染料,在样品加样时要注意避光,以防止荧光淬灭降低敏感性。

(2)由于样品中起始细胞数、RNA 提取效率、目的基因拷贝数等存在差异,进行相对定量 real time PCR 检测时,必须用内参基因进行校正,内参基因可以选择 GAPDH、β-actin、18S rRNA 等,具体选择哪一种内参基因,可以参照相关的文献并根据具体实验筛选,但要确定处理条件对选择的内参基因的表达没有影响。

(3)进行荧光定量 PCR 检测用的 RNA 样品纯度要高、完整性要好。

(4)为了保证实验结果的可靠性,正式实验前必须对引物的特异性和扩增效率进行检测。

(5)用等比稀释的 cDNA 混合样品进行检测时,各稀释度样品间 Ct 值跨度应该比较均一,每个基因检测的溶解曲线应为单一峰。

(6)配制反应体系时应在无模板污染的洁净区进行;避免将试剂暴露在强光或高温之下,并做好阳性、阴性对照。

【临床应用】

荧光定量 PCR 检测方法特异性和敏感性均很好,随着荧光定量 PCR 仪价格的降低,而且各厂家的仪器一般都附带有相应的结果处理软件,使结果的处理变得越来越简单,因此该方法近年来已经得到了比较广泛的应用,主要应用于以下几个方面:

(1)动物疾病检测:如禽流感、新城疫、口蹄疫、猪瘟、沙门菌病、大肠埃希菌病、传染性胸膜肺炎、寄生虫病等。

(2)食品安全检测:可用于食源性微生物、食品过敏源、转基因食品、乳制品等的检测。

(3)科学研究:目前荧光定量 PCR 方法已经在自然科学研究领域得到了广泛的应用。

(4)应用行业:如各级各类医疗机构、大学及研究所、疾病预防控制中心、检验检疫局、兽医站、食品企业及乳品厂等。

【思考题】

1. 相对定量 PCR 方法和绝对定量 PCR 方法操作中的区别是什么?

2. 荧光定量 PCR 检测中,染料法与探针法相比有什么优势与缺点?

3. 在疫苗保护力实验中,病毒攻毒后利用荧光定量 PCR 方法如何检测组织样品中的病毒载量?

(穆杨)

实验五十　细胞因子翻译水平的蛋白质检测(ELISA 方法)

【实验目的和要求】

(1)掌握双抗体夹心 ELISA 方法检测细胞因子的原理、操作方法及结果判定。

(2)了解 ELISA 方法检测细胞因子的应用。

【实验原理】

免疫学检测是目前检测细胞因子(或受体)使用最为广泛的方法,该方法主要是利用细胞因子(或受体)蛋白或多肽的免疫原性,获得特异性多克隆抗体或单克隆抗体,利用抗原抗体反应的特异性对细胞因子(或受体)的水平进行定性或定量检测。常用的有酶联免疫吸附实验(enzyme linked immunosorbent assay,ELISA)、放射免疫实验(radio immunity assay,RIA)等,尤以 ELISA 最为常用。

检测细胞因子最常用的方法是夹心 ELISA。细胞因子夹心 ELISA 检测是用高纯度的抗细胞因子的抗体(捕获抗体)非共价吸附在塑料微孔板(ELISA 板或称为酶标板)上,板孔经洗涤后,加入待检样品,如果待检样品中有要检测的细胞因子,包被于微孔板上的特异性抗体就可以捕获待测样本中存在的细胞因子。洗去未结合的物质,加入酶联的抗细胞因子抗体(检测抗体),温育洗涤后加入底物溶液显色,显色程度可以通过酶标仪测定液体的吸光度值(optical density value,OD value)来反映。根据显色程度可以进行定性判断,也可以通过细胞因子标准蛋白做已知浓度系列稀释,测出 OD 值后绘制标准曲线,根据标准曲线推算待测样品中细胞因子的含量来定量检测,一般使用计算机软件可以很快得到结果。

目前常用的检测方法还有使用酶标二抗的改良双抗体夹心 ELISA,检测抗体不是酶标记的抗体,在加入检测抗体温育洗涤后再加入酶标记的针对抗检测抗体的酶标二抗;利用生物素-链霉亲和素系统的改良双抗体夹心 ELISA,样品作用结束后加入与生物素结合的检测抗体,作用完毕加入与链霉亲和素结合的酶,然后进行显色(图 50-1)。

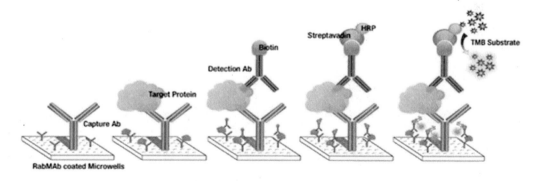

图 50-1　改良的双抗体夹心 ELISA(生物素-链霉亲和素系统)

引自:http://www.everylab.com.cn/bbx/1044938-1046552.html

本实验以 R&D 公司的双抗体夹心 ELISA 试剂盒检测小鼠样品中肿瘤坏死因子 α(Mouse TNF-alpha Quantikine ELISA Kit,R&D Cat:MTA00B)的含量为例。

【实验材料】

1. 试剂盒组分

试剂盒组分见表 50-1。

表 50-1　试剂盒组分

组分	数量	描述
Mouse TNF-α Microplate	2 plates	A monoclonal antibody specific for mouse TNF-α has been pre-coated onto the microplate
MouseTNF-α Standard	3 vials	7 ng/vial
MouseTNF-α control	3 vials	The concentration range of mouse TNF-α after reconstitution is shown on the vial label
Mouse TNF-α conjugate	1 vial	23 mL/vial of a polyclonal antibody against mouse TNF-α conjugated to horseradish peroxidase with preservatives
Assay Diluent RD1-63	1 vial	12 mL/vial of a buffered protein base with preservatives
Calibrator Diluent RD5K	1 vial	21 mL/vial of a buffered protein base with preservatives. For cell culture supernate samples
Calibrator Diluent RD6-12	1 vial	21 mL/vial of a buffered protein base with preservatives. For serum/plasma samples
Wash Buffer concentrate	2 vials	21 mL/vial of a 25-fold concentrated solution of buffered surfactant with preservative. May turn yellow over time
Color Reagent A	1 vial	12 mL/vial of stabilized hydrogen peroxide
Color Reagent B	1 vial	12 mL/vial of stabilized chromogen(tetramethylbenzidine)
Stop Solution	1 vial	23 mL/vial of diluted hydrochloric acid
Plate Sealers	8 strips	Adhesive strips

2. 自备材料

(1)酶标仪。

(2)微量移液器器及枪头。

(3)蒸馏水。

(4)洗瓶或自动洗板机。

(5)恒温箱、加样槽、振荡器等。

【操作方法】

1. 样品收集与处理

(1)血清:采集血液,待血液凝固后,2 000 g 离心 10 min,分离收集血清备用。

(2)血浆:采集 EDTA、柠檬酸盐或肝素等抗凝血,2 000 g 离心 10 min,收集血浆备用。

(3)细胞上清液:收集细胞培养上清液,2 000 g 离心 10 min,收集上清液备用。

(4)组织匀浆液:将组织加入适量生理盐水捣碎研磨,2 000 g 离心 10 min,收集上清液备用。

2. 样品保存与解冻

如果样品不立即检测,应将其分成小份,−70℃ 保存,避免反复冻融。尽可能不使用溶血或高血脂样品。冻存的样品应在室温或 4℃下解冻并确保样品均匀充分地解冻。

3. 准备

使用前,将所有试剂恢复至室温并充分混匀,并注意在混匀过程中避免产生泡沫,以免加样时加入大量的气泡,产生加样上的误差。

(1)小鼠 TNF-α 对照:用 1.0 mL 蒸馏水溶解小鼠 TNF-α 对照,直接用于测定;

(2)Wash Buffer:取 20 mL of Wash Buffer Concentrate 用蒸馏水稀释至 500 mL 配成洗涤液;

(3)Substrate Solution:使用前 15 min 按每孔 100 μL 的量取等体积 Color Reagents A and B 避光混匀使用。

(4)Mouse TNF-α Standard:用 1.0 mL 蒸馏水溶解 Mouse TNF-α Standard,其浓度为 7000 pg/mL,稀释前轻轻混匀至少 5 min。然后选择合适的标准品稀释液(Calibrator Diluent,Calibrator Diluent RD5K for cell culture supernate samples,Calibrator Diluent RD6-12 for serum/plasma samples)按图 50-2 进行稀释,并用标准品稀释液作为 0 pg/mL 的标准品。

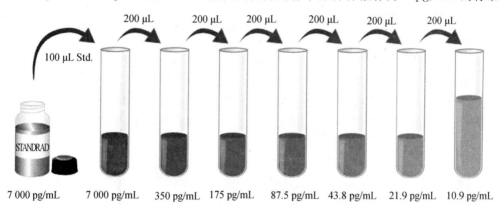

图 50-2　标准品稀释示意图

4. 检测

(1)根据待测样品数量加上标准品的数量决定所需的板条数。每个标准品和空白孔建议做复孔。每个样品根据自己的数量来定,能使用复孔的尽量做复孔,将多出的板条用锡箔纸包好,放回有干燥剂的密封袋中密封保存。

(2)每孔加入 50 μL Assay Diluent RD1-63。

(3)根据实验设计,在相应孔加入 50 μL 标准品,对照品或待测样品,轻轻混匀 1 min,用 adhesive strip 封好板孔,室温作用 2 h。

(4)弃去孔内液体,加入 300 μL Wash Buffer,静置 30 s,甩去洗涤液,在吸水纸上轻轻拍干。重复此操作 4 次。

(5)每孔加入 100 μL of Mouse TNF-α Conjugate,用新的 adhesive strip 封好板孔,室温作用 2 h。

(6)重复步骤(5)。

(7)每孔加入 100 μL substrate solution,室温避光孵育 30 min。

(8)每孔加入 100 μL stop solution,轻轻充分混匀。

(9)在 450 nm 波长处测定各孔的 OD 值。

【结果判定】

以吸光度 OD 值为纵坐标(Y),相应的 TNF-α 标准品浓度为横坐标(X),绘制标准曲线,样品的 TNF-α 含量可根据其 OD 值由标准曲线换算出相应的浓度,再乘以稀释倍数;或用计算机软件计算出标准品浓度与 OD 值标准曲线的回归方程式,将样品的 OD 值代入方程式,计算出样品浓度,再乘以稀释倍数,即为样品的实际浓度。

【注意事项】

（1）试剂应按标签说明书储存,使用前恢复至室温并充分混匀试剂盒里的各组分及样品。稀稀的标准品应丢弃,不可保存。

（2）实验中不用的板条应立即放回包装袋中,密封保存,以免变质。

（3）不用的其他试剂应包装好或盖好,不同批号的试剂不要混用,所有试剂在保质期前使用。

（4）吸取底物 A、B 液和终止液时,避免使用带金属部分的加样器;底物 A 易挥发,避免长时间打开盖子;底物 B 对光敏感,避免长时间暴露于光下。

（5）使用干净的塑料容器配置洗涤液。

（6）实验完成后应立即测定 OD 值。

（7）各孔加入试剂的顺序应保持一致,以保证所有反应板孔温育的时间基本相同。

（8）按照说明书中标明的时间、加液的量及顺序进行温育操作。

（9）对于没有商品化试剂盒供应的细胞因子的检测,可以自己制备相应的捕获抗体和检测抗体,购买相应的酶标记的针对检测抗体的酶标二抗,在对检测抗体、捕获抗体、酶标二抗的使用浓度、作用时间和底物作用时间等进行优化后建立自己的改良的双抗体夹心 ELISA 方法。

【临床应用】

1. 作为特定疾病诊断的辅助指标

在许多疾病过程中会出现细胞因子表达的改变,高表达、低表达或者表达缺陷都可能与某些特定疾病关联,对细胞因子的表达进行定量检测,不仅可以作为特定疾病诊断的辅助指标,而且可以反映疾病的进程。如风湿性关节炎患者的滑膜液中 IL-1、IL-6、IL-8 水平明显高于正常人,而这些细胞因子的高表达又可以促进炎症进程,使病情加重。

2. 评估机体的免疫状况

机体免疫应答功能的强弱也可以通过细胞因子的表达水平来反映。根据细胞因子的分泌模式,$CD4^+$ T 细胞可分为 Th1 和 Th2 亚群,Th1 细胞亚群主要分泌 IL-2、IFN-γ、TNF-α 和 TNF-β;Th2 细胞亚群主要分泌 IL-4、I-5、IL-6、IL-10 和 IL-13。Th1 亚群介导细胞免疫、细胞毒性 T 细胞和巨噬细胞活化以及迟发型超敏反应;Th2 亚群介导体液免疫、B 细胞和嗜酸性粒细胞活化以及 IgE 的生成,$CD8^+$ T 细胞也有类似的 2 个亚群,称为 $CD8^+$ Th1 和 $CD8^+$ Th2。病原体感染或抗原免疫后,通过对 Th1 型细胞因子和 Th2 细胞因子的检测。可以从整体上对机体免疫状况进行评价。

【思考题】

1. 概括细胞因子的生物学功能。

2. 影响 ELISA 方法检测细胞因子结果的因素有哪些?

3. 建立特异性 ELISA 检测方法时,需要对哪些条件进行优化?

（穆杨）

实验五十一　干扰素诱导的抗病毒活性检测

【实验目的和要求】

(1)掌握干扰素诱导的抗病毒活性检测的原理、操作方法及结果判定。

(2)理解干扰素抗病毒活性单位的意义。

【实验原理】

干扰素(interferon,IFN)是由灭活的或活的病毒作用于易感细胞后,由易感细胞基因组编码而产生的一组抗病毒物质。干扰素的主要成分是糖蛋白,根据其抗原特性和分子结构的差异,干扰素可分为Ⅰ型和Ⅱ型。Ⅰ型干扰素又称病毒干扰素或白细胞干扰素,包括 IFN-α、β、ω、κ、τ(羊和牛)、δ(猪)、和 ζ(鼠)。Ⅱ型干扰素又称免疫干扰素,只有 IFN-γ 一个成员。

目前所用的干扰素,不论是纯化的天然干扰素,还是以 DNA 重组技术生产的干扰素,在使用前均需对其活性进行检测。测定干扰素活性的方法较多,如空斑减少法、病毒定量法、放射免疫测定法、染料吸收法、细胞病变抑制法等。其中,细胞病变抑制法因观察和计算结果方便,是最常用的方法之一。该方法是基于假设待测样品中含有干扰素,则检测细胞与待测样品共孵育处理后,就建立了检测细胞的抗病毒状态,然后用适量病毒攻击检测细胞时,病毒的攻击就不能产生"致细胞病变效应",通过评价病毒的复制量或病毒引起细胞病变被抑制的程度,就可以判断待测样品中干扰素的抗病毒活性,还可以通过半数细胞得到保护时的稀释倍数来定量样品中干扰素的浓度。

干扰素的抗病毒活性通常以每毫升样品中所含的单位数(U/mL)表示,干扰素的纯度则以每毫克蛋白质中所含的单位数(U/mg)或干扰素的量(μg/mg)表示。干扰素抗病毒活性单位则被定义为能抑制 50%细胞病变或 50%病毒空斑形成效应的干扰素最高稀释度的倒数。

本实验以细胞病变抑制法测定 DNA 重组技术生产的 IFN-γ 活性为例。

一、50% 细胞病变抑制法

本法依据的是干扰素可以保护牛肾细胞(MDBK)细胞免受水疱性口炎病毒(VSV)的破坏作用,通过评价 VSV 引起的细胞病变被抑制的程度,来判断待测样品中干扰素的抗病毒活性。

【实验材料】

(1)DMEM 培养基:DMEM 粉末(Gibco 公司产品,1 L 装)溶于 1 L 超纯水中,0.22 μm 微孔膜过滤除菌,分装,37℃无菌检验合格,4℃保存。

(2)DMEM 完全培养液:DMEM 培养基中加入 10%、56℃水浴灭活 30 min 的胎牛血清(fetal calf serum,FBS)。

(3)DMEM 维持液:DMEM 培养基中加入 2%、56℃水浴灭活 30 min 的 FBS。

(4)MDBK 细胞系:ATCC® CCL-22™。

(5)消化液:0.25% trypsin-0.03% EDTA 溶液。

(6)干扰素生物学活性测定国家标准品。

(7)待测样品:原核系统或真核系统表达的可溶性 IFN-γ,如果原核表达系统表达的 IFN-γ 是包涵体形式,需要复性处理;采用真核系统表达干扰素时直接收集细胞裂解的上清液即可,蛋白需要测定浓度。

(8)PBS:称取氯化钠 8.0 g、氯化钾 0.20 g、磷酸氢二钠 1.44 g、磷酸二氢钾 0.24 g,加水溶解并稀释至 1 000 mL,经 121℃灭菌 15 min,4℃保存。

(9)已知细胞培养半数感染量(cell culture infective dose 50%,CCID50)的水泡性口炎病毒(vesicular stomatitis virus,VSV)。

(10)96 孔细胞培养板。

(11)5% CO_2 细胞培养箱。

(12)单道及多道微量移液器及枪头。

(13)0.5 mL、1.5 mL EP 管。

(14)倒置显微镜。

【操作方法】

(1)标准品溶液的制备:在无菌条件下,取人干扰素生物学活性测定国家标准品,按说明书复溶后,用 DMEM 维持液稀释至每 1 mL 含 1 000 IU,然后在 96 孔细胞培养板中,做 4 倍系列稀释,共 8 个稀释度。

(2)待测样品溶液的制备:将待测样品用 0.22 μm 滤膜过滤后,根据测定的样品蛋白浓度用 DMEM 维持液进行稀释,然后在 96 孔细胞培养板中做 4 倍系列稀释,共 8 个稀释度。

(3)MDBK 细胞准备:将生长状态良好的 MDBK 细胞用消化液消化后制成细胞悬液进行细胞计数,用 DMEM 完全培养液调整细胞密度为 $1×10^5$ 个/mL,然后接种于 96 孔细胞培养板中,每孔 100 μL,于 37℃ 5% CO_2 条件下培养 4~6 h。

(4)测定:弃掉培养板中的培养液,按照填写好的实验卡片,将稀释好的标准品溶液和待测样品溶液分别加入细胞培养板的预订孔中,100 μL/孔,每一稀释度做 8 孔重复。同时设不加干扰素蛋白的细胞对照。将培养板置 37℃ 5% CO_2 条件下孵育 18~24 h。

(5)根据 VSV 已知的 $CCID_{50}$,用 DMEM 维持液将 VSV 稀释为 100 $CCID_{50}$,小心弃去培养板孔中的液体,注意不要触及细胞,每孔加入 100 μL 含 100 $CCID_{50}$ 的 VSV,同时设不接 VSV 的正常细胞空白对照组、未经干扰素蛋白处理的阴性对照组和未经干扰素蛋白处理的病毒对照组。将培养板置于 37℃ 5% CO_2 的培养箱中培养,随时观察细胞病变情况;

(6)当标准品能抑制 50% 细胞病变的稀释度在第 4 列或第 5 列时,记录结果。

【结果判定】

参照测定病毒 $TCID_{50}$ 的计算方法,用 Reed-Muench 法按以下公式计算样品的实测效价,用病变抑制孔即细胞被保护孔代替 $TCID_{50}$ 测定中的病变孔。将抑制 50% 细胞病变的干扰素的最高稀释度定为 1 个干扰素单位。根据待测样品不同稀释度的保护能力,计算出干扰素生物学活性单位。

$$\log X(\text{样品 IFN 实测效价})(\text{U/mL}) = \frac{\text{高于 50\% 的细胞病变抑制百分比}}{\text{高于 50\% 的细胞} - \text{低于 50\% 的细胞}} + \log X \frac{1}{\text{稀释度}}$$
$$\text{病变抑制百分比} \quad \text{病变抑制百分比}$$

公式中,"X"为干扰素递次稀释的稀释倍数,"稀释度"为高于 50% 细胞病变抑制百分比所对应的干扰素稀释度。

然后以干扰素标准品为参考,按平行操作和同法计算标准品干扰素的活性效价,将样品的测定结果转换为国际单位(IU/mL)。

$$样品\ IFN\ 标准效价(IU/mL) = 实测样品\ IFN\ 效价(U/mL) \times \frac{标准\ IFN\ 效价(IU/mL)}{实测标准\ IFN\ 效价(U/mL)}$$

二、MTT 比色法

MTT 全称为 3-(4,5-dimethyl-2-thiazolyl)-2,5-diphenyl-2-H-tetrazolium bromide,化学名为 3-(4,5-二甲基噻唑-2)-2,5-二苯基四氮唑溴盐,商品名为噻唑蓝,是一种黄色的染料。活细胞线粒体中的琥珀酸脱氢酶能使外源性 MTT 还原为不溶于水的蓝紫色结晶甲瓒(formazan)并沉积在细胞中,而死细胞没有此功能。MTT 比色法测定干扰素活性就是依据干扰素可以保护细胞免受病毒的破坏作用,存活细胞线粒体中的含琥珀酸脱氢酶可以将 MTT 还原成 formazan 沉积于细胞内或细胞周围,将沉积的 formazan 溶解后,液体的颜色深浅直接与活细胞数相关,就可以反映干扰素对细胞的保护作用。于波长 570 nm 处测定液体的吸光度,根据标准品的测定结果就可以定量待测样品中干扰素的抗病毒活性。

【实验材料】

(1)0.5% MTT 溶液:取 MTT 0.1 g,加 PBS 溶解并稀释成 20 mL,0.22 μm 滤膜过滤除菌。4℃避光保存。

(2)二甲基亚砜(dimethyl sulfoxide,DMSO)。

(3)Bio-Rad 酶标仪。

其余材料与方法一中相同。

【操作方法】

(1)标准品溶液的制备:在无菌条件下,取人干扰素生物学活性测定国家标准品,按说明书复溶后,用 DMEM 维持液稀释至每 1 mL 含 1 000 IU,然后在 96 孔细胞培养板中,做 4 倍系列稀释,共 8 个稀释度。

(2)待测样品溶液的制备:将待测样品用 0.22 μm 滤膜过滤后,根据测定的样品蛋白浓度用 DMEM 维持液进行稀释,然后在 96 孔细胞培养板中做 4 倍系列稀释,共 8 个稀释度。

(3)MDBK 细胞准备:将生长状态良好的 MDBK 细胞用消化液消化后制成细胞悬液进行细胞计数,用 DMEM 完全培养液调整细胞密度为 1×10^5 个/mL,然后接种于 96 孔细胞培养板中,每孔 100 μL,于 37℃ 5% CO_2 条件下培养 4～6 h。

(4)测定:弃掉培养板中的培养液,按照填写好的实验卡片,将稀释好的标准品溶液和待测样品溶液分别加入细胞培养板的预订孔中,100 μL/孔,每一稀释度做 8 孔重复。同时设不加干扰素蛋白的细胞对照。将培养板置 37℃ 5% CO_2 条件下孵育 18～24 h。

(5)根据 VSV 已知的 $CCID_{50}$,用 DMEM 维持液将 VSV 稀释为 100 $CCID_{50}$,小心弃去培养板孔中的液体,注意不要触及细胞,每孔加入 100 μL 含 100 $CCID_{50}$ 的 VSV,同时设不接 VSV 的正常细胞空白对照组、未经干扰素蛋白处理的阴性对照组和未经干扰素蛋白处理的病毒对照组。将培养板置于 37℃ 5% CO_2 的培养箱中培养,随时观察细胞病变情况;

(6)当标准品能抑制 50% 细胞病变的稀释度在第 4 列或第 5 列时,记录结果。

(7)当标准品能抑制 50% 细胞病变的稀释度在第 4 列或第 5 列时,每孔加入 MTT 溶液 20 μL,于 37℃ 5%二氧化碳培养 4~6 h。

(8)终止培养,小心吸弃 100 μL 孔内液体,然后每孔加入 100 μL DMSO,同时设置调零孔(培养基、MTT、DMSO),对照孔(细胞、相同浓度的药物溶解介质、培养液、MTT、二甲基亚砜),置摇床上低速振荡 5~10 min,使结晶物充分溶解,立即在酶标仪 $OD_{570\ nm}$ 处测定各孔的吸光度值,并记录测定结果。

【结果判定】

以稀释倍数为横坐标,$OD_{570\ nm}$ 平均值为纵标表做图,并以标准品的最低和最高 $OD_{570\ nm}$ 平均值做一条平行于横坐标的直线相交于各曲线,以各曲线与该直线相应交点在横坐标上读出半效量的稀释度,然后按下列公式计算待测样品中干扰素的活性:

$$待测样品干扰素活性(IU/mL)=标准品效价 \times \frac{样品预稀释倍数}{标准品预稀释倍数}$$
$$\times \frac{标准品半效量稀释度}{样品相当于标准品半效量的稀释度}$$

【注意事项】

(1)培养液放置时间不宜过长,一般以不超过 2 周为宜;从 4℃冰箱取出的培养液需平衡至室温后再使用。

(2)为了保证实验结果的可靠性,请选择状态良好的细胞进行实验;细胞消化时间不宜过长,否则会影响细胞的活力,但消化时间不足细胞又难于从瓶壁上吹下,而且反复吹打也会损伤细胞活性,因此要把握适当的消化时间。

(3)病毒滴度是影响实验结果的另一因素;将病毒从 -70℃冰箱中取出后,尽量在短时间内将病毒加至细胞培养板中,在室温条件下病毒的毒力会随着时间的推移而降低,为了准确反映病毒毒力,加病毒的操作要迅速。

(4)实验过程也可以按照《中国药典》三部(2005 版)附录的标准方法,用结晶紫染色后,再脱色然后测定吸光度值,但染色过后用流水冲洗染色液,这个步骤误差较大,流水冲洗会导致细胞脱落不均一,操作过程中需要注意。

(5)原核表达的干扰素如果以包涵体形式表达,复性后要进行毒性测定,以防透析不彻底等导致的蛋白溶液本身对细胞造成的病变效应。

(6)如果表达的蛋白浓度较高,建议预先进行毒性实验,选择合适的稀释范围进行测定,以免蛋白浓度过高造成的细胞病变效应。

【临床应用】

干扰素具有抗病毒、抗肿瘤及调节机体免疫等活性,目前已广泛用于临床治疗多种病毒性疾病和恶性肿瘤。

【思考题】

1. 干扰素活性测定的原理是什么?

2. 干扰素在临床上可以用于哪些疾病的治疗?使用过程中应注意哪些事项?

(穆杨)

附　录

附录一　常用溶液的配制及注意事项

实验过程中需要配制各类溶液,溶液质量的好坏直接关系到实验的成败,因此在配制溶液时有如下通用原则应遵守:

(1)选择化学纯或分析纯的药品,工业用的化学试剂杂质较多,只在个别情况下使用。

(2)药品称量要精确,需要严格定量的试剂,应使用高精度天平称量。配制溶液用的天平和 pH 计应按照要求定期进行校准。

(3)配制试剂用水建议使用去离子水或双蒸水,pH 在 5.0～7.0,在组织培养等特殊用途时应特别注意此项要求。

(4)当配制有腐蚀性或有毒性的溶液时,需穿戴工作服、手套、口罩,并尽量在通风橱中操作。

(5)配制好的试剂应该及时分装于专用容器中(如试剂瓶),标注试剂名称、配制日期、浓度、pH 等,及时除菌(如高压灭菌、过滤或者加抑菌药物)后按照要求存放于正确的温度等条件下,并在有效期内使用。

一、常见缓冲剂的配制

1. pH 9.6 0.05 mol/L $NaCO_3$-$NaHCO_3$ 缓冲液

称取 $NaCO_3$ 1.5 g,$NaHCO_3$ 2.9 g,加入 900 mL 超纯水,待完全溶解后,定容至 1 L,室温保存。

2. 磷酸盐缓冲液(PBS)

称取 NaCl 8 g,KCl 0.2 g,Na_2HPO_4 3.58 g,KH_2PO_4 0.24 g,溶解于 800 mL 蒸馏水中,用 HCl 调节 pH 至 7.2～7.4,再定容至 1 L,室温保存。

3. 0.05 mol/L Tris-HCl 缓冲液

称取 Tris-Base 3.025 g,加入 400 mL 超纯水,待完全溶解后用浓 HCl 调节 pH,最后定容至 500 mL,室温保存。

4. Hank's 液

包括 A 液和 B 液,使用时需要将两部分混合。

贮存液 A 液:(Ⅰ)称取 NaCl 80 g,KCl 4 g,$MgSO_4 \cdot 7H_2O$ 1 g,$MgCl_2 \cdot 6H_2O$ 1 g,用双蒸馏水定容至 450 mL;(Ⅱ)称取 $CaCl_2$ 1.4 g 或 $CaCl_2 \cdot 2H_2O$ 1.85 g,用双蒸馏水定容至 50 mL。将Ⅰ和Ⅱ液混合,即成 A 液,112.6℃ 20 min 灭菌处理,冷却后 4℃保存。

贮存液 B 液:称取 $Na_2HPO_4 \cdot 12H_2O$ 1.52 g,KH_2PO_4 0.6 g,酚红 0.2 g,葡萄糖 10.0 g,酚红应先置研钵内磨细,然后按配方顺序一一溶解,用双蒸馏水定容至 500 mL,112.6℃ 20 min 灭菌处理,冷却后 4℃保存。

应用时,取 A 液和 B 液各 25 mL,加无菌双蒸馏水至 450 mL,使用前用无菌的 3.5% 或

5.6% $NaHCO_3$ 调至所需 pH。

注意:药品必须全部用分析纯试剂,并按配方顺序加入,用适量双蒸水溶解,待前一种药品完全溶解后再加入后一种药品,最后补足水到总量。

5. 无 Ca^{2+}、Mg^{2+} 的 Hank's 液

称取 NaCl 80 g,KCl 4 g,$Na_2HPO_4 \cdot 12H_2O$ 1.52 g,KH_2PO_4 0.6 g,葡萄糖 10 g,用双蒸馏水溶解后,加入 0.4% 酚红溶液 50 mL,再加入双蒸水至 1 000 mL,112.6℃湿热灭菌 20 min,冷却后 4℃保存。临用前将原液用无菌蒸馏水作 1:10 倍稀释,再用无菌的 3.5% 或 5.6% $NaHCO_3$ 调至所需 pH。

6. 柠檬酸钠缓冲液

称取柠檬酸钠 1.8 g,用 100 mL 去离子水溶解;再加入 4 mL 1 mol HCl 和 95 mL 无水乙醇,充分溶解后补充去离子水至总量 200 mL,室温保存。

二、免疫制备技术常用溶液的配制

1. 75% 酒精

量取 7.89 L 95% 的酒精,加水定容至 10 L,充分混匀。

注意事项:75% 酒精杀菌效果最好。75%(V/V)酒精与细菌的渗透压相似,可以在细菌表面蛋白未变性之前逐渐向菌体内部渗透,使细菌蛋白脱水,变性凝固,最终杀死细菌。如果酒精浓度过高,蛋白脱水过于迅速,使细菌表面蛋白质优先变性凝固,形成一层坚固的包膜,酒精反而不能更好地渗入细菌内部,以致影响其杀菌能力。酒精浓度过低时其渗透力降低,也会影响杀菌能力。

2. 实验室用 84 消毒液

将 84 消毒液按照 1:500 稀释,充分混匀。

注意事项:84 消毒液具有强氧化性且具有刺激性气味,配制时应戴口罩、手套。

3. 双抗

在超净工作台中溶解抗生素:取青霉素钠盐(80 万 U 单位/瓶)10 瓶至 160 mL 超纯水中;加链霉素硫酸盐(100 万 U 单位/瓶)8 瓶至上述 160 mL 超纯水中,混匀;将青霉素和链霉素溶液过滤除菌,即为双抗贮存液,青霉素和链霉素的浓度均为 5 万 U/mL;分装,−20℃保存。

注意事项:推荐在细胞培养液中加入工作浓度为 100 U/mL 的双抗,高浓度的抗生素会对细胞产生毒性作用。双抗在 −20℃ 下可保存 1 年;双抗对霉菌和酵母菌污染无效;对于已经发生污染的细胞,很难通过添加双抗进行控制,最好丢弃。

4. DMEM 培养液

称取 NaHCO 3.75 g,HEPES 5 g,DMEM 粉末 1 袋,加入 700 mL 超纯水使其充分溶解,定容至 1 L;过滤除菌;加入适量的胎牛血清及终浓度为 100 U/mL 的双抗,4℃保存。

5. 0.25% 胰蛋白酶

称取胰酶 1.25 g,Na_2EDTA 0.1 g 加入到 500 mL 无菌的 PBS 缓冲液中,低速搅拌混匀,4℃静置 48 h,使其充分溶解。若仍有肉眼看不见的杂质,可先用滤纸粗滤,再用 0.22 μm 滤膜过滤除菌,分装,−20℃保存。

注意事项:溶解胰蛋白酶时,搅拌速度不能太快,避免产生泡沫造成酶变性失活。

6. 细胞冻存液

配制成含 50%小牛血清、40% DMEM 及 10% DMSO(二甲基亚砜)的混合液。

7. 饱和硫酸铵溶液

称取 767 g 硫酸铵,边搅拌边慢慢加到 1 L 蒸馏水中,用氨水或者硫酸调至 pH 7.0,此即饱和度为 100%的硫酸铵溶液(4.1 mol/L,25℃)。

8. Alsever's 血细胞保存液

称取葡萄糖 2.05 g,柠檬酸钠 0.8 g,NaCl 0.42 g,蒸馏水 100 mL,混匀后加温使其溶解,用柠檬酸调节 pH 到 6.1,112.6℃湿热灭菌 15 min,4℃保存。

9. 肝素钠溶液

称取 0.56 g 肝素钠溶于 100 mL 超纯水中,过夜。过滤除菌,分装,4℃保存。

10. 台酚蓝染色液

称取台酚蓝染料 1 g 置于研钵中边研磨边加入 100 mL 蒸馏水中,为 A 液;称取 NaCl 1.7 g 溶于 100 mL 蒸馏水,为 B 液;临用前将 A 液与 B 液 1:1 混合,离心沉淀,取上清使用。

注意事项:混合后的染液存放过久,易形成沉淀,故应新鲜配制;染色时,取细胞悬液一滴于载玻片上,加新鲜配制的染色液一滴,室温下染 5~10 min,加盖玻片,高倍镜下检查。死亡细胞膨大并染成浅蓝色,活细胞不着色,大小正常。

三、沉淀实验常用溶液的配制

1. 50×TAE 电泳液

称取 Tris-Base 242 g,冰醋酸 571 g,Na_2EDTA 186 g,加蒸馏水至 9 L,待全部溶解后,定容至 10 L。室温保存备用,用双蒸水稀释至 1×TAE 作为工作液。

2. pH 8.6 巴比妥缓冲液

称取巴比妥 1.66 g,巴比妥钠 12.76 g,加蒸馏水至 1 L,待充分溶解后可用。

四、免疫标记技术常用溶液的配制

1. pH 6.8 1 mol/L Tris-HCl

称取 60.55 g Tris-Base,溶解于 400 mL 超纯水中,待完全溶解后,用约 35 mL 的浓 HCl 调节 pH 至 6.8,然后用超纯水定容至 500 mL,4℃保存。

2. pH 8.8 1.5 mol/L Tris-HCl

称取 90.85 g Tris-Base,溶解于 400 mL 超纯水中,待完全溶解后,用约 17 mL 的浓 HCl 调节 pH 至 8.8,然后用超纯水定容至 500 mL,4℃保存。

3. 10%十二烷基硫酸钠(SDS)

在 900 mL 蒸馏水中溶解 100 g 电泳级 SDS,加热至 68℃助溶,加入浓盐酸调节溶液的 pH 至 7.2,加水定容至 1 L,分装备用。

注意事项:SDS 的微细晶粒易于扩散,因此称量时要戴面罩,称量完毕后要清除残留在称量工作区和天平上的 SDS,10% SDS 溶液无须灭菌。

4. 5×SDS-PAGE 电泳缓冲液

称取甘氨酸 94.0 g、Tris-Base 15.1 g 和 SDS 5.0 g,溶于 800 mL 去离子水中,搅拌至完

全溶解,用去离子水定容至 1 L,室温保存,备用。

5. 转印缓冲液

称取甘氨酸 9.0 g,Tris-Base 1.93 g,加蒸馏水 500 mL 使其充分溶解。溶解后加入甲醇 200 mL,用蒸馏水定容至 1 L,放于 4℃保存备用。

6.5×SDS-PAGE Loading Buffer

称取 pH 6.8 1 mol/L Tris-HCl 1.25 mL,SDS 0.5 g,BPB 25 mg,甘油 2.5 mL 于 10 mL 塑料离心管中,加去离子水溶解后定容至 5 mL,分装后于室温保存。使用前加入 25 μL 2-巯基乙醇,可在室温保存 1 个月。

7. 考马斯亮蓝 R-250 染色液

称取 1 g 考马斯亮蓝 R-250,量取 250 mL 异丙醇,搅拌溶解;加入 100 mL 冰醋酸,搅拌均匀;再加入 650 mL 去离子水,搅拌均匀。用滤纸除去颗粒物质后室温保存。

8. 考马斯亮蓝染色脱色液

量取醋酸 100 mL,乙醇 50 mL,蒸馏水 850 mL,充分混合后使用。

五、细胞免疫检测技术相关溶液的配制

1.200U/mL 肝素生理盐水

取 12 500 U 肝素钠一支,加生理盐水至 62.5 mL,混匀使用。

2.3.8% 柠檬酸钠溶液

称取柠檬酸钠 3.8 g,加蒸馏水到 100 mL,溶解后过滤,装瓶,121℃高压灭菌 15 min。

3.2.5% 戊二醛

首先配制 0.2 mol/L 磷酸缓冲液:称取磷酸二氢钠($NaH_2PO_4 \cdot H_2O$)2.6 g,磷酸氢二钠($Na_2HPO_4 \cdot 12H_2O$)29 g,加双蒸水至 500 mL,pH 调至 7.4;量取 25% 戊二醛 1 mL,0.2 mol/L 磷酸缓冲液 9 mL,混合,置 4℃冰箱保存。

4.4% 多聚甲醛-磷酸二氢钠/氢氧化钠

A 液:称取 40 g 多聚甲醛置于三角烧瓶中,加入 300 mL 蒸馏水,加热至 60℃左右,持续搅拌(或磁力搅拌)至完全溶解,滴加少许 1 mol/L NaOH 使溶液清亮,最后补充双蒸水至 400 mL,充分混匀。

B 液:称取 $Na_2HPO_4 \cdot 2H_2O$ 16.88 g,溶于 300 mL 蒸馏水中。

C 液:称取 NaOH 3.86 g,溶于 200 mL 蒸馏水中。

B 液和 C 液配制好后,将 B 液倒入 C 液中,混合后再加入 A 液。以 1 mol/L NaOH 或 1 mol/L HCl 将 pH 调至 7.2~7.4,补充双蒸水至 1 L,充分混合后 4℃保存。

注意事项:多聚甲醛具有强毒性,对黏膜和皮肤有刺激作用,配制时应在通风橱中进行,避免吸入气体或溅入眼内;避免反复冻融,4% 多聚甲醛在 4℃最多保存 1~2 周;加热时温度不可过高,常为 60~65℃,否则多聚甲醛降解失效;该固定剂适于光镜和电镜免疫细胞化学研究。用于免疫电镜观察样本的制备时,最好加入少量新鲜配制的戊二醛,使其终浓度为 0.5%~1%,适于组织的长期保存。组织标本于该固定液中 4℃保存数月仍可获得满意的染色效果。

(盖新娜)

附录二　实验动物采血方法

在科学研究和生产实践中,经常要采集动物的血液进行常规检查或进行某些生物化学分析,因此正确并熟练地掌握血液采集、分离和保存是动物医学专业学生应该具备的基本素养之一。为保证采血安全及质量,应遵守以下基本通用原则:

(1)采血前按检验项目要求,准备好相应的采血器材,彻底消毒。

(2)采血场所应有充足的光线;室温夏季最好保持在 25～28℃,冬季保持在 15～20℃为宜,以免引起动物应激。

(3)做好消毒工作,采血用具需保持清洁干燥,动物采血部位需要进行消毒。

(4)抽血时只能外抽,不能向静脉内推,以免空气注入形成气栓。

(5)采集到的血液样本如不能及时检测或需保留复查时,应存放于 2～8℃冰箱。

(6)使用一次性注射器采血后应取下针头,使血液沿注射器管壁缓慢注入适当容器,防止产生泡沫,待血液自行凝固收缩后即可分离出淡黄色透明的血清;如需要全血或血浆,则应将血液注入事先准备好的抗凝管中,轻轻混匀,防止血液凝固。

(7)当实验需血量较少(如进行红、白细胞计数,血红蛋白的测定,血液涂片以及酶活性微量分析等),可采用组织毛细血管采血法;当需血量较多时可选用静脉或心脏采血法。

一、家兔采血法

1. 耳缘静脉采血

本法为家兔最常用的采血方法之一,当所需血量在 2 mL 以内时,可采用该法。由于此法常作多次反复取血用,因此,在取血过程中需要保护耳缘静脉以防止发生栓塞。将家兔保定好后暴露其头部,将耳静脉清晰的耳朵静脉处毛拔去,用 75% 酒精局部消毒,待干。用手指轻轻摩擦兔耳,使静脉扩张,用连有针头的注射器在耳缘静脉末端刺破血管,待血液漏出取或将针头逆血流方向刺入耳缘静脉取血,取血完毕用棉球压迫止血。

2. 耳中央动脉采血

当所需血量在 15 mL 以内时,可采用此法。基本操作同耳缘静脉采血,找到兔耳中央的一条较粗、颜色鲜红的中央动脉,一手固定兔耳,另一手执连有针头的注射器,由动脉末端朝向心方向进针,即可见动脉血进入针筒,取血完毕后注意止血。抽血时应注意,由于兔耳中央动脉容易发生痉挛性收缩,因此抽血前必须先让兔耳充分充血,当动脉扩张,未发生痉挛性收缩之前立即进行抽血。

3. 心脏取血

本法一次可采血 15～20 mL,可以采用心脏采血法。将家兔左仰卧保定后,将其左前肢腋下处局部剪毛消毒,在胸前从下往上数第三和第四肋间心脏搏动最明显处垂直刺入连有针头的注射器,当感到针头跳动或有血液向针管内流动时,即可抽血。但抽血时应注意:动作迅速,以缩短在心脏内的留针时间和防止血液凝固,而且在胸腔内时针头不应左右摆动以防止伤及心、肺等内脏器官。

4. 颈动脉放血

如需取其全血时,可采用颈动脉放血。将家兔仰卧保定后,在其颈部剃毛消毒,动物稍加麻醉,用刀片在颈静脉沟内切一长口,露出颈动脉并结扎,于近心端插入一玻璃导管,使血液自行流至无菌容器中。

二、豚鼠采血法

1. 耳缘剪口采血

本法能采血 0.5 mL 左右。对豚鼠耳朵进行消毒后,用刀片割破耳缘,在切口边缘涂抹 20%柠檬酸钠溶液,阻止血凝,则血可自切口自动流出,进入盛器。操作时,使耳充血效果较好。

2. 心脏采血

本法为豚鼠采血最常用方法,成年豚鼠每周采血应不超过 10 mL 为宜。因豚鼠身体较小,一般不将其固定在解剖台上,而由助手握住前后肢进行采血。取血前应探明心脏搏动最强部位,通常在胸骨左缘的正中,选心跳最显的部位进行剪毛消毒,用针头插入胸壁稍向右下方,刺入心脏后血液将自行流入针管,一次未刺中心脏或稍偏时,可将针头稍提起向另一方向再深刺,若多次没有刺入,应换一动物,否则有心脏出血致死亡的可能性。

三、大鼠、小鼠采血

1. 剪尾采血

采用本法采血时,小鼠每次采血量大约为 0.1 mL,大鼠每次采血量在 0.3~0.5 mL。左手拇指和食指从背部抓起鼠颈部皮肤,将鼠头朝下进行保定,然后将其尾巴置于 50℃热水中浸泡数分钟,使尾部血管充分充盈。擦干尾部后再用剪刀或刀片剪去尾尖 1~2 mm,并用干净清洁容器接流出的血液,同时自尾根部向尾尖进行按摩。取血后用棉球压迫止血并用 6%液体火棉胶涂在伤口处止血。

2. 摘除眼球采血

本法常用于小鼠采血,采血量为 0.6~1 mL,大鼠少用。左手从背部抓起鼠颈部皮肤,轻压在实验台上,取侧卧位,同时,尽量将小鼠眼周皮肤往颈后压,使眼球突出。用眼科弯镊迅速夹去眼球,将鼠倒立,用干净清洁容器接住流出的血液。采血完毕立即用纱布压迫止血。

3. 心脏采血

采用本法采血时,小鼠采血量为 0.5~0.6 mL,大鼠采血量在 1~1.5 mL。将鼠进行仰卧位固定,剪去胸前区被毛,皮肤消毒后,用左手食指在左侧第 3~4 肋间触摸到心搏处,右手持带有 4~5 号针头的注射器,选择心搏最强处穿刺,当刺中心脏时,血液会自动进入注射器。

4. 断头采血

采用本法采血时,小鼠采血量为 0.8~1.2 mL,大鼠采血量在 5~10 mL。左手拇指和食指从背部抓住鼠颈部皮肤,将鼠头朝下,右手用剪刀剪断鼠颈部 1/2~4/5,让血液流入干净清洁容器中。

5. 眼眶静脉丛采血

当小鼠采血刺入深度为 2～3 mm 时,可采血 0.2～0.3 mL;当小鼠采血刺入深度为 4～5 mm,可采血 0.4～0.6 mL。取内径为 1.0～1.5 mm 的玻璃毛细管,浸入 1% 肝素溶液中,临用前折断成 1～1.5 cm 长的毛细管段,干燥后用。左手抓住鼠的颈背部皮肤以固定头部,轻轻向下压迫颈部两侧,使眼眶静脉丛充血,右手持毛细管由内眦部插入结膜,再轻轻向眼底部方向推进,缓慢旋转毛细管以划破静脉丛,让血液顺毛细管流出,接收入事先准备的干净清洁容器中。采血后立即用纱布轻压眼部进行止血。

四、鸡采血法

1. 鸡冠采血

适用于需血量较少(30～80 μL)的实验。将鸡保定好后,用连有注射器的针头刺破鸡冠吸取血液或在鸡冠的尖端部用剪刀剪去一小片即可,然后用浓碘酒涂抹伤口,以防伤口感染。

2. 翅内侧腋下静脉采血

本法安全采血范围在 10～20 mL 之内。由于静脉易找,而且操作方便,再加上采血量极易控制,对家禽影响小,故本法是鸡采血常用方法。助手用左手抓住禽的两只脚,右手固定住两翅,充分暴露出翅内侧,采血者左手拨开翅内侧羽毛,在翅静脉处消毒后,右手持注射器与皮肤呈 45°角方向顺血管进针,见血液回流即可慢慢回抽针芯,采血完毕后,局部消毒按压止血彻底后放走。进针时位置不宜过深,以防刺穿血管,导致采血不成功。

3. 心脏采血

当需要采集大量血液时可采用此法。助手固定两翅及两脚,右侧卧保定,在胸骨脊前端至背部下凹处连线 1/2 处或稍前方可触及心脏明显搏动,在此处消毒后,采血者手持连有注射器的针头垂直刺入 2～3 cm,回抽针芯见有血液回流即可。

五、猪采血法

1. 耳静脉采血

本法适用于体型较大或耳静脉较粗的猪只。将猪保定好后,耳静脉采血部位进行常规消毒处理,用手指捏压耳根部静脉管(近心端),拍打或用酒精棉球反复擦拭使静脉充盈、怒张。术者一手将耳拉直托平,在耳下面向上托,使采血进针部位稍高,另一手持一次性注射器使针头与皮肤呈 30°角,顺沿静脉血管进针,同时松开压住血管的手指,拉动针芯,缓缓抽出血液。采血完毕后,拔出针头,用干棉球压迫采血处直至伤口不出血为止。

2. 前腔静脉采血

猪的前腔静脉由左右两侧的颈静脉与腋静脉汇合而成。采血部位选在第一肋骨与胸骨柄结合处的前方,但是左侧靠近膈神经,易损伤,所以一般选择右侧进行采血。依据体型大小,对其采用不同的保定方式。大猪(>30 kg)采取站立保定式,用猪套子套住上颌骨向上牵引,猪只前肢着地,使胸侧凹陷窝充分暴露。小猪(<30 kg)采取仰卧保定式,后肢分开后向下按住,前肢向上与猪只水平线垂直,充分暴露胸侧凹陷窝。术者拿连接针头的注射器,由右侧沿第 1 肋骨与胸骨结合部前方的前腔窝处进针,并稍斜刺向中央及胸腔方面,边刺边回血,见回血后

稳定注射器进行采血,采毕后干棉球紧压针孔,拔针头,消毒。

六、绵羊采血法

颈静脉采血为绵羊采血常用方法,一般一次可抽取 50～100 mL。采血时一名助手半坐骑在羊背上,两手各持其一耳(或角)或下颚,令后退在两墙的夹角,尾靠住墙根,因为羊的习惯好后退。术者在其颈部外缘剪毛约 7 cm 范围剪毛消毒,用左手拇指按压颈静脉,使之努张,右手持针头猛力刺入皮肤,感到阻力突然消失有空虚感即进入血管内,血液随即喷射,采血完毕,松左手,拔针头,酒精棉球压迫止血消毒 1 min 即可。

若绵羊膘肥,则采取侧卧保定式。由助手将绵羊放倒,身体右侧着地,将头稍抬高向后弯曲,左侧颈静脉沟充分暴露,采血操作如上所述。

七、牛、马采血法

1. 牛的静脉采血

牛颈外静脉位于颈部肩骨乳突肌与胸头肌间凹窝处的颈静脉沟内。牛取站立式,助手保定好头部,使头部稍前伸上仰并稍偏向对侧,暴露颈静脉,对采血部位进行剪毛,消毒。术者用左手在颈静脉沟稍下方压迫静脉管,使颈静脉充盈怒张,用右手探摸跳动后取连有针头的注射器,对准颈外静脉,并使针头与皮肤接近垂直(75°角),用腕力迅速将针头扎进皮肤,穿入血管,血液会喷射出来,即可采血,停止采血后先松左手,后拔针头,用干棉球压迫采血部位 1 min。

2. 牛尾静脉采血

采血者可独立操作,也可由助手辅助保定后进行。术者站于牛的正后方,左手抓住牛尾中段用力抬起,使之与地面平行,消毒后,右手持连有针头的注射器,在尾部两脊间凹陷沟(大约在尾后下方 4～5 cm 处)与尾椎纵轴成垂直方向,依靠腕力快进针 0.5～1 cm 后血液即喷射出来。

3. 马的静脉采血

马也常采取颈静脉采血法,基本操作同牛的静脉采血。但马的颈静脉位置比较浅显,术者用左手拇指或食指和中指横压颈下 1/3 与颈中 1/3 处的颈静脉沟,使脉管充盈怒张即可进行采血。

八、犬、猫采血法

1. 后肢外侧小隐静脉和前肢内侧下头静脉采血

本法为猫、犬等动物采血最常用的方法之一,采血量为 10～20 mL。采血前,助手将犬固定在犬架上或使其侧卧将其保定牢固。剃掉采血部位的毛,常规碘酒—酒精消毒待采血部位。采血者一手握紧剃毛区上部,使下肢静脉充盈,另一手用连有针头的注射器迅速穿刺入静脉,此时放松紧握的手,使血液自然流动。将针固定好后以适当速度抽血。如果只需少量血液,可以不用注射器抽取,只需用针头直接刺入静脉,待血从针孔自然滴出,放入洁净容器或作涂片。

前肢内侧皮下头静脉在前肢内侧面皮下,靠前肢内侧外缘走向,比后肢外侧小隐静脉还粗一些,而血管比较容易固定。采血操作方法与上述类似,找准血管位置即可。

2. 股动脉采血

本法为采取犬动脉血最常用的方法。助手将犬卧位固定于犬解剖台上。伸展后肢向外伸直,暴露腹肌肉沟三角动脉搏动的部位,剪毛后,对待采血部位进行常规碘酒-酒精消毒。左手中指、食指探摸股动脉跳动部位,并固定好血管,右手取连有针头的注射器,由动脉跳动处直接刺入血管,若刺入动脉,一般可见鲜红血液流入注射器,若未见血液流入注射器中,则需微微调整一下针头位置。待抽血完毕,迅速拔出针头,用干棉球压迫止血 2~3 min。

3. 心脏采血

当所需血量较大时,可以采用本法。最好将采血动物麻醉,然后将其固定在手术台上,前肢向背侧方向固定,暴露胸部,将左侧第 3~5 肋间的被毛剪去,用碘酒-酒精消毒皮肤。采血者用左手触摸左侧 3~5 肋间处,右手取连有针头的注射器,选择心跳最明显处(一般选择胸骨左缘外 1 cm 第 4 肋间处)穿刺,并向动物背侧方向垂直刺入心脏。采血者可随针接触心跳的感觉,随时调整刺入方向和浓度,摆动的角度尽量小,避免过度损伤心肌,或造成胸腔大出血。当针头正确刺入心脏时,血即可进入抽射器。

4. 耳缘静脉采血

当所需血液较少时,可采用本法进行采血。助手将犬保定好后暴露其头部,采血人员剪去耳尖部短毛,即可见耳缘静脉,用 75% 酒精局部消毒,待干。用手指轻轻摩擦犬耳,使静脉扩张,用连有针头的注射器在耳缘静脉末端刺破血管,待血液漏出取血或将针头逆血流方向刺入耳缘静脉取血,取血完毕用干棉球压迫止血。

5. 颈静脉采血

需大量血液时可以采用本法。助手将犬取侧卧位保定,在待采血部位剪去颈部被毛,常规碘酒-酒精消毒皮肤。将犬颈部拉直,头尽量后仰。用左手拇指压住颈静脉入胸部位的皮肤,使颈静脉怒张,右手取连有针头的注射器。使针头沿血管平行方向向心端刺入血管。由于此静脉在皮下易滑动,针刺时除用左手固定好血管外,刺入要准确。取血后注意用干棉球压迫止血。

猫常用前肢皮下头静脉、后肢股静脉、耳缘静脉取血,需大量血液时可从颈静脉取血,操作方法基本与犬相同。

　　　　　　　　　　　　　　　　　　　　　　　　　　　　　　　　　　　(盖新娜)

参考文献

1. 杨汉春. 动物免疫学. 北京：中国农业大学出版社，2003.
2. 曹澍泽. 兽医微生物学及免疫学技术. 北京：北京农业大学出版社，1992.
3. 徐顺清，等. 免疫学检验. 2 版. 北京：人民卫生出版社，2015.
4. 黎燕，等. 分子免疫学实验指南. 北京：化学工业出版社，2008.
5. 崔治中，等. 兽医免疫学实验指导. 2 版. 北京：中国农业出版社，2015.
6. 郑世军. 动物分子免疫学. 北京：中国农业出版社，2015.
7. 何昭阳. 动物免疫学实验技术. 长春：吉林科学技术出版社，2002.
8. 王兰兰，等. 临床免疫学检验. 5 版. 北京：人民卫生出版社，2012.
9. 曹雪涛，等译. 精编免疫学实验指南. 北京：科学出版社有限责任公司，2016.
10. 柳忠辉，等. 免疫学常用实验技术. 北京：科学出版社，2002.
11. 蒋原. 食源性病原微生物检验指南. 北京：中国标准出版社，2010.
12. 韩文瑜. 病原细菌检验技术. 长春：吉林科学技术出版社，1992.
13. 金伯泉. 细胞和分子免疫学实验技术. 西安：第四军医大学出版社，2002.
14. 殷荣良. 现代动物病毒学. 北京：中国农业出版社，2014.
15. 柳忠辉，等. 医学免疫学实验技术. 2 版. 北京：人民卫生出版社，2014.
16. 沈关心，等. 现代免疫学实验技术. 武汉：湖北科学技术出版社，2002.
17. 张黎飞. 细胞免疫学实验研究方法. 北京：人民军医出版社，2009.
18. 卢圣栋. 现代分子生物学实验技术. 北京：中国协和医科大学出版社，1993.
19. 郭焱，等. 微生物学与免疫学实验教程. 北京：清华大学出版社，2014.
20. 倪灿荣，等. 免疫组织化学实验基础及应用. 北京：化学工业出版社，2006.
21. 刘琥琥. 微生物学与免疫学实验教程. 北京：科学出版社，2015.
22. 张改平，等译. 兽医免疫学. 8 版. 北京：中国农业出版社，2012.
23. 陆承平. 兽医微生物学. 5 版. 北京：中国农业出版社，2013.
24. 梁智辉，等. 流式细胞术基本原理与实用技术. 武汉：华中科技大学出版社，2008.
25. Foster B. *et al*. Detection of intracellular cytokines by flow cytometry. Curr Protoc Immunol，Chapter 6，2007.